莱州湾生态环境监测图集
（2018—2022年）

马元庆　孙　珊　赵玉庭　主编

科 学 出 版 社

北 京

内 容 简 介

　　莱州湾位于渤海南部，是我国典型的半封闭型内海。本书以图集的形式展示了2018—2022年莱州湾生态环境的基本状况，书中均为各年度生态环境监测要素的分布图，具体包括pH、盐度、溶解氧、化学需氧量等海水环境要素分布图，重金属、硫化物、石油类、有机碳等沉积环境要素分布图，以及浮游动物、浮游植物、底栖生物等生物环境要素分布图。

　　本书可供海洋生态环境监测领域的科学工作者，各级自然资源部门、海洋行政主管部门的工作人员，以及关心海洋环境保护事业的各界人士阅读参考。

审图号：鲁SG（2024）010号

图书在版编目（CIP）数据

莱州湾生态环境监测图集：2018—2022年/马元庆，孙珊，赵玉庭主编. —北京：科学出版社，2024.6
ISBN 978-7-03-078638-8

Ⅰ.①莱⋯　Ⅱ.①马⋯　②孙⋯　③赵⋯　Ⅲ.①海湾–区域生态环境–环境监测–莱州–图集　Ⅳ.①X834-64

中国国家版本馆CIP数据核字（2024）第110575号

责任编辑：王海光　田明霞 / 责任校对：郭瑞芝
责任印制：肖　兴 / 封面设计：无极书装

科 学 出 版 社 出版
北京东黄城根北街16号
邮政编码：100717
http://www.sciencep.com
北京建宏印刷有限公司印刷

科学出版社发行　　各地新华书店经销

*

2024年6月第 一 版　开本：889×1194　1/16
2024年6月第一次印刷　印张：11 1/4
字数：358 000

定价：198.00元
（如有印装质量问题，我社负责调换）

编委会名单

前　　言

　　莱州湾位于渤海南部，湾口西起黄河口，东至龙口市的屺姆角，略呈"U"形，是典型的半封闭型内海，环湾为山东省东营、潍坊、烟台三市，是中国北部环渤海的三个主要海湾之一。根据 2020 年遥感解译资料，莱州湾海岸线长 592.52 km，面积 5525.46 km²，占渤海总面积的 10%。莱州湾滩涂辽阔，沿岸有大小入海河流 39 条，主要入海河流包括黄河、广利河、小清河、弥河、白浪河、虞河、潍河、胶莱河、界河等，河流携带丰富的有机质入海，是中国北方重要的渔业资源基地。

　　近年来，随着海洋意识的不断加强和海洋经济的迅速崛起，莱州湾在沿岸地区社会经济中的地位越来越重要。近 30 年来，莱州湾生态环境经历了显著的恶化过程，具体表现为湾内海水富营养化及营养盐失衡，赤潮现象时有发生，主要渔业资源衰退，生物多样性降低，群落结构发生较大改变等。近几年的调查结果显示，莱州湾海洋生态环境有向好趋势，但根本性转变尚不明显，其主要原因之一是对莱州湾的科学认知不足。

　　为全面了解莱州湾近岸海域环境变化状况、摸清沉积物类型的空间分布特征、掌握浮游生物的群落结构特征、摸清资源与环境"家底"，山东省海洋资源与环境研究院收集了 2018—2022 年莱州湾生态环境监测数据，包括海水环境、沉积环境、生物生态状况，将各要素的时空分布规律编制成图，以期为海洋环境演变趋势的评估、海洋资源开发利用、海洋生态保护与修复，以及基于生态系统的海洋综合管理提供支撑和决策依据。

　　本图集的编撰和出版得到了山东省投资发展类项目"山东省海洋生态环境监测""山东省海洋生态预警监测"，山东省海洋软科学研究课题"山东省海洋生态状况及预警监测研究"（202205），以及国家重点研发计划"渤海入海污染源解析与水质目标管控关键技术研究与示范"（2018YFC1407605）等项目的资助，在此表示衷心感谢。

　　由于作者水平有限，本图集难免存在不足之处，恳请同行专家和读者批评指正。

作　者
2023 年 10 月于烟台

目　　录

1　2022 年莱州湾生态环境监测

2 2021 年莱州湾生态环境监测

3　2020 年莱州湾生态环境监测

4 2019 年莱州湾生态环境监测

5 2018 年莱州湾生态环境监测

1

2022 年莱州湾生态环境监测
Eco-environment monitoring in Laizhou Bay in 2022

1.1 海水环境

1.1.1 pH 分布图

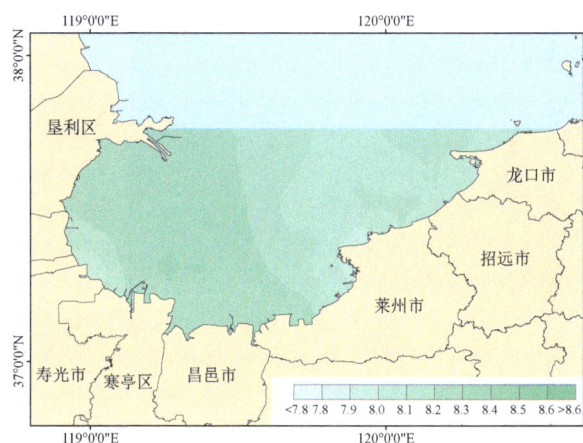

1- 春季

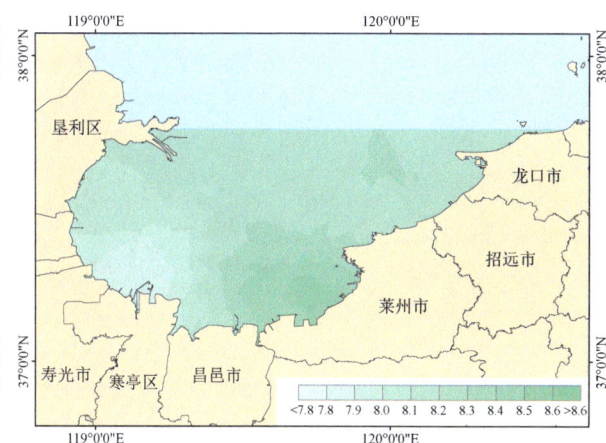

2- 夏季

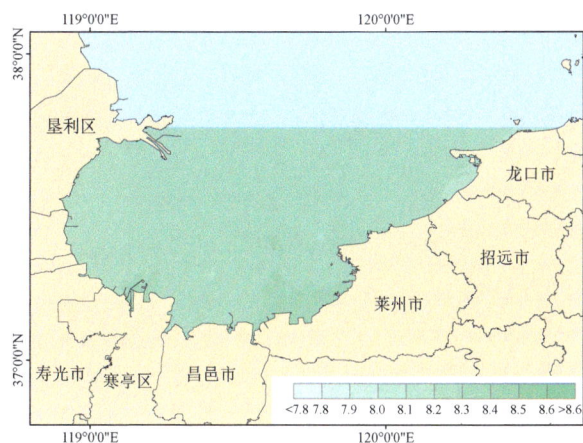

3- 秋季

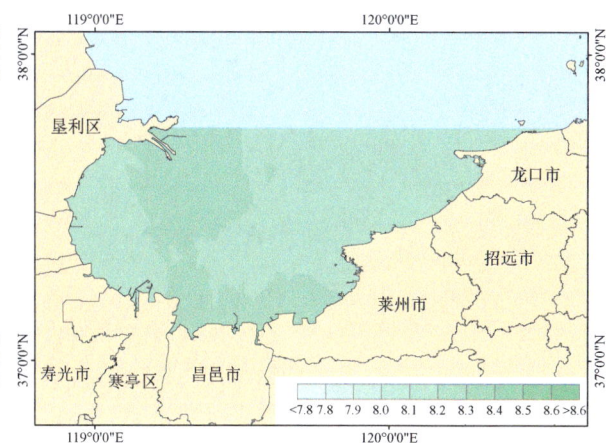

4- 冬季

1

2022 年莱州湾生态环境监测
Eco-environment monitoring in Laizhou Bay in 2022

1.1.2 盐度分布图

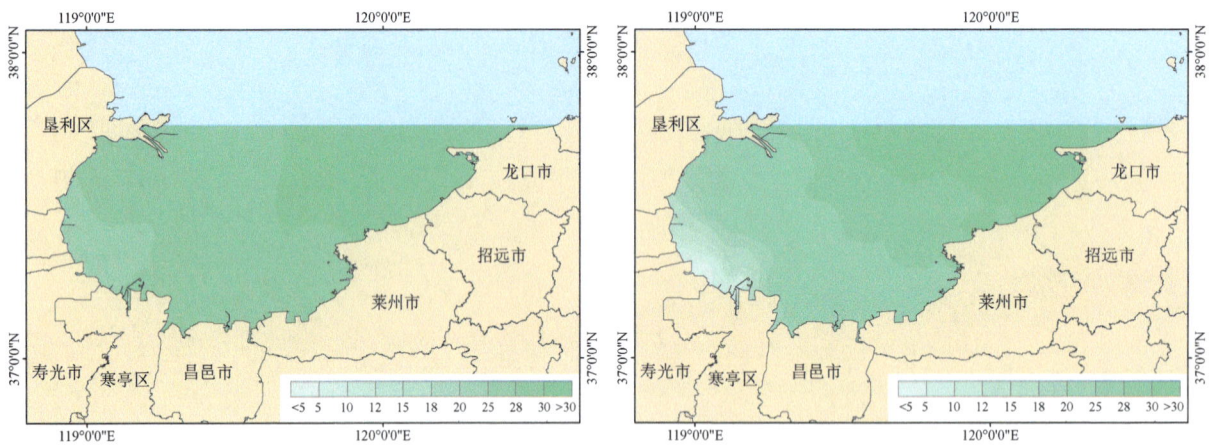

| 1- 春季 | 2- 夏季 |

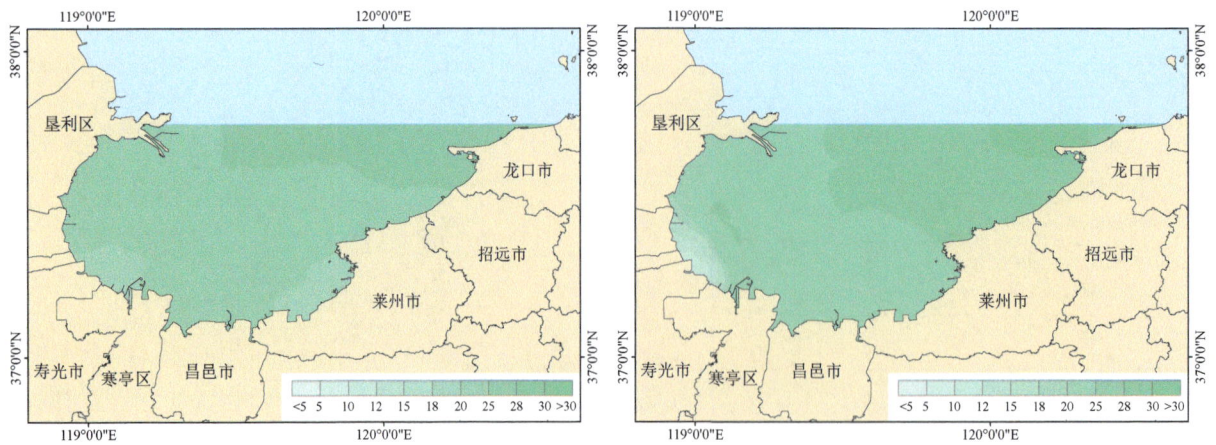

| 3- 秋季 | 4- 冬季 |

1

2022 年莱州湾生态环境监测
Eco-environment monitoring in Laizhou Bay in 2022

1.1.3 溶解氧分布图

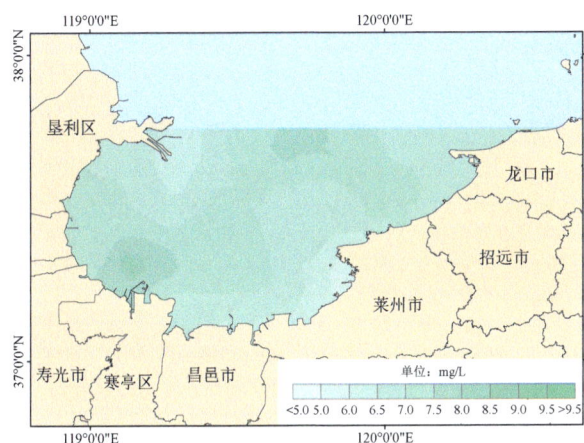

1- 春季

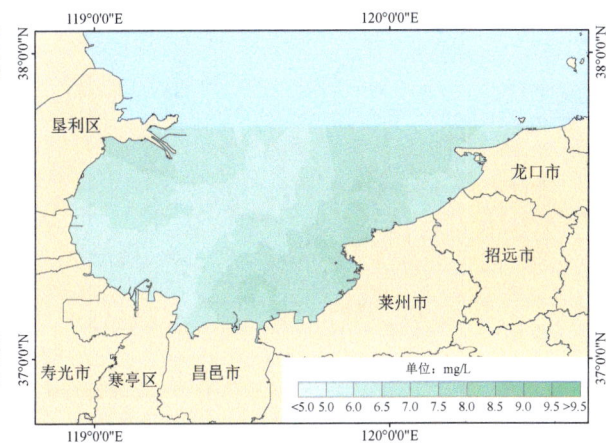

2- 夏季

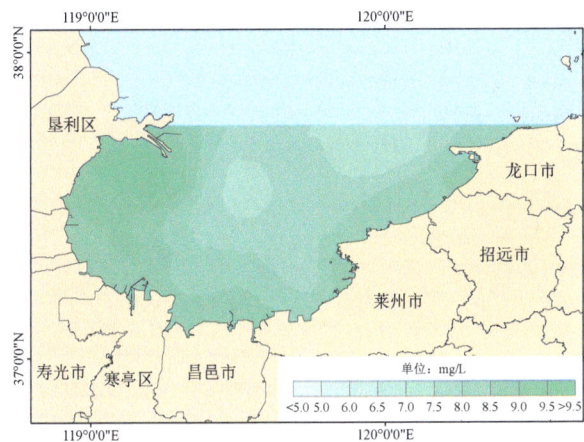

3- 秋季

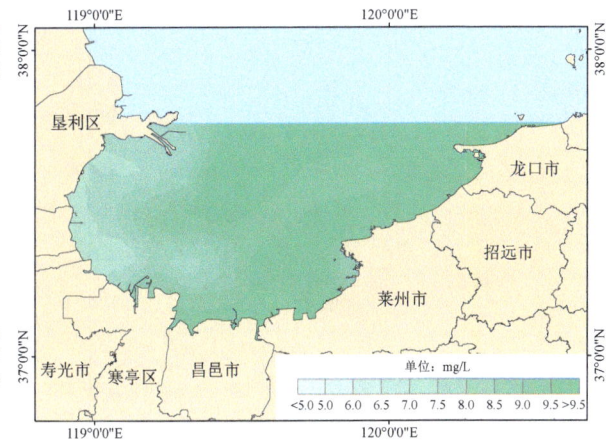

4- 冬季

1

2022 年莱州湾生态环境监测
Eco-environment monitoring in Laizhou Bay in 2022

1.1.4 化学需氧量分布图

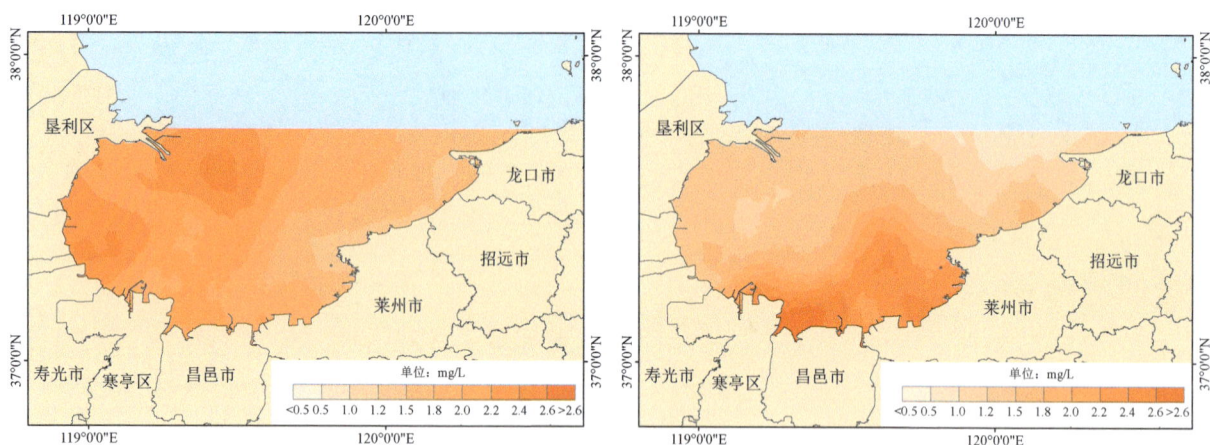

1- 春季 2- 夏季

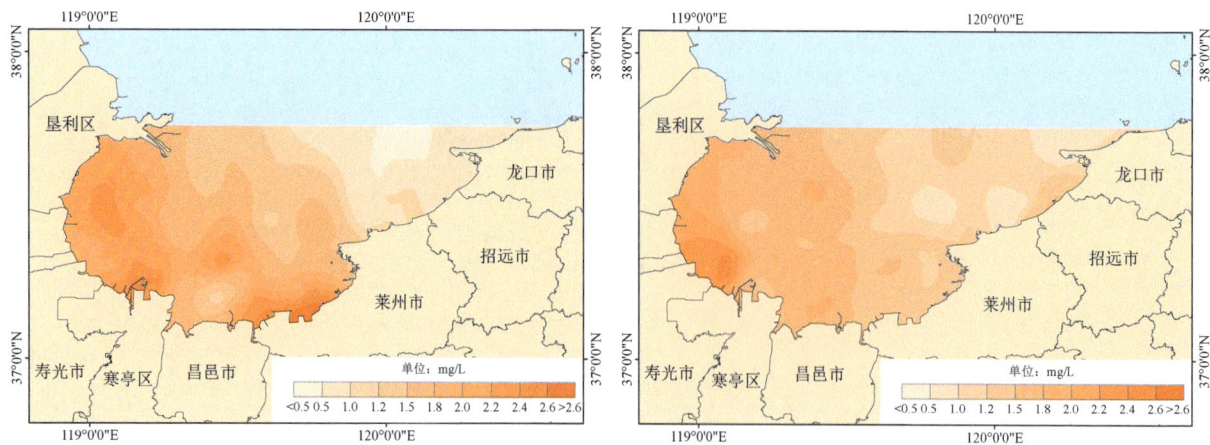

3- 秋季 4- 冬季

1

2022 年莱州湾生态环境监测
Eco-environment monitoring in Laizhou Bay in 2022

1.1.5　氨氮分布图

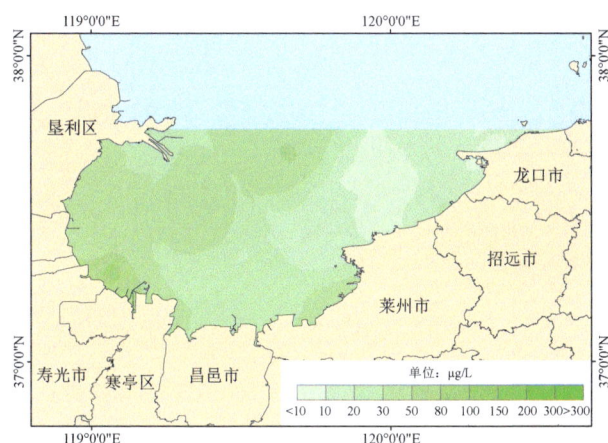

1- 春季

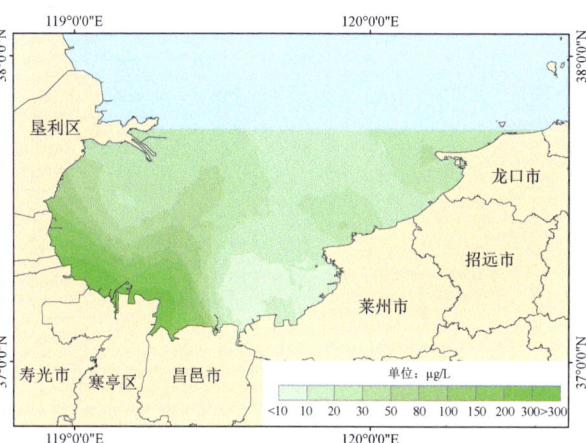

2- 夏季

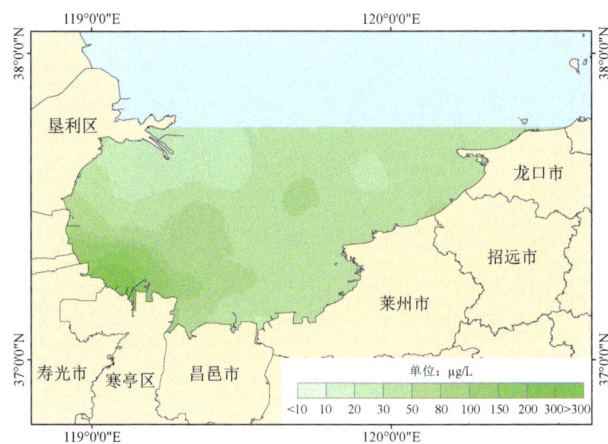

3- 秋季

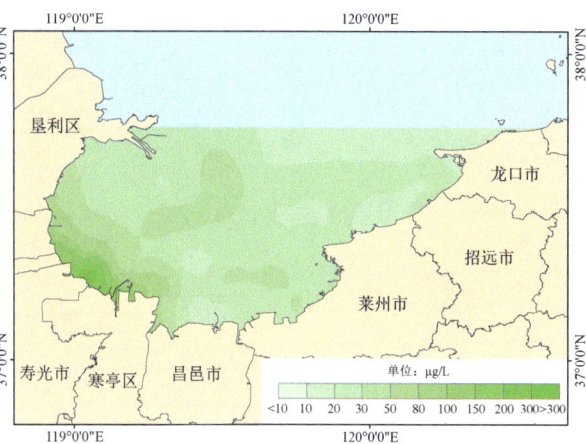

4- 冬季

1

2022 年莱州湾生态环境监测
Eco-environment monitoring in Laizhou Bay in 2022

1.1.6 亚硝酸盐分布图

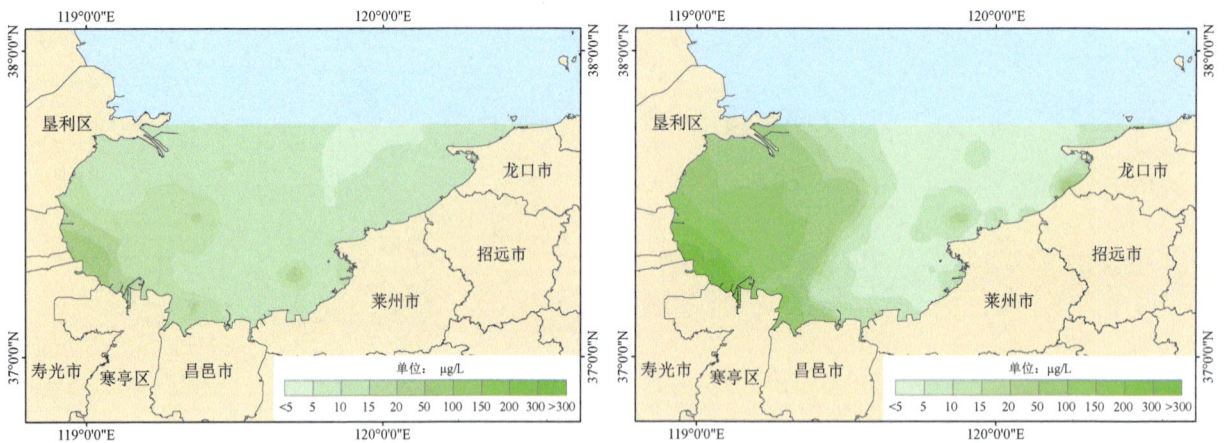

1- 春季

2- 夏季

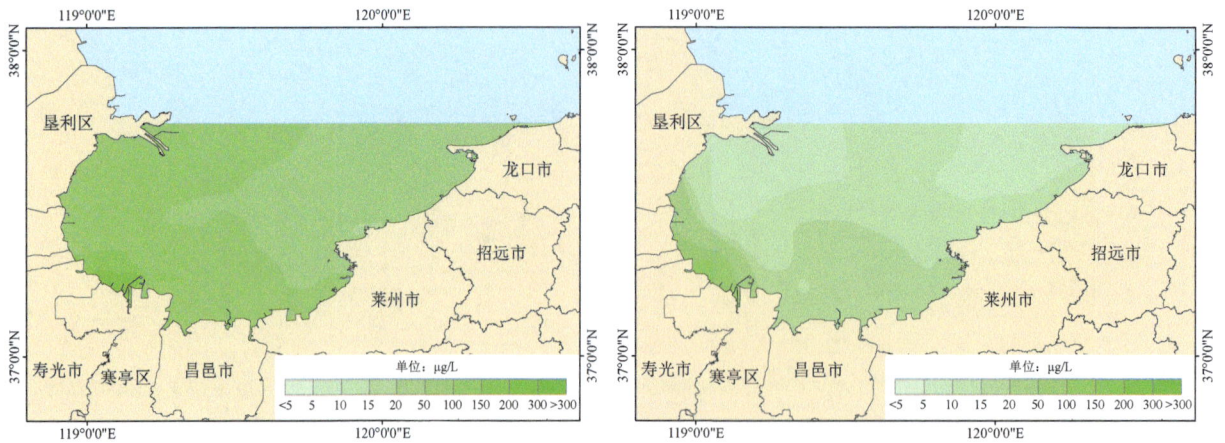

3- 秋季

4- 冬季

1

2022 年莱州湾生态环境监测
Eco-environment monitoring in Laizhou Bay in 2022

1.1.7 硝酸盐分布图

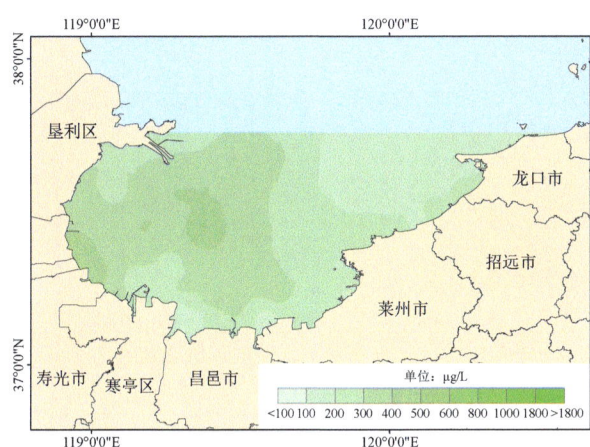

1- 春季

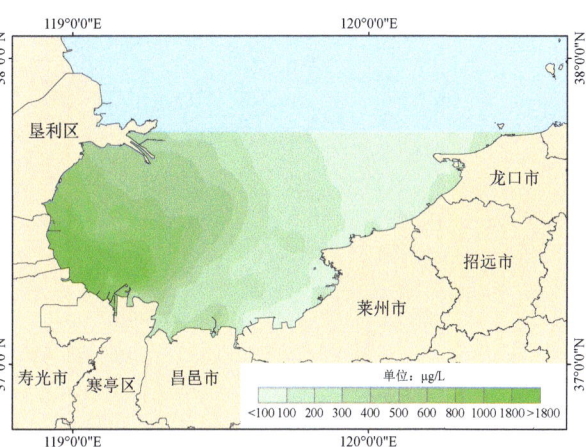

2- 夏季

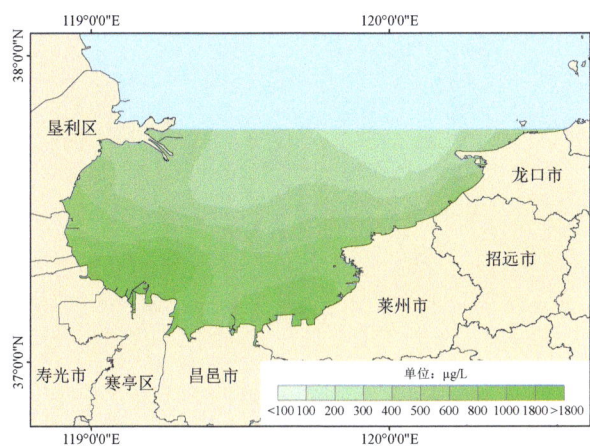

3- 秋季

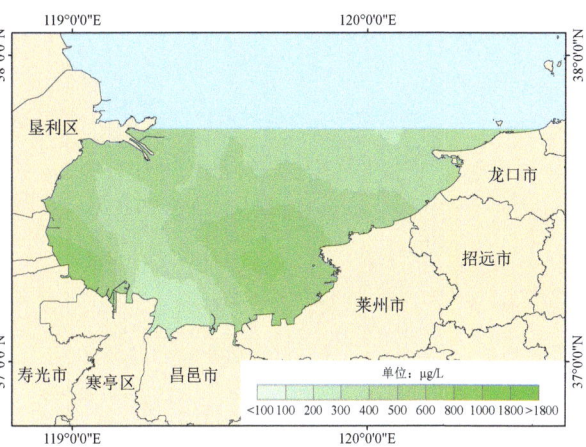

4- 冬季

2022 年莱州湾生态环境监测
Eco-environment monitoring in Laizhou Bay in 2022

1.1.8 无机氮分布图

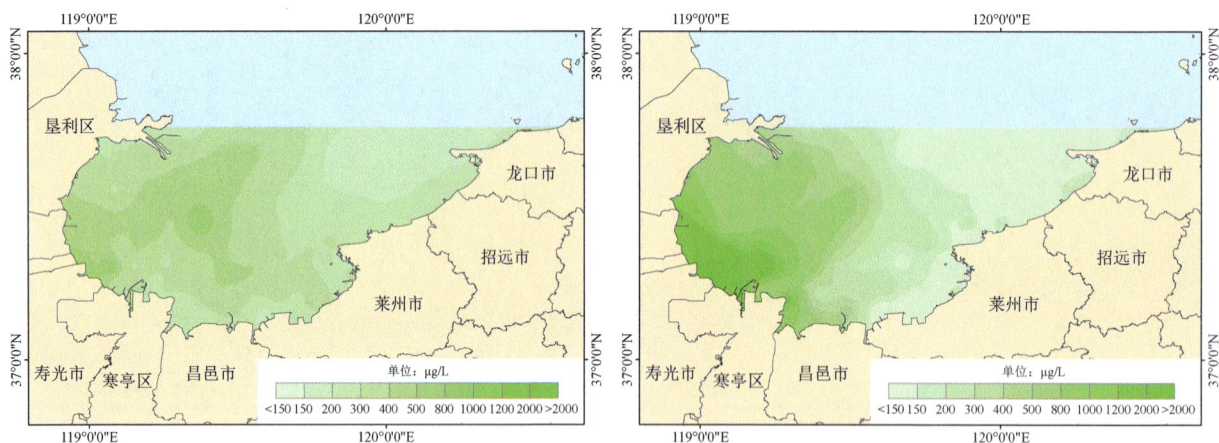

1- 春季　　　　　　　　　　　　　2- 夏季

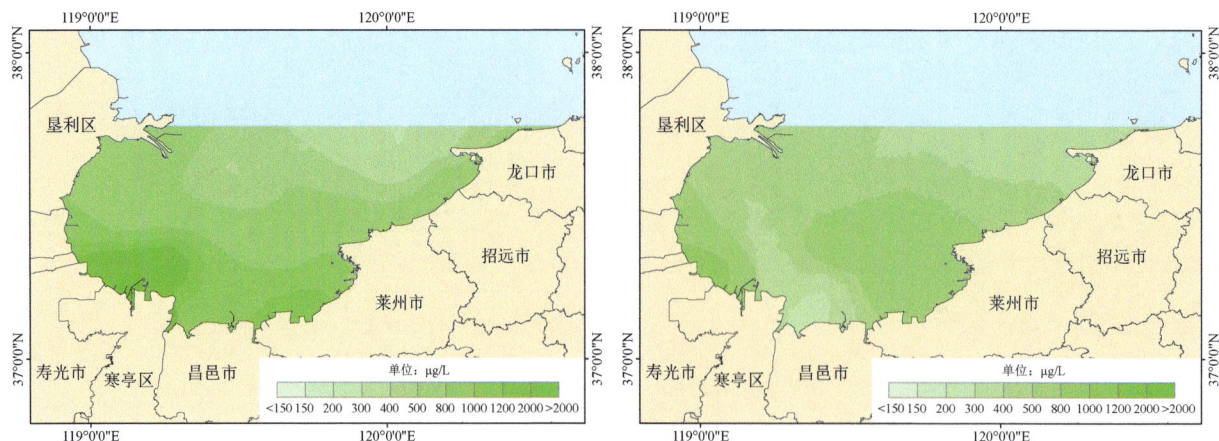

3- 秋季　　　　　　　　　　　　　4- 冬季

1

2022 年莱州湾生态环境监测
Eco-environment monitoring in Laizhou Bay in 2022

1.1.9 活性磷酸盐分布图

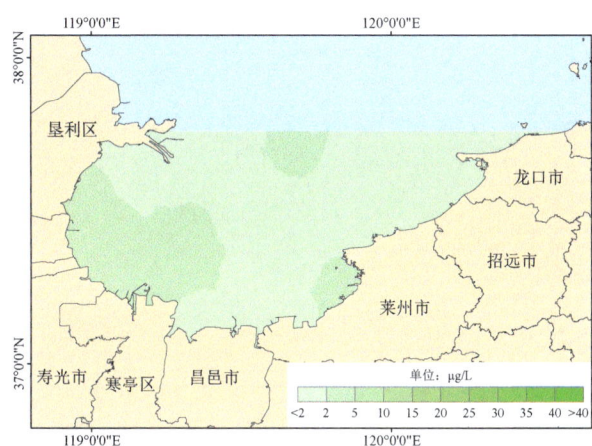

1- 春季

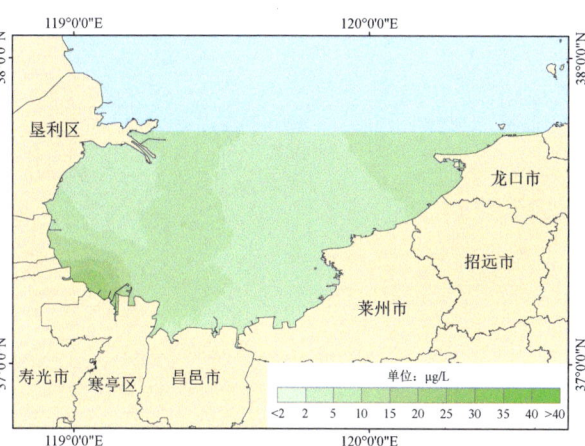

2- 夏季

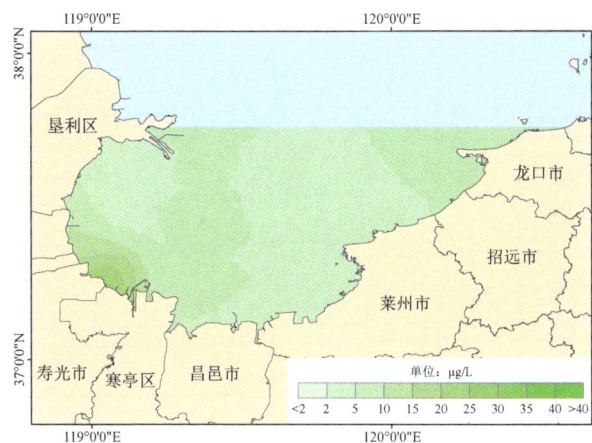

3- 秋季

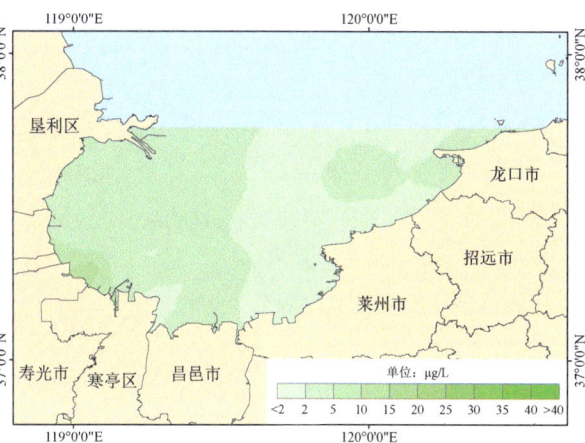

4- 冬季

1

2022 年莱州湾生态环境监测

Eco-environment monitoring in Laizhou Bay in 2022

1.1.10 叶绿素 a 分布图

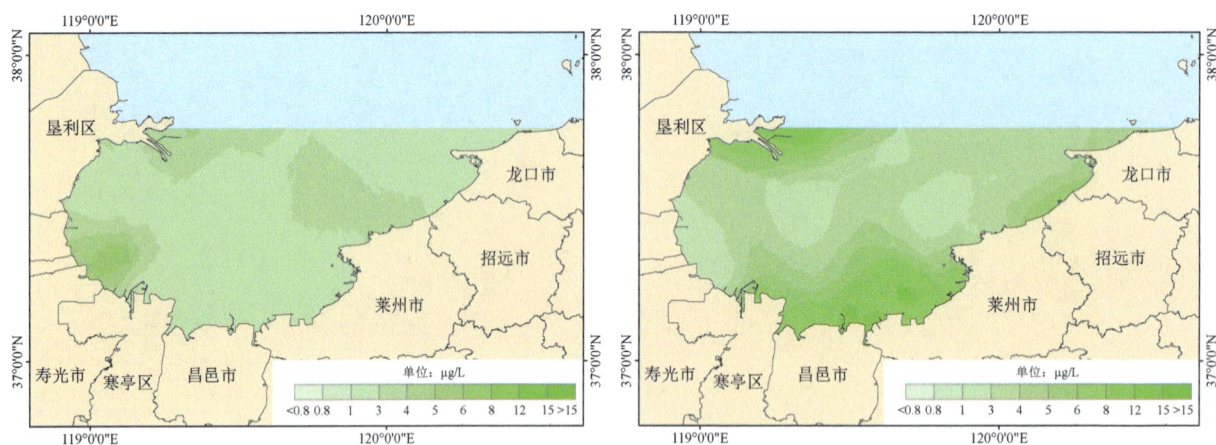

1- 春季

2- 夏季

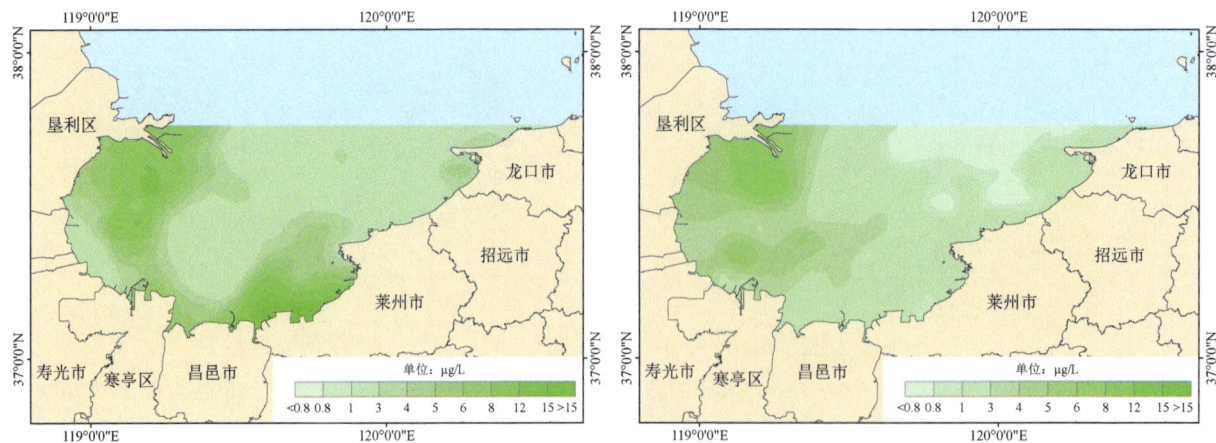

3- 秋季

4- 冬季

1

2022 年莱州湾生态环境监测
Eco-environment monitoring in Laizhou Bay in 2022

1.1.11 石油类分布图

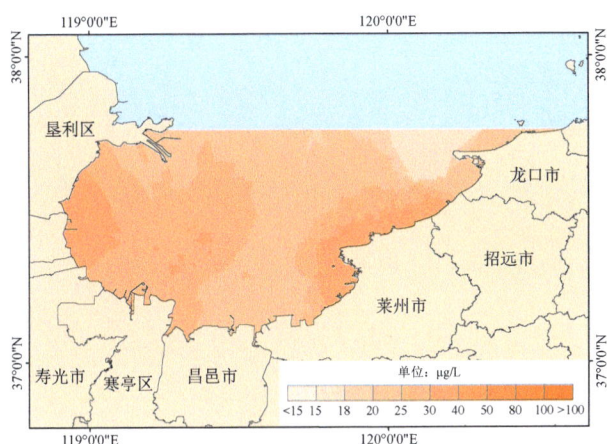

1- 春季

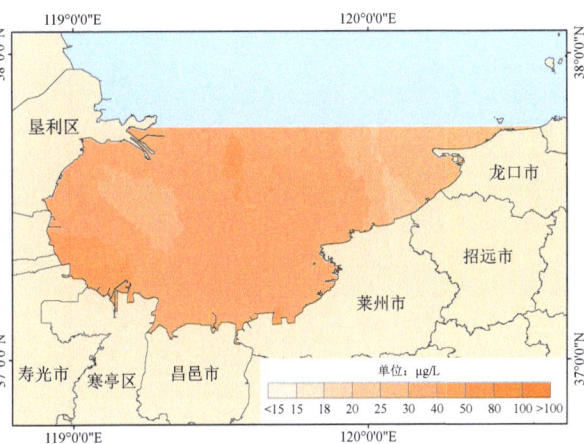

2- 夏季

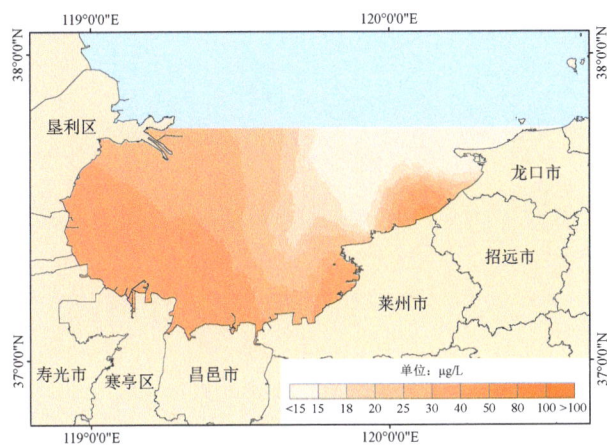

3- 秋季

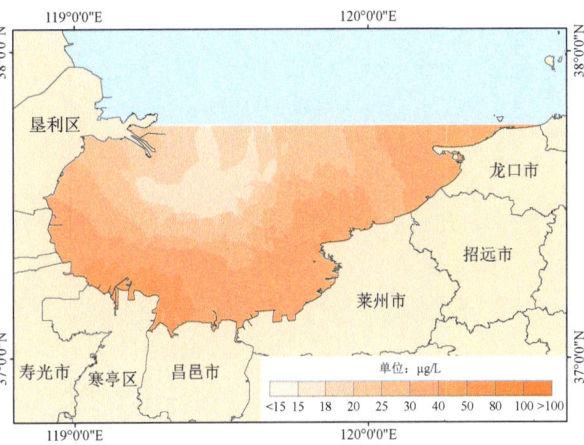

4- 冬季

1

2022 年莱州湾生态环境监测
Eco-environment monitoring in Laizhou Bay in 2022

1.1.12 总氮分布图

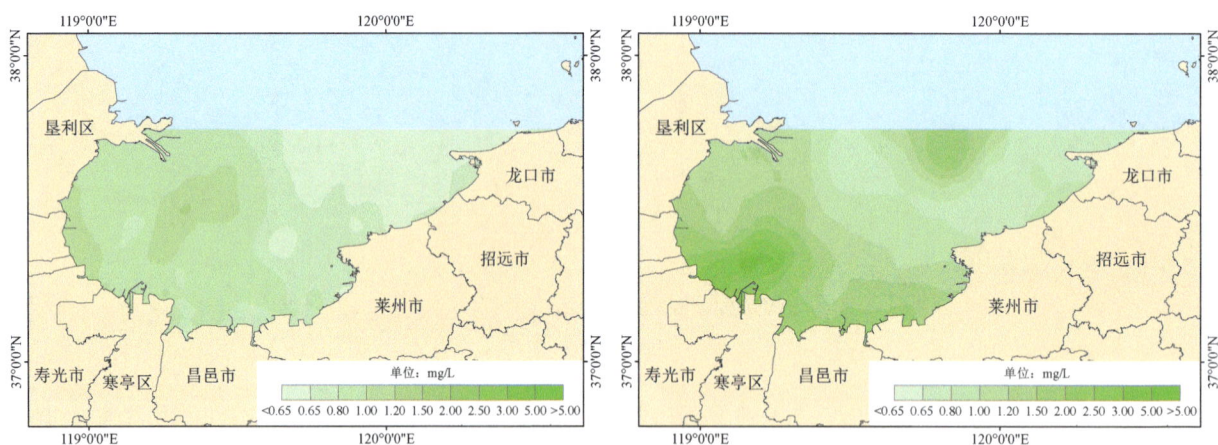

1- 春季

2- 夏季

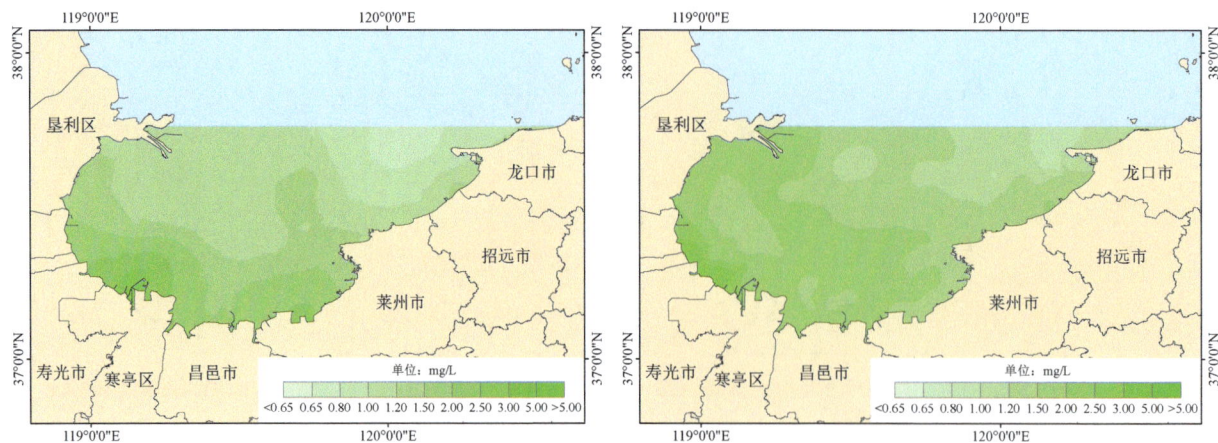

3- 秋季

4- 冬季

1

2022 年莱州湾生态环境监测
Eco-environment monitoring in Laizhou Bay in 2022

1.1.13　总磷分布图

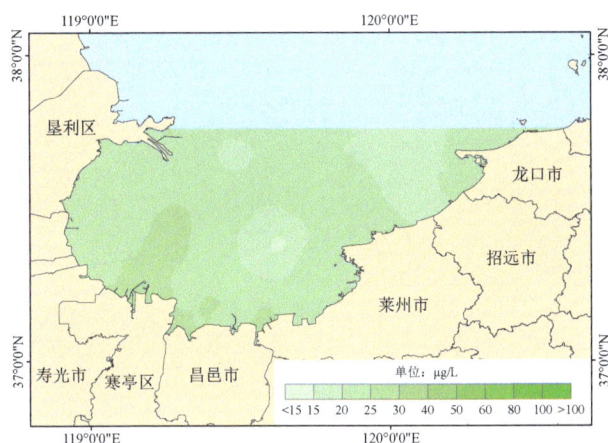

1- 春季

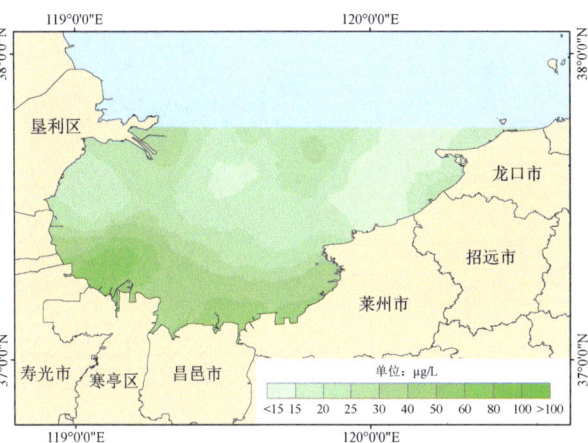

2- 夏季

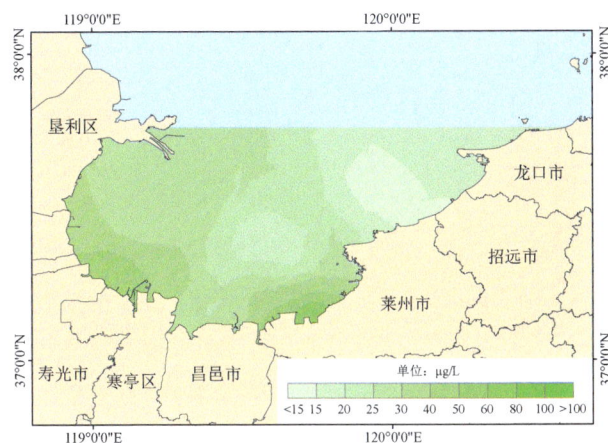

3- 秋季

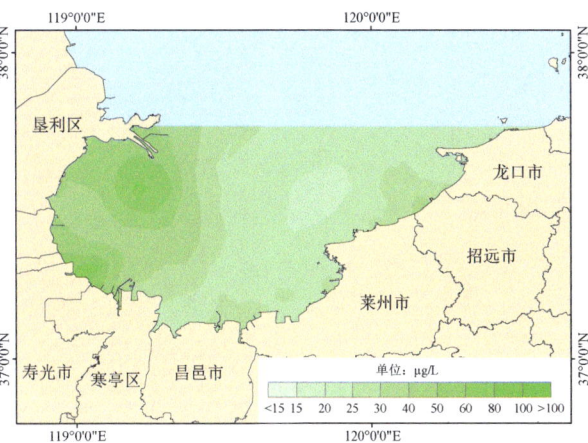

4- 冬季

1

2022 年莱州湾生态环境监测
Eco-environment monitoring in Laizhou Bay in 2022

1.1.14　硅酸盐分布图

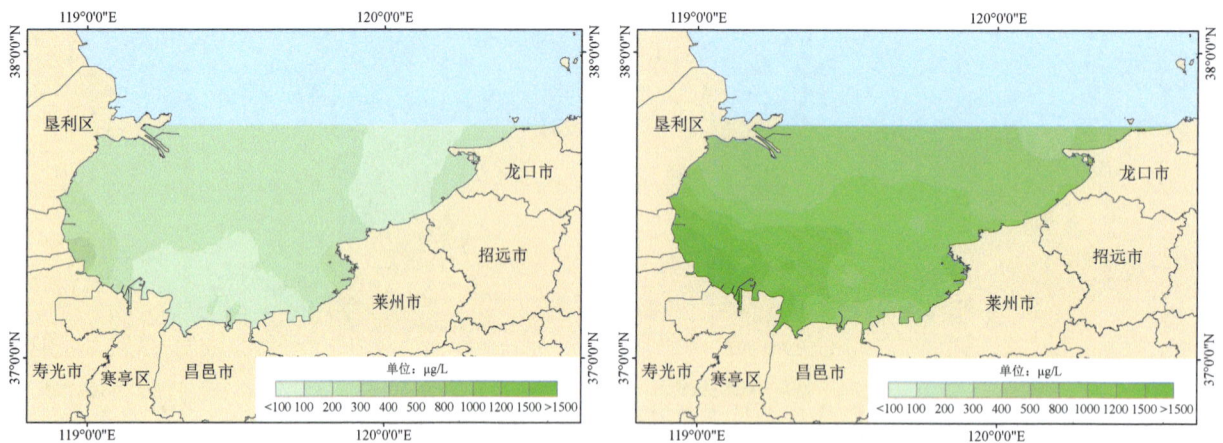

1- 春季

2- 夏季

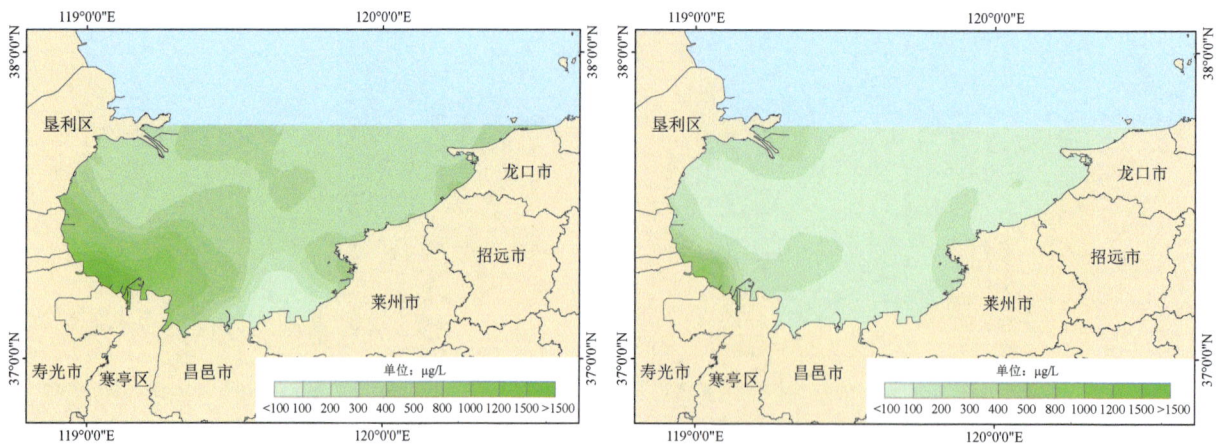

3- 秋季

4- 冬季

1

2022 年莱州湾生态环境监测
Eco-environment monitoring in Laizhou Bay in 2022

1.1.15　悬浮物分布图

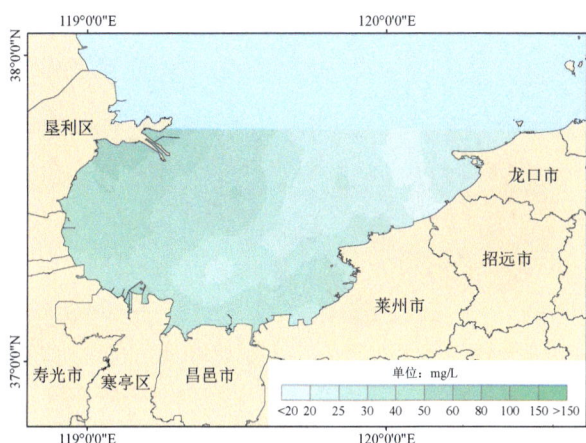

1- 春季

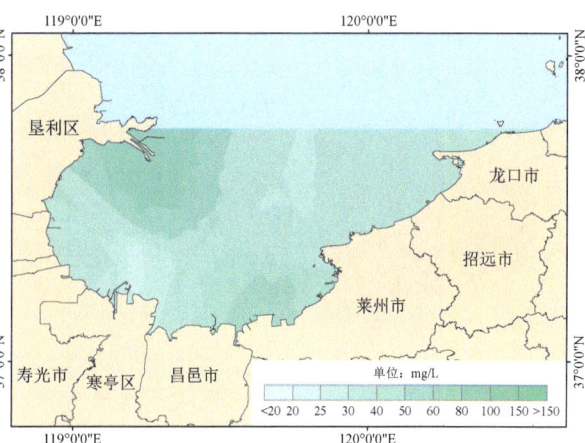

2- 夏季

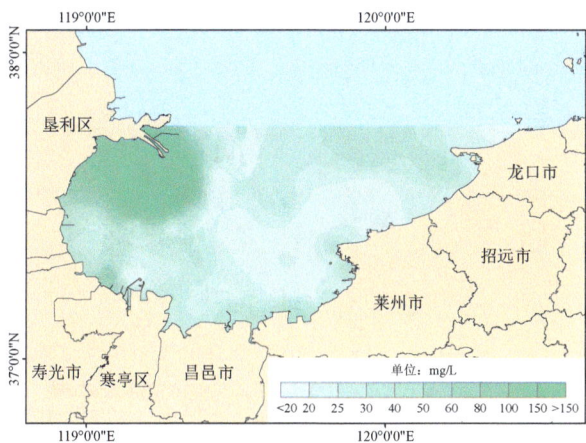

3- 秋季

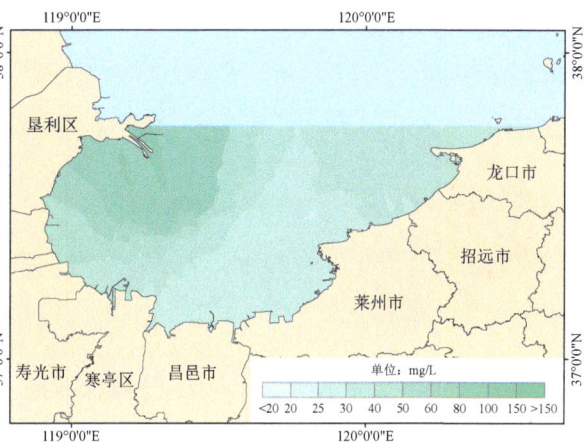

4- 冬季

1

2022 年莱州湾生态环境监测
Eco-environment monitoring in Laizhou Bay in 2022

1.1.16　重金属分布图

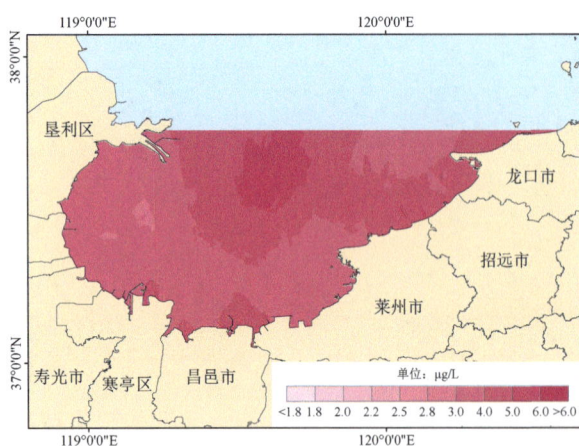

1- 铜（夏季）

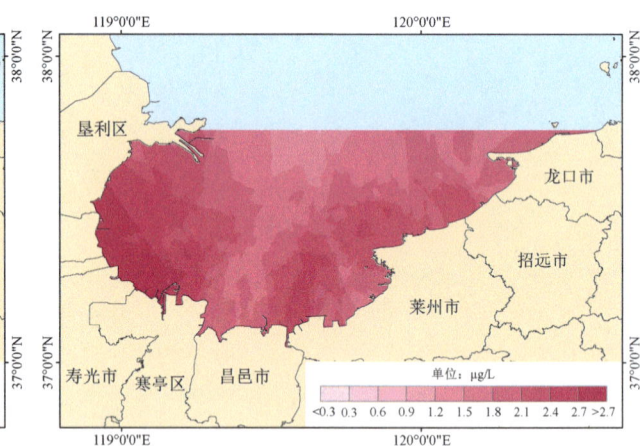

2- 铅（夏季）

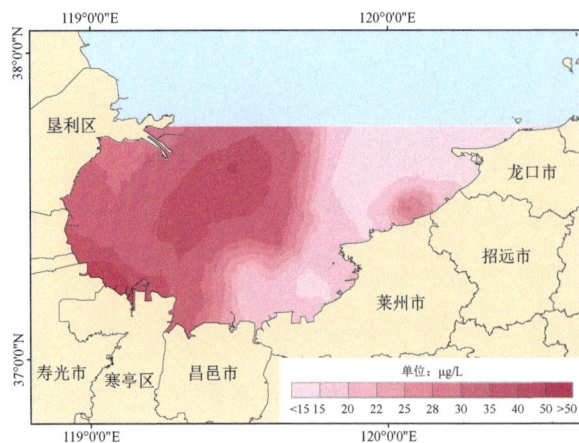

3- 锌（夏季）

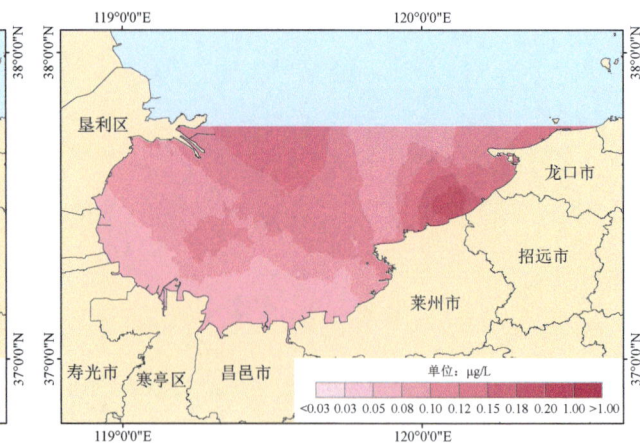

4- 镉（夏季）

1

2022 年莱州湾生态环境监测
Eco-environment monitoring in Laizhou Bay in 2022

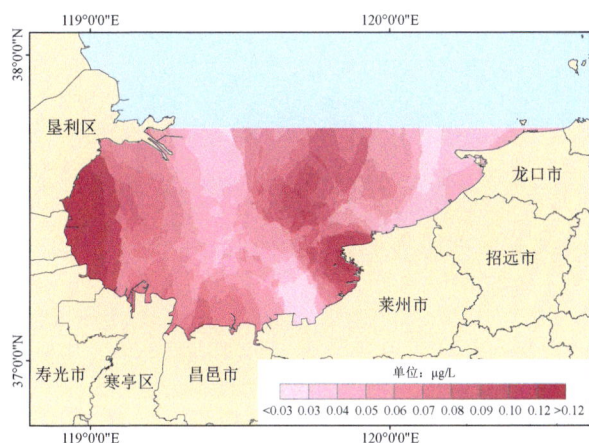

5- 汞（夏季）

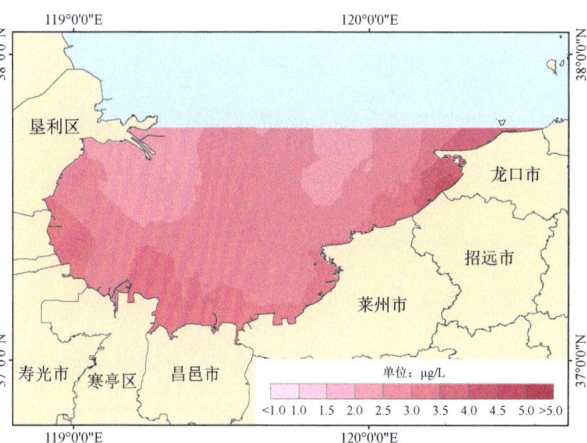

6- 砷①（夏季）

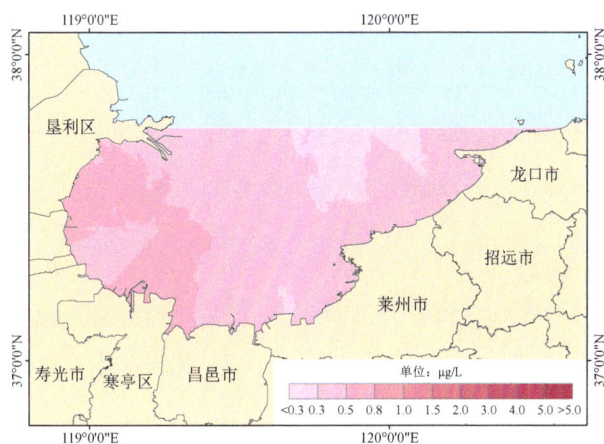

7- 铬（夏季）

①砷为非金属元素，因其具有金属性质，此处将其视作金属。后文同。

1

2022 年莱州湾生态环境监测

Eco-environment monitoring in Laizhou Bay in 2022

1.1.17 氮磷比分布图

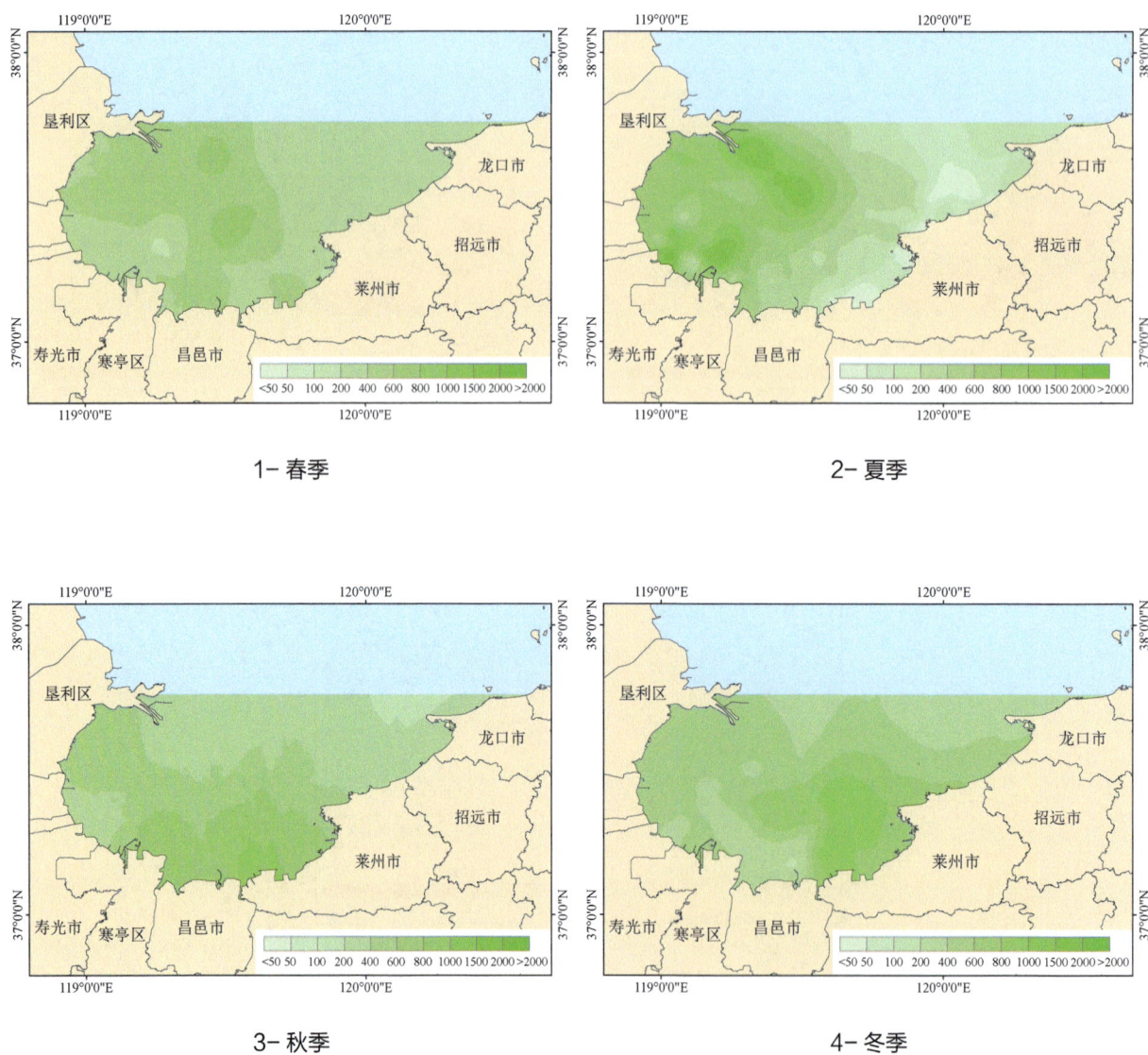

1- 春季

2- 夏季

3- 秋季

4- 冬季

1

2022 年莱州湾生态环境监测
Eco-environment monitoring in Laizhou Bay in 2022

1.1.18 硅磷比分布图

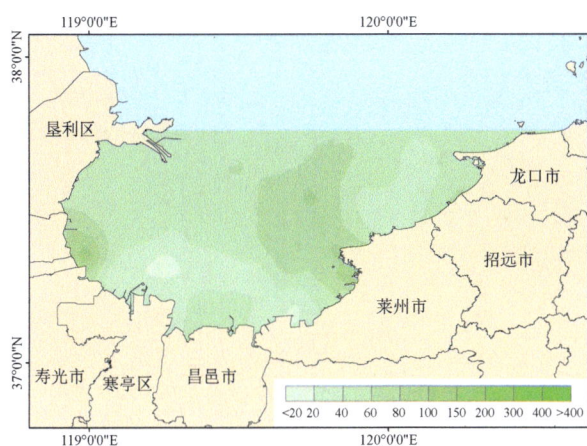

1- 春季

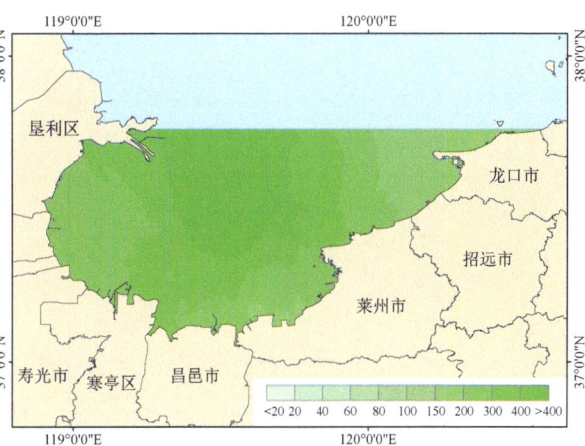

2- 夏季

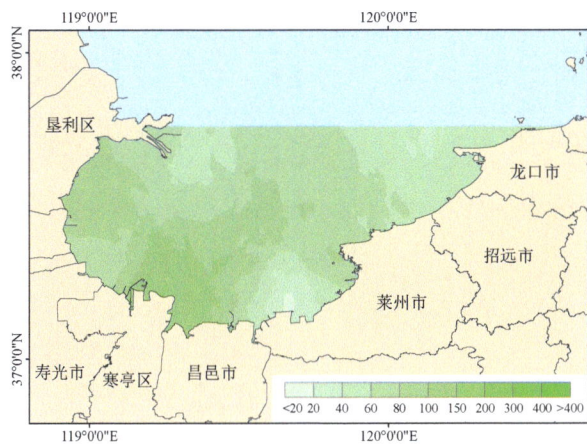

3- 秋季

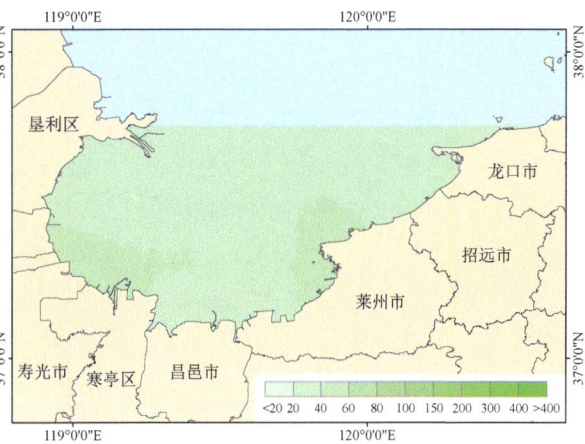

4- 冬季

1

2022 年莱州湾生态环境监测
Eco-environment monitoring in Laizhou Bay in 2022

1.1.19 硅氮比分布图

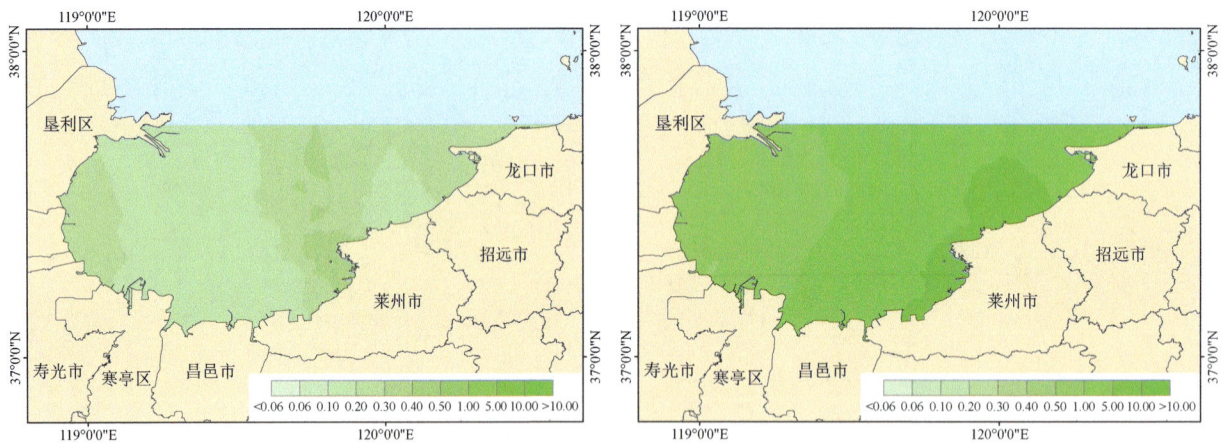

1- 春季

2- 夏季

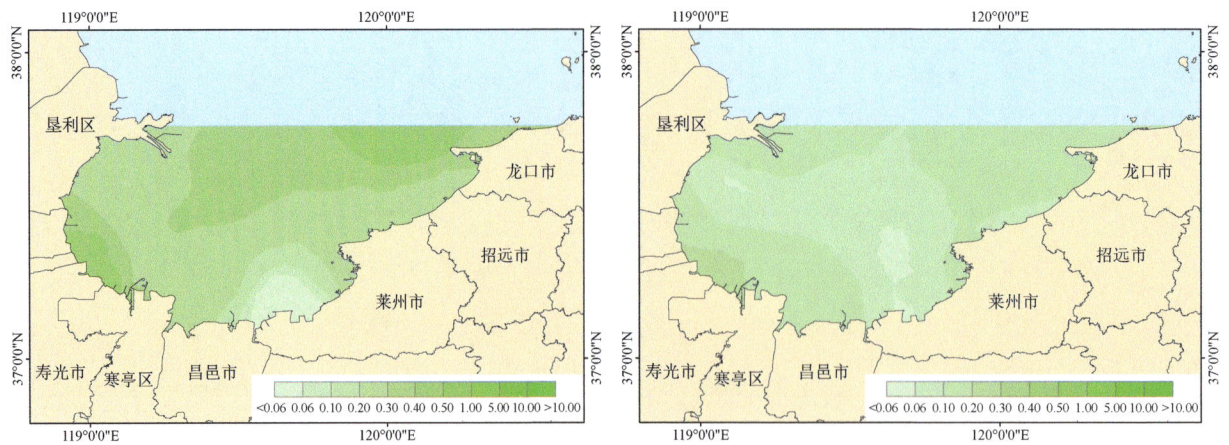

3- 秋季

4- 冬季

1

2022 年莱州湾生态环境监测
Eco-environment monitoring in Laizhou Bay in 2022

1.2 沉积环境

1.2.1 重金属分布图

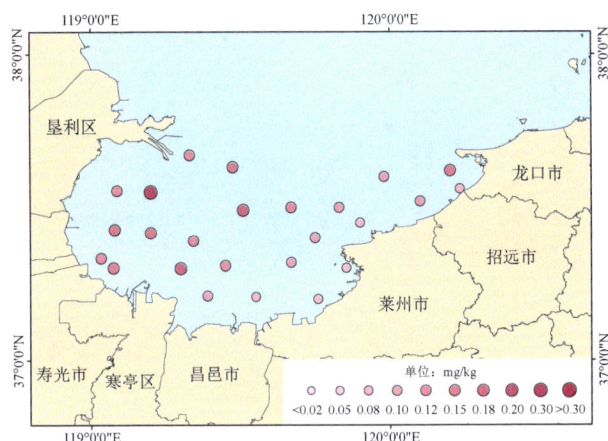

1- 镉（夏季）

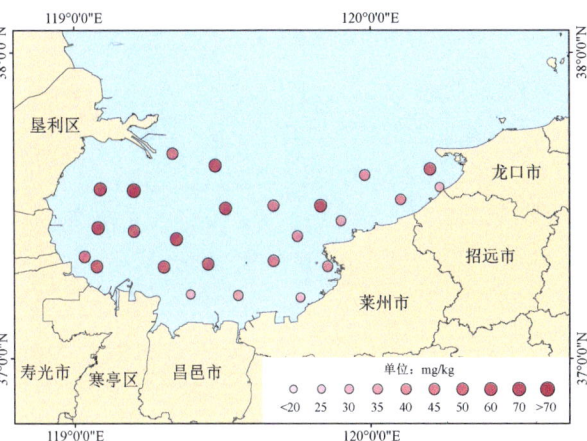

2- 铬（夏季）

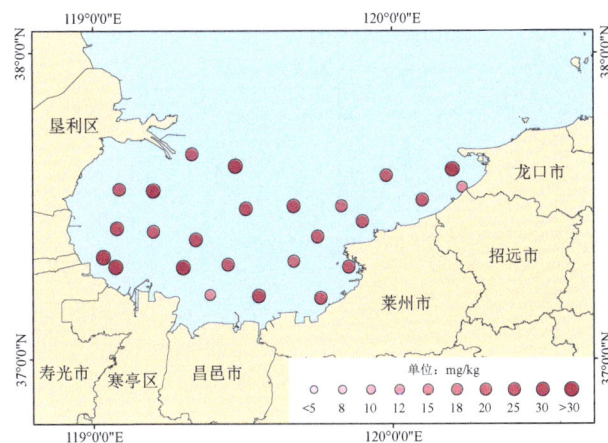

3- 铅（夏季）

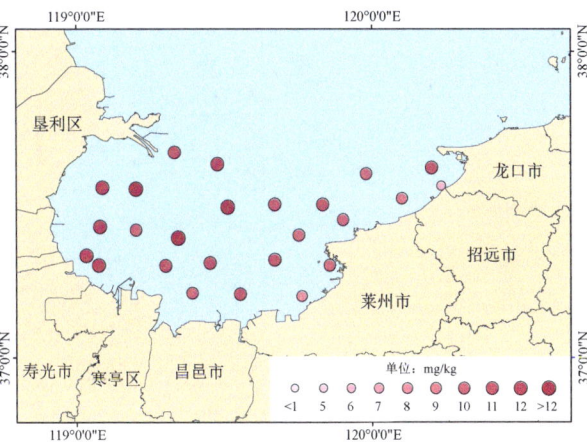

4- 砷（夏季）

1

2022 年莱州湾生态环境监测

Eco-environment monitoring in Laizhou Bay in 2022

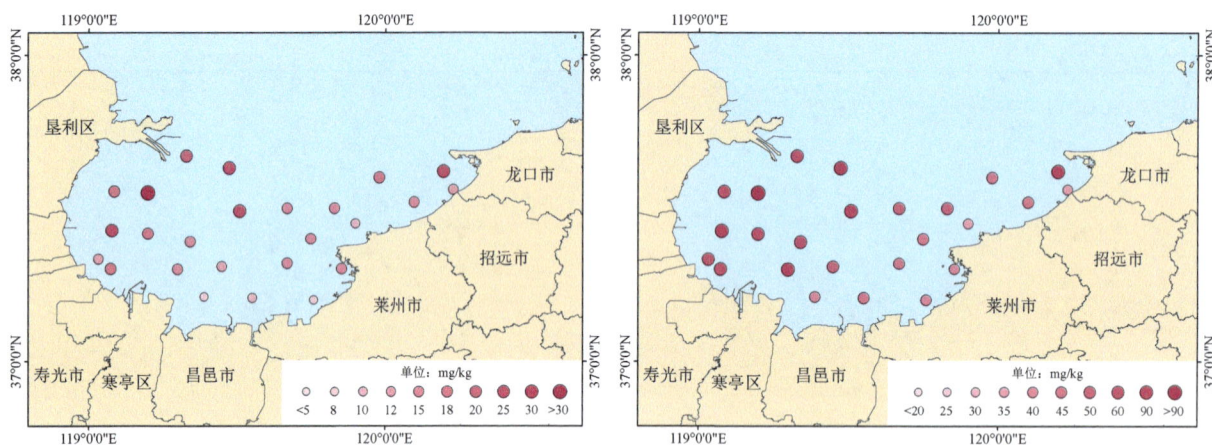

5- 铜（夏季）

6- 锌（夏季）

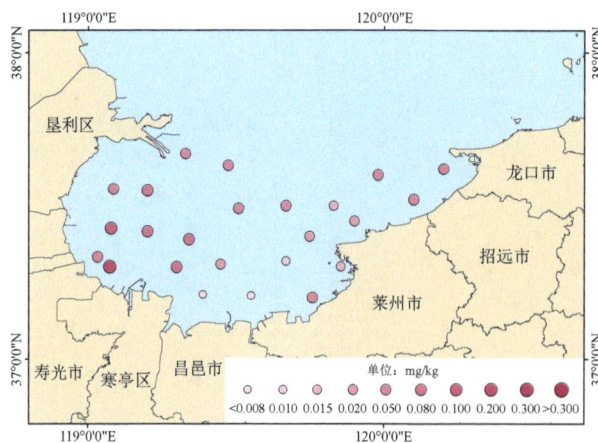

7- 汞（夏季）

1

2022 年莱州湾生态环境监测
Eco-environment monitoring in Laizhou Bay in 2022

1.2.2　硫化物分布图

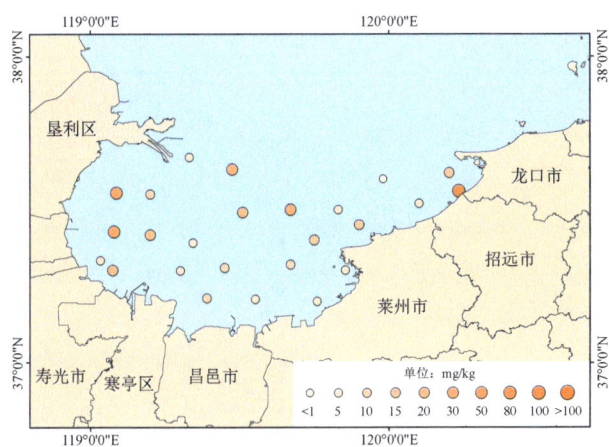

夏季

1.2.3　石油类分布图

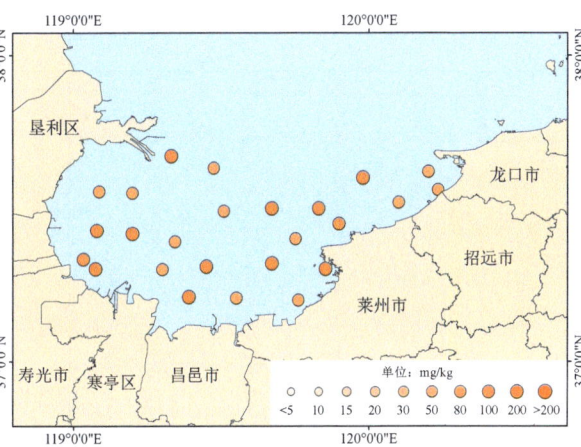

夏季

1.2.4　有机碳分布图

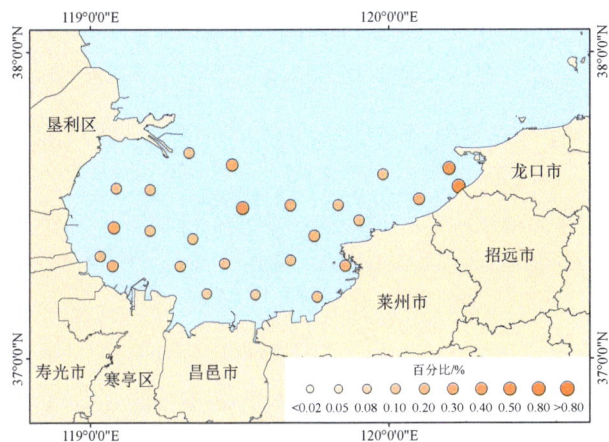

夏季

1

2022 年莱州湾生态环境监测

Eco-environment monitoring in Laizhou Bay in 2022

1.3 生物环境

1.3.1 大型浮游动物分布图

1.3.1.1 种类分布图

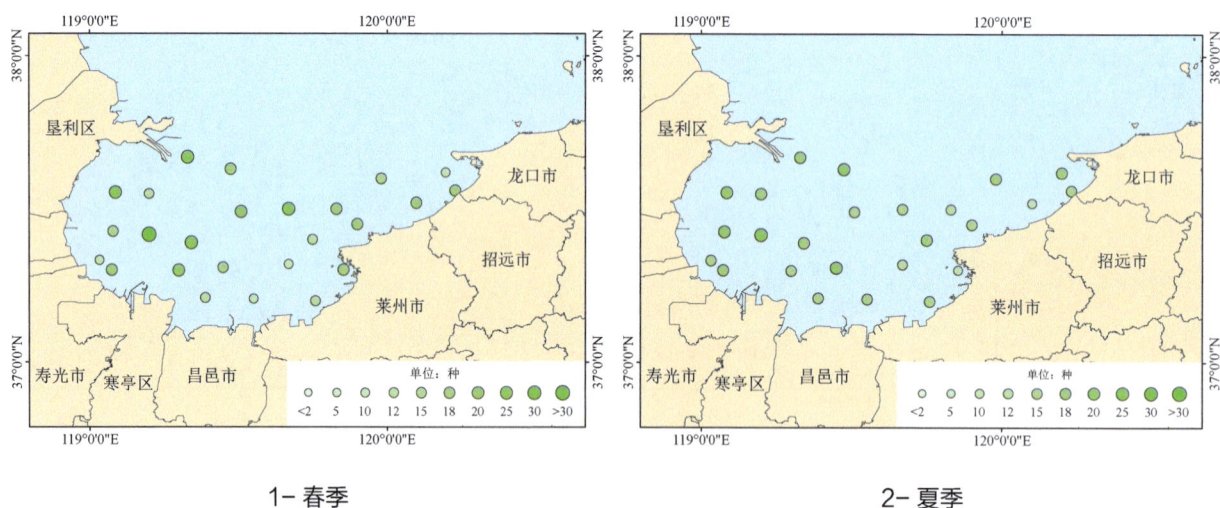

1- 春季

2- 夏季

1.3.1.2 密度分布图

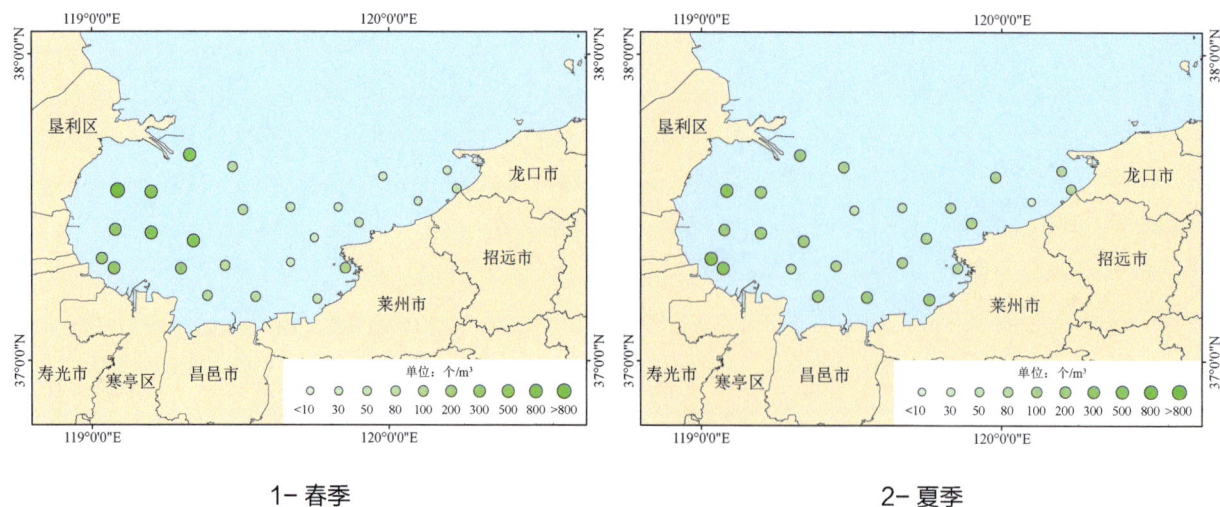

1- 春季

2- 夏季

1

2022 年莱州湾生态环境监测
Eco-environment monitoring in Laizhou Bay in 2022

1.3.1.3 生物量分布图

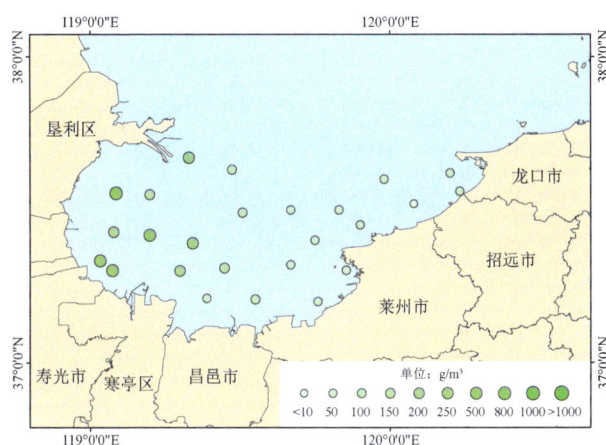

1- 春季

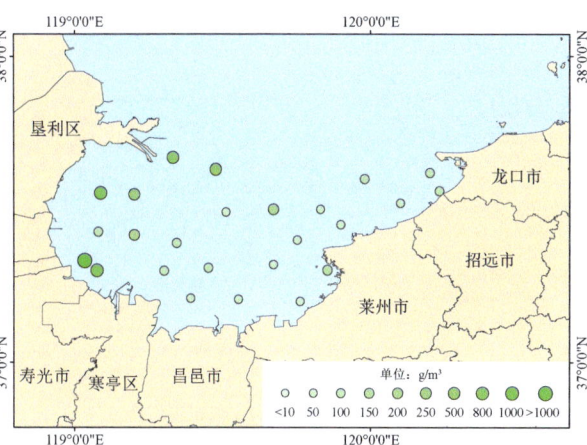

2- 夏季

1.3.1.4 多样性指数分布图

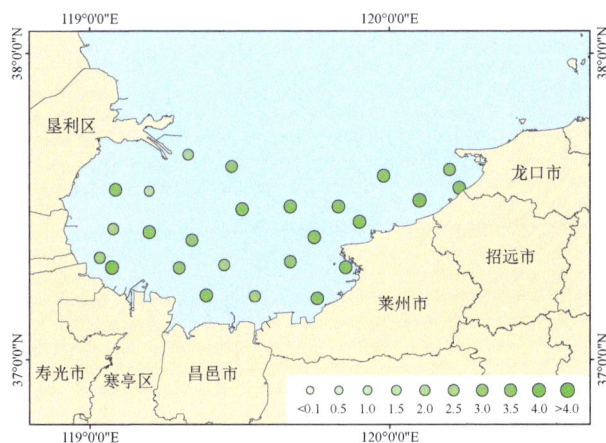

1- 春季

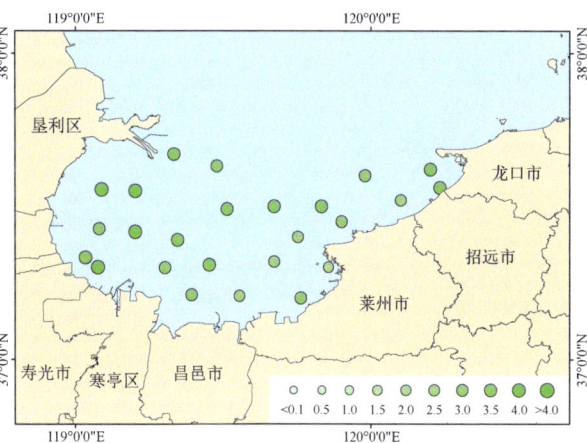

2- 夏季

1

2022 年莱州湾生态环境监测
Eco-environment monitoring in Laizhou Bay in 2022

1.3.1.5 均匀度指数分布图

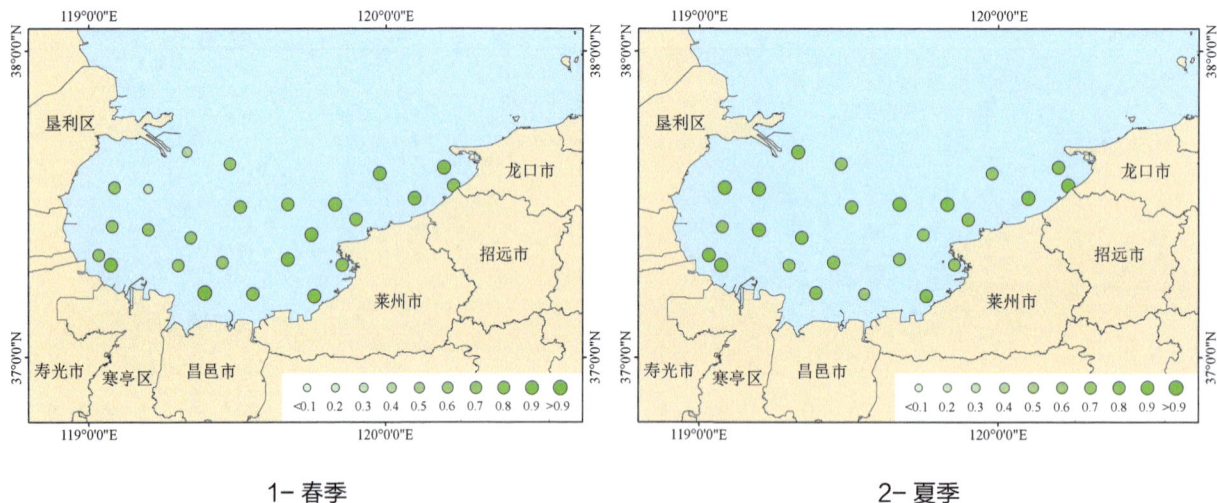

1- 春季

2- 夏季

1.3.1.6 丰富度指数分布图

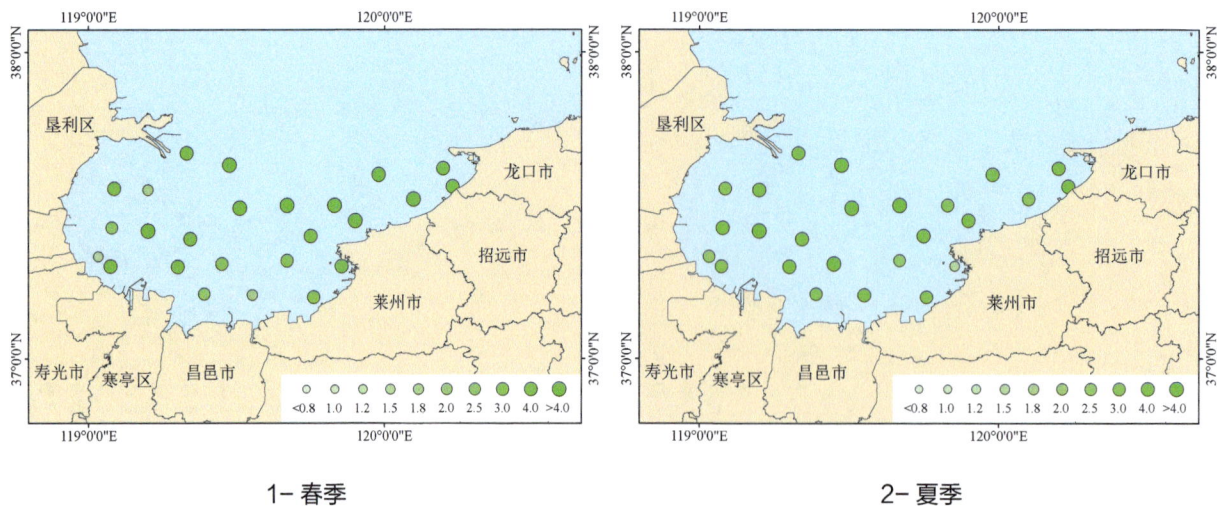

1- 春季

2- 夏季

1

2022 年莱州湾生态环境监测
Eco-environment monitoring in Laizhou Bay in 2022

1.3.2 小型浮游动物分布图

1.3.2.1 种类分布图

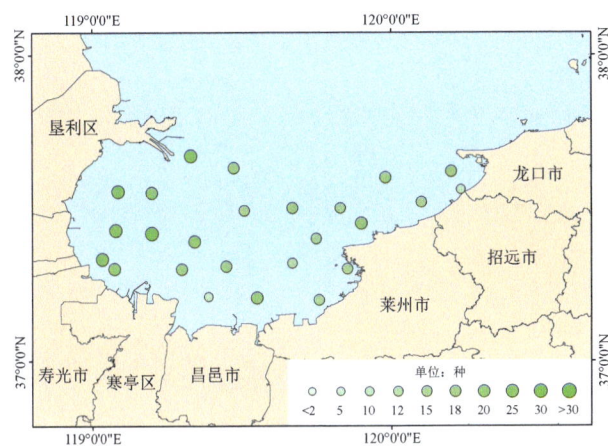

1- 春季

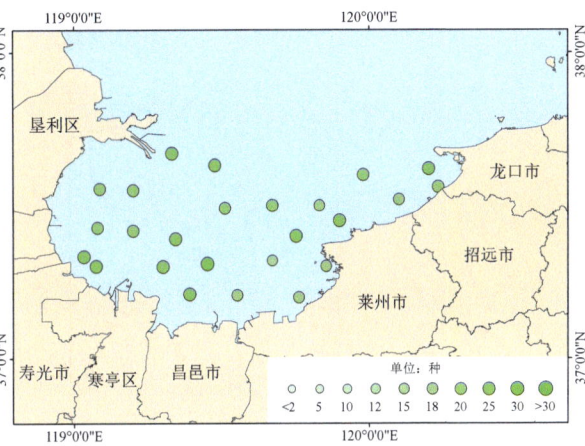

2- 夏季

1.3.2.2 密度分布图

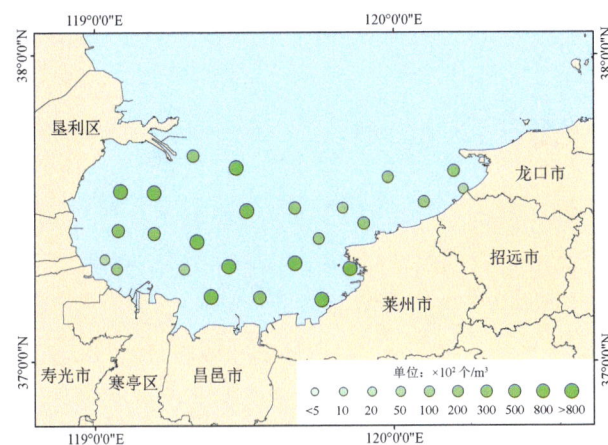

1- 春季

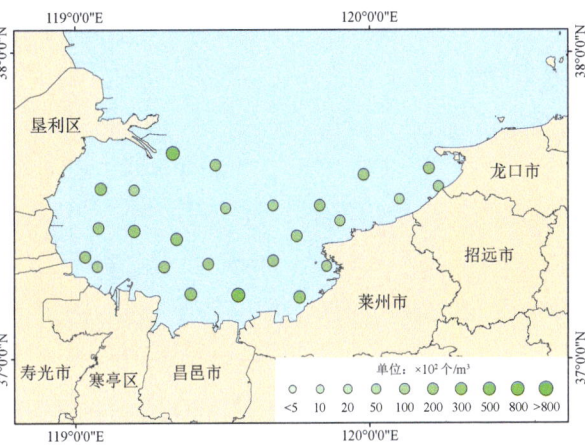

2- 夏季

1

2022 年莱州湾生态环境监测
Eco-environment monitoring in Laizhou Bay in 2022

1.3.2.3　多样性指数分布图

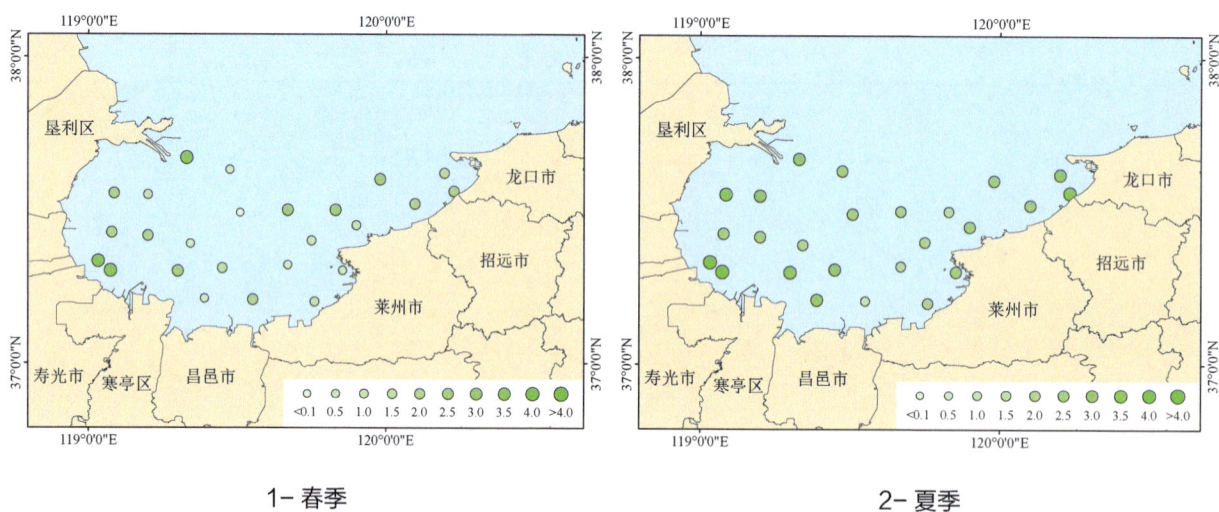

1- 春季

2- 夏季

1.3.2.4　均匀度指数分布图

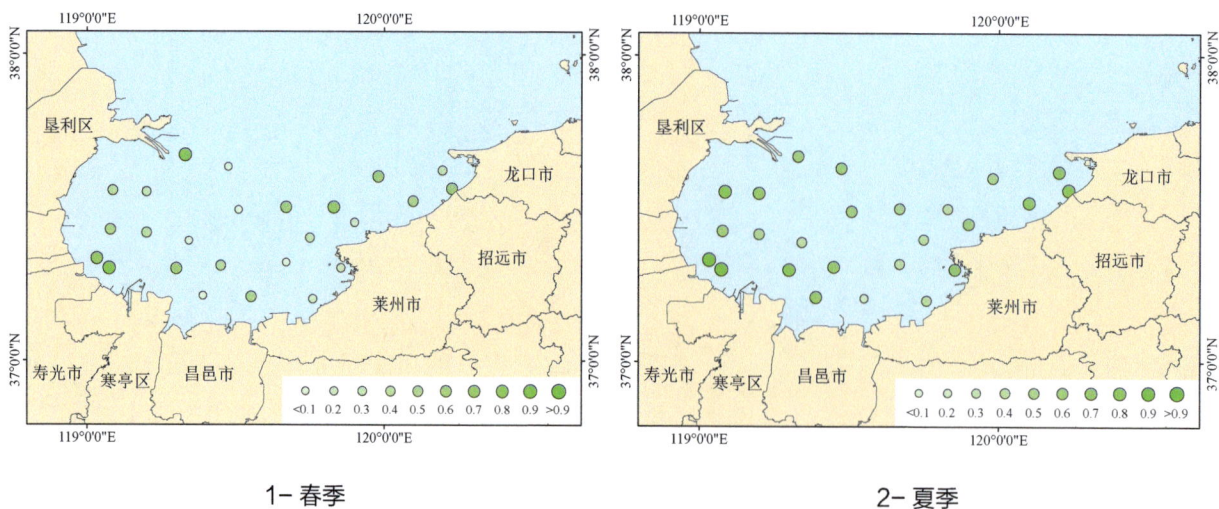

1- 春季

2- 夏季

1

2022 年莱州湾生态环境监测
Eco-environment monitoring in Laizhou Bay in 2022

1.3.2.5 丰富度指数分布图

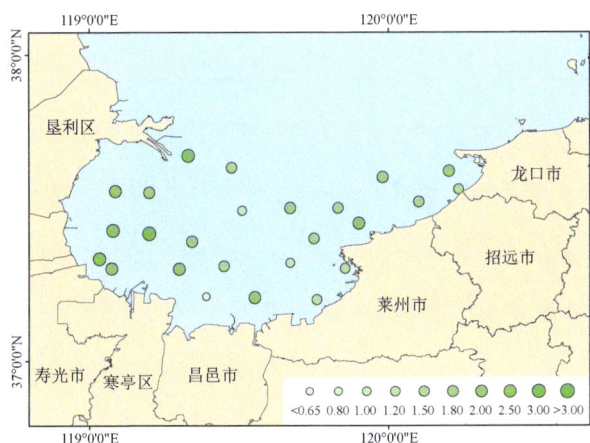 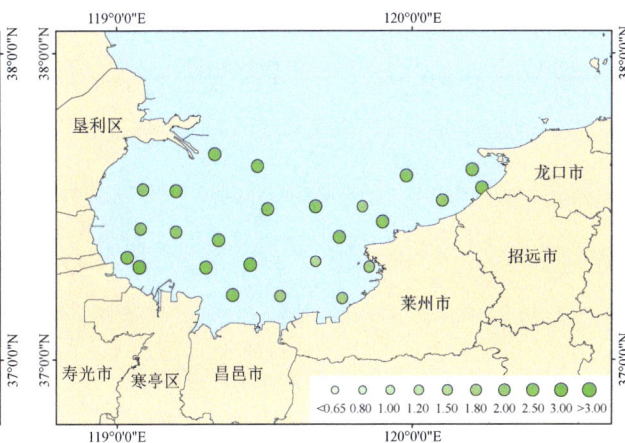

1- 春季

2- 夏季

1.3.3 浮游植物分布图

1.3.3.1 种类分布图

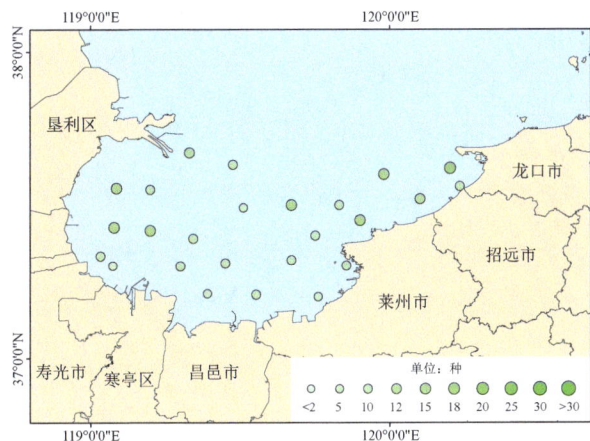 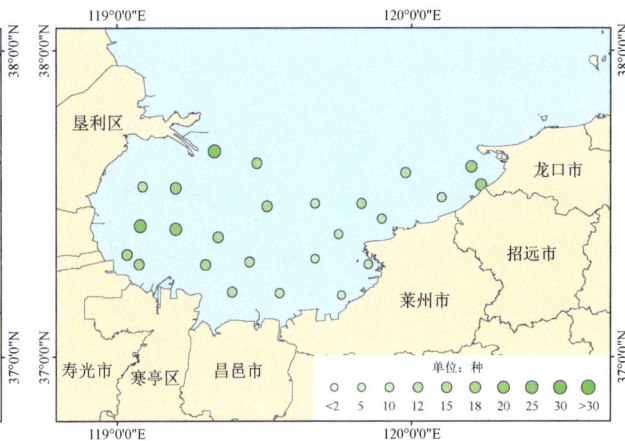

1- 春季

2- 夏季

1

2022 年莱州湾生态环境监测

Eco-environment monitoring in Laizhou Bay in 2022

1.3.3.2 密度分布图

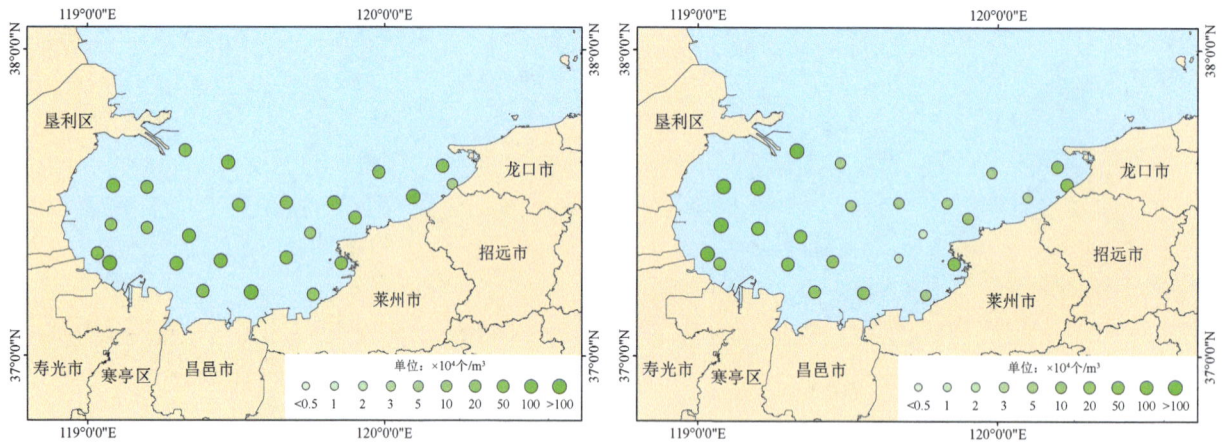

1- 春季

2- 夏季

1.3.3.3 多样性指数分布图

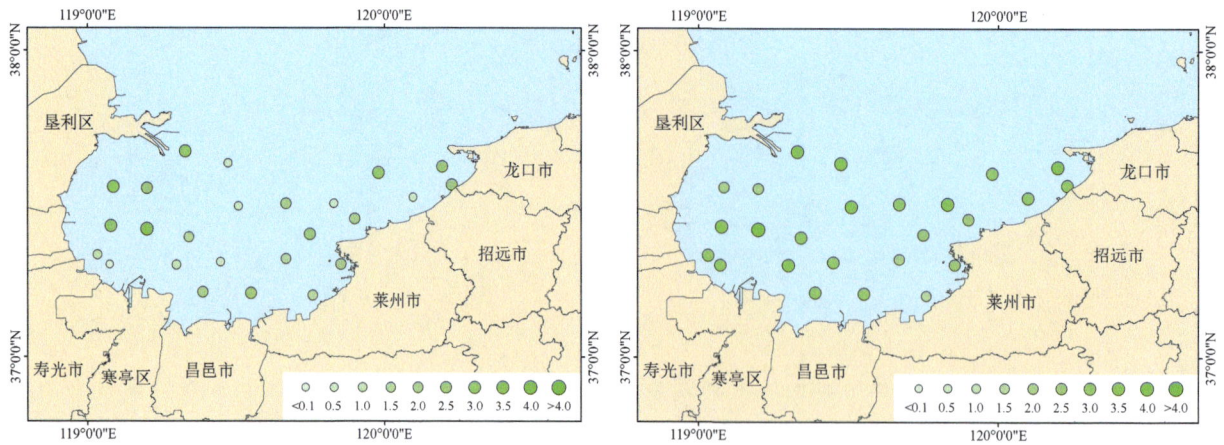

1- 春季

2- 夏季

1

2022 年莱州湾生态环境监测
Eco-environment monitoring in Laizhou Bay in 2022

1.3.3.4 均匀度指数分布图

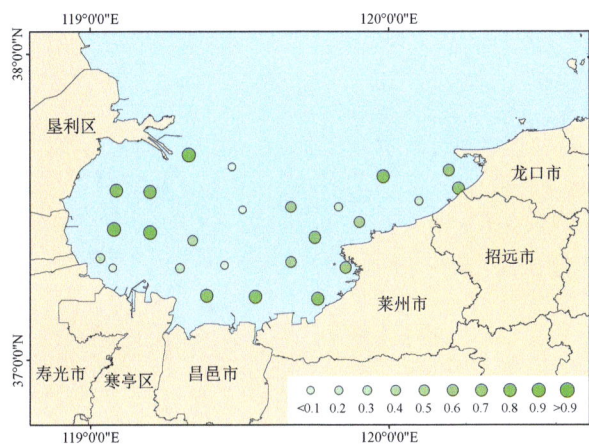

1- 春季

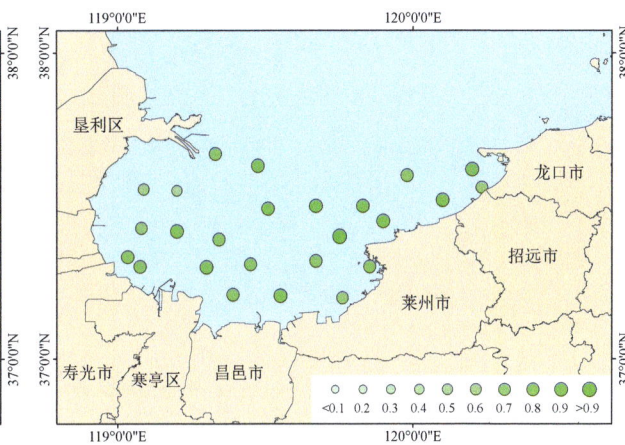

2- 夏季

1.3.3.5 丰富度指数分布图

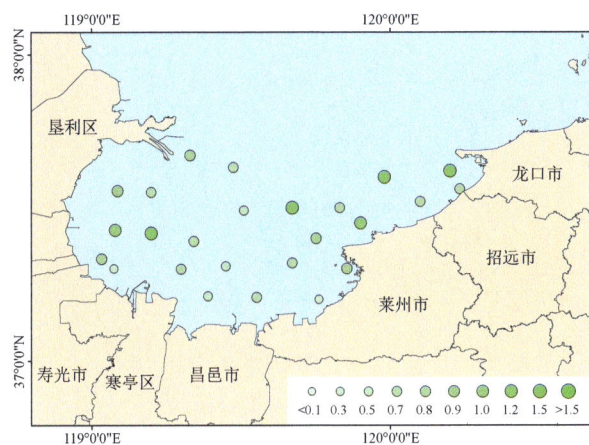

1- 春季

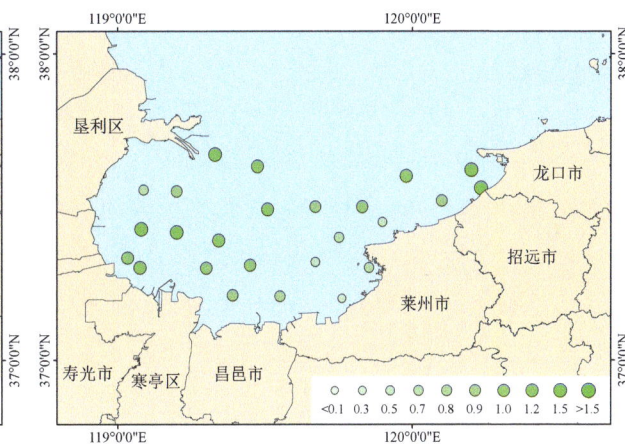

2- 夏季

1

2022 年莱州湾生态环境监测
Eco-environment monitoring in Laizhou Bay in 2022

1.3.4 底栖生物分布图

1.3.4.1 种类分布图

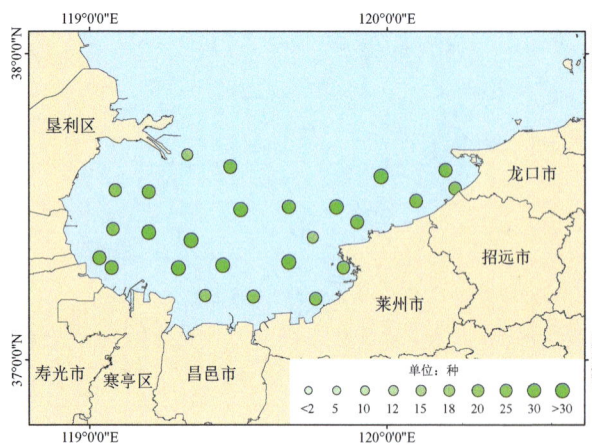

夏季

1.3.4.2 密度分布图

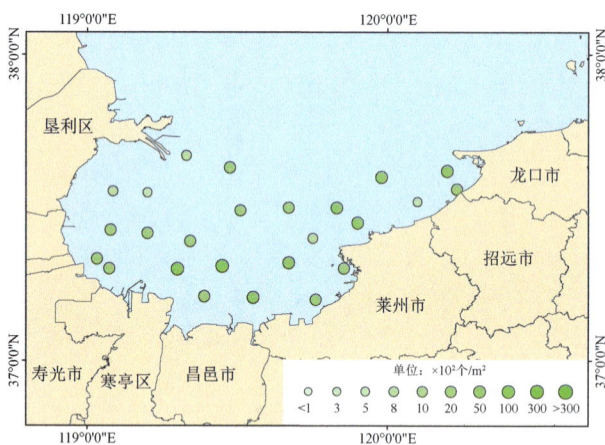

夏季

1.3.4.3 生物量分布图

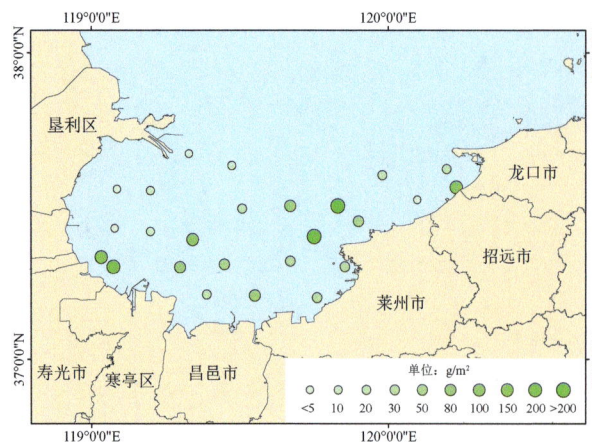

夏季

1.3.4.4 多样性指数分布图

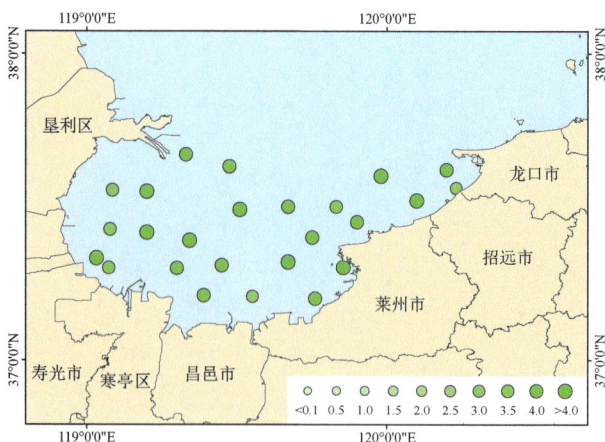

夏季

1

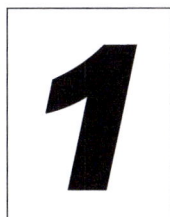

2022 年莱州湾生态环境监测

Eco-environment monitoring in Laizhou Bay in 2022

1.3.4.5 均匀度指数分布图

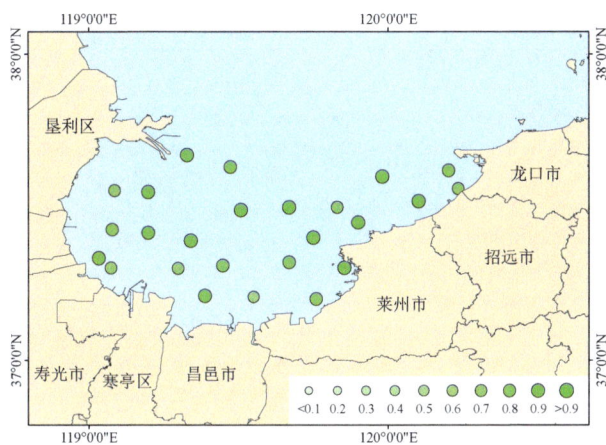

1.3.4.6 丰富度指数分布图

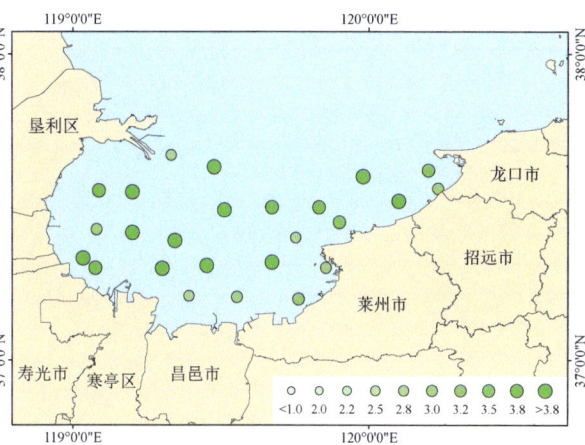

夏季

夏季

2 2021 年莱州湾生态环境监测
Eco-environment monitoring in Laizhou Bay in 2021

2.1 海水环境

2.1.1 pH 分布图

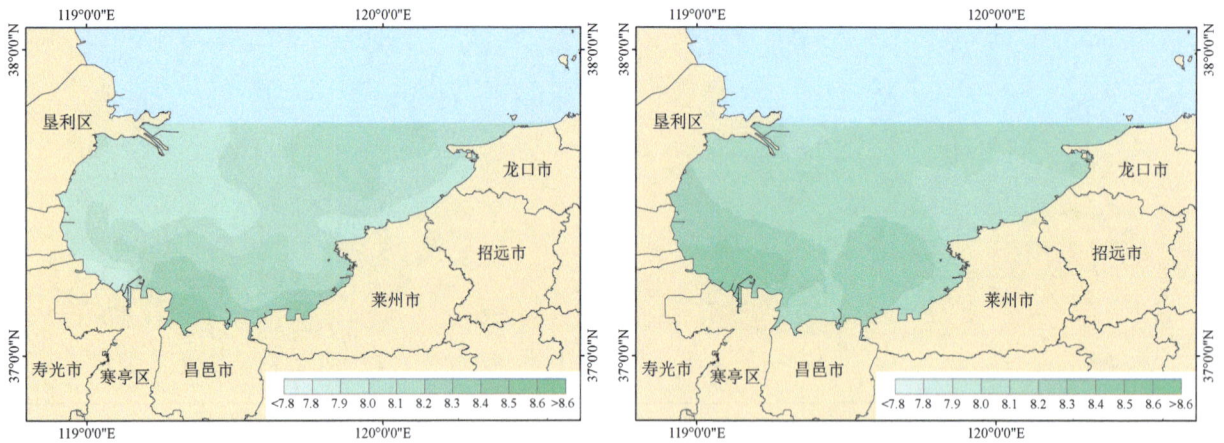

1- 春季   2- 夏季

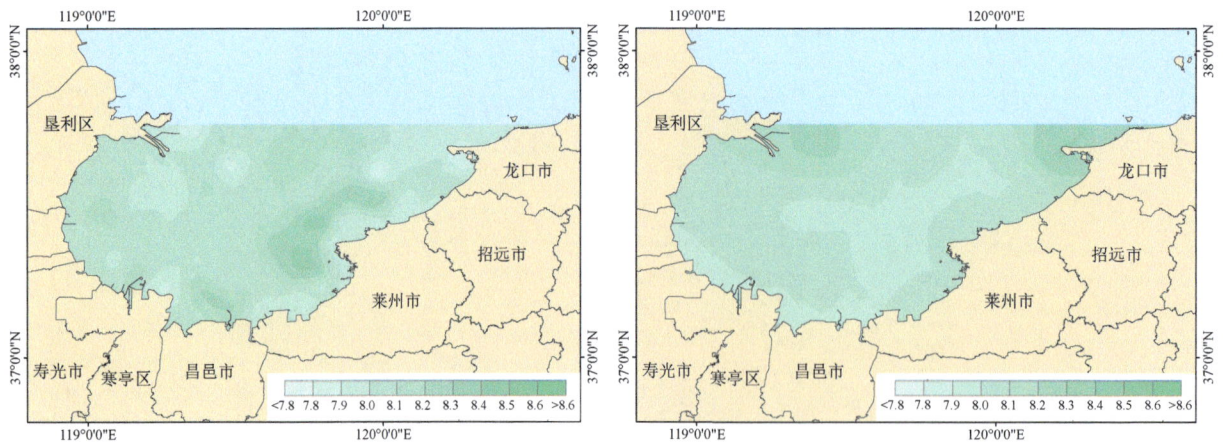

3- 秋季   4- 冬季

2

2021 年莱州湾生态环境监测
Eco-environment monitoring in Laizhou Bay in 2021

2.1.2 盐度分布图

1- 春季

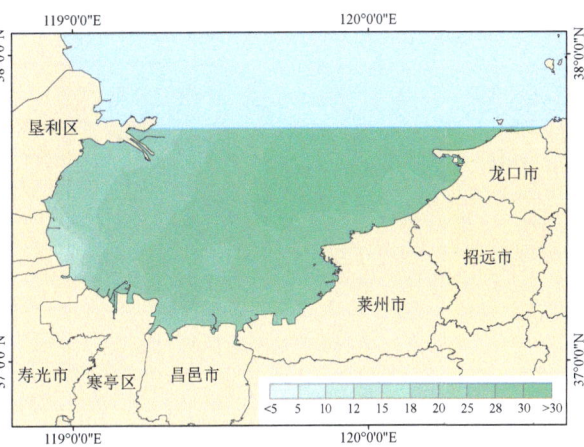

2- 夏季

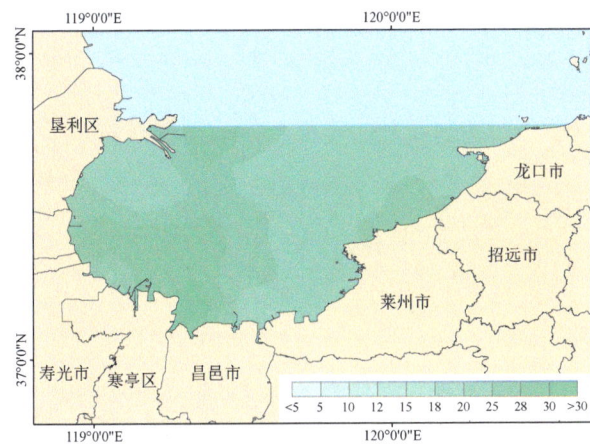

3- 秋季

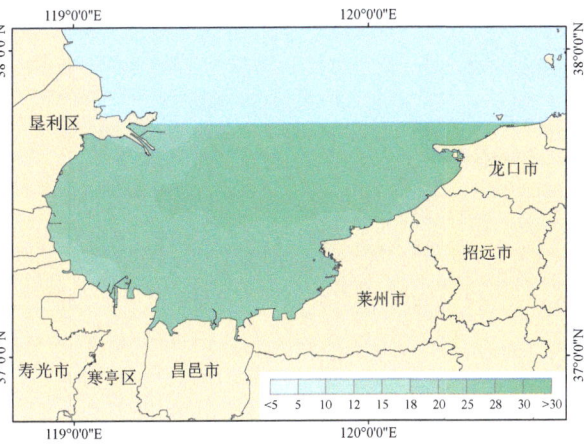

4- 冬季

2

2021 年莱州湾生态环境监测
Eco-environment monitoring in Laizhou Bay in 2021

2.1.3 溶解氧分布图

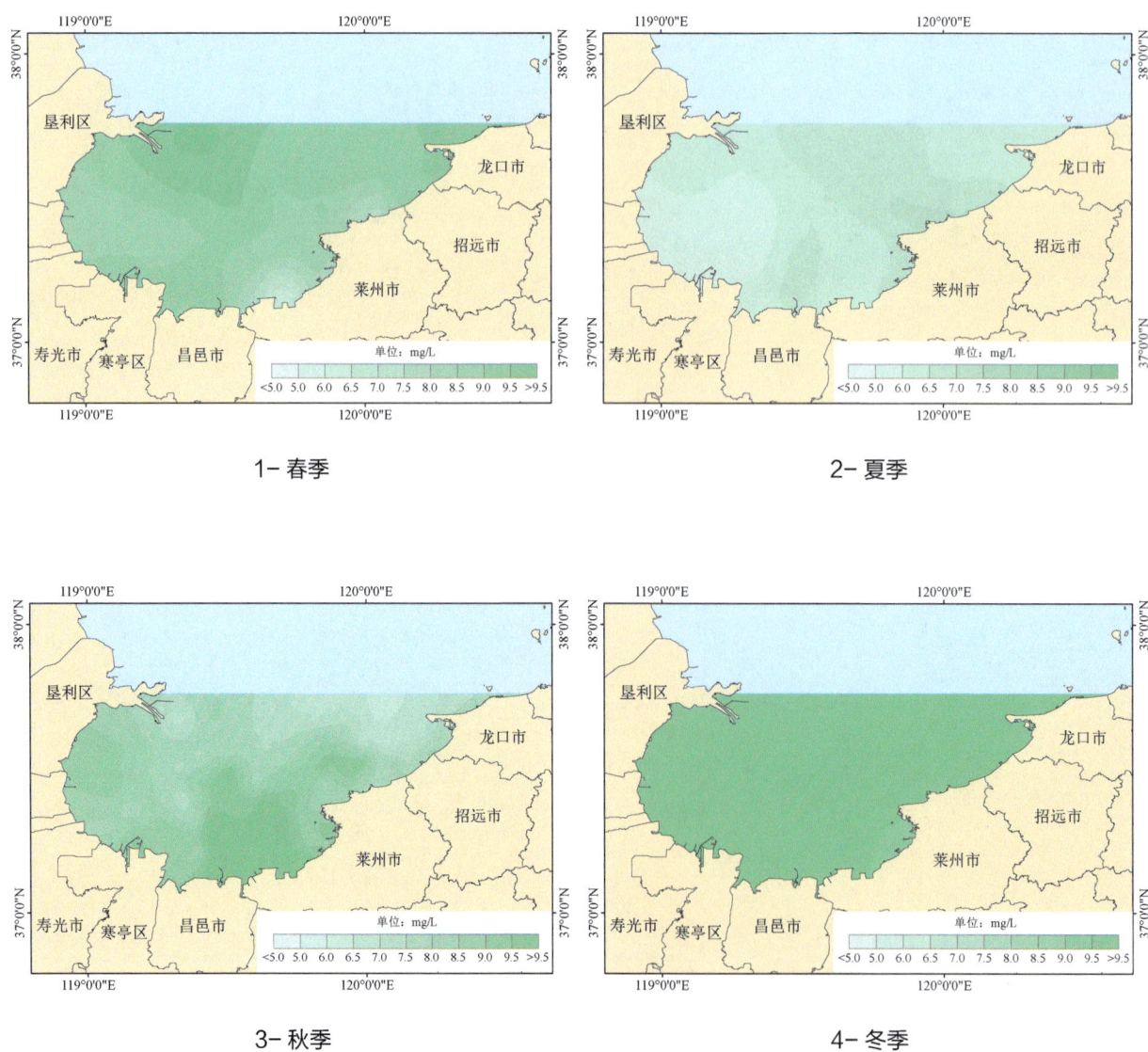

1- 春季

2- 夏季

3- 秋季

4- 冬季

2

2021 年莱州湾生态环境监测

Eco-environment monitoring in Laizhou Bay in 2021

2.1.4　化学需氧量分布图

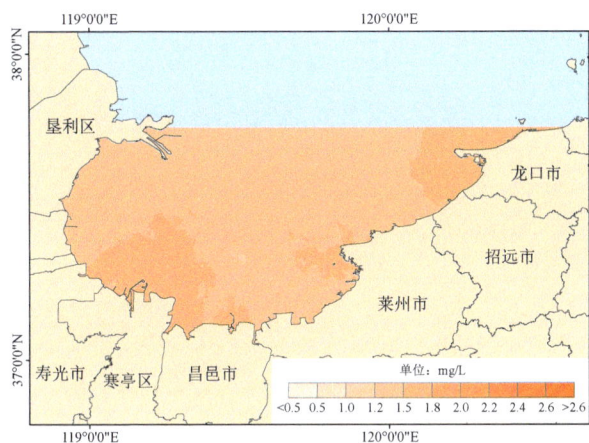

1- 春季

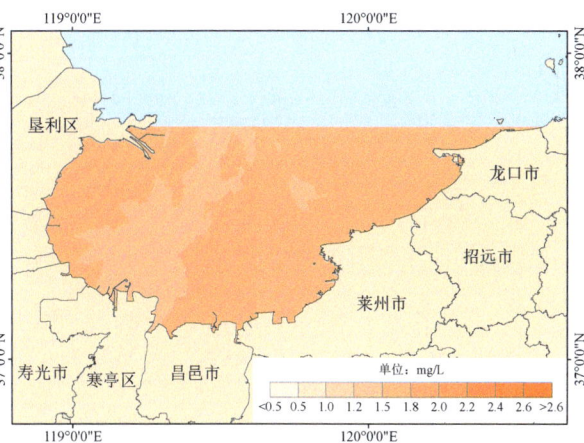

2- 夏季

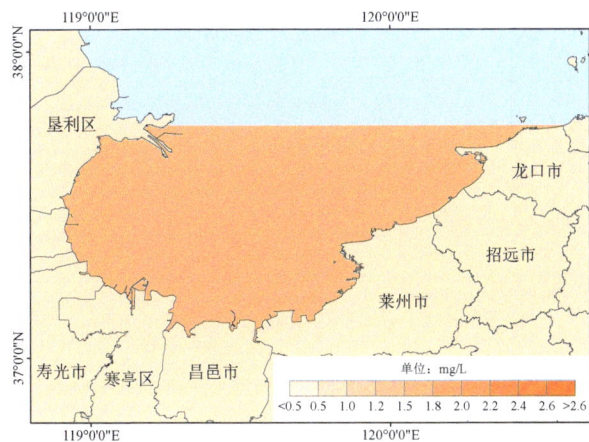

3- 秋季

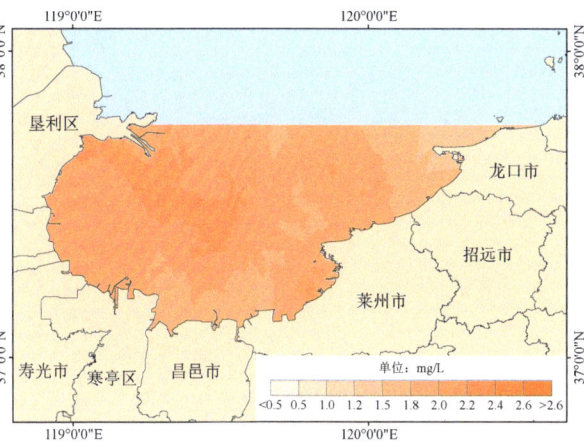

4- 冬季

2

2021 年莱州湾生态环境监测
Eco-environment monitoring in Laizhou Bay in 2021

2.1.5 氨氮分布图

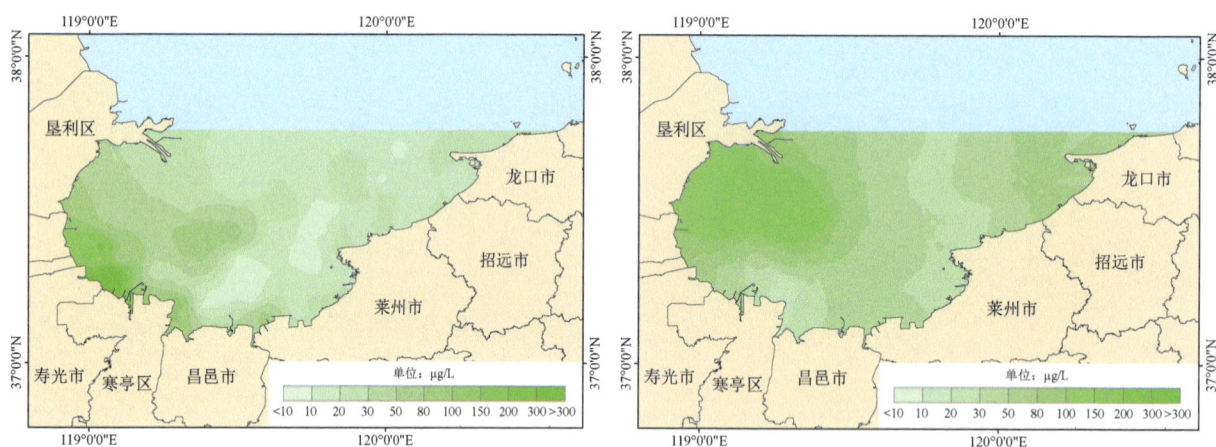

1- 春季　　　　　　　　　　　　　　　2- 夏季

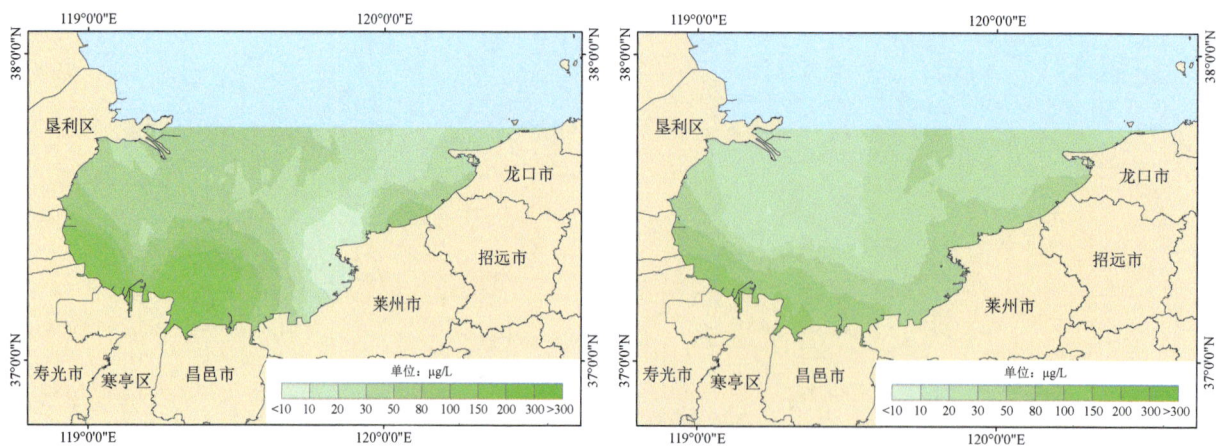

3- 秋季　　　　　　　　　　　　　　　4- 冬季

2

2021 年莱州湾生态环境监测
Eco-environment monitoring in Laizhou Bay in 2021

2.1.6 亚硝酸盐分布图

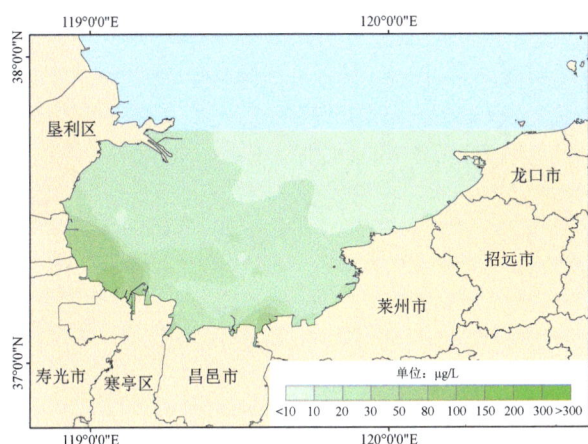

1- 春季

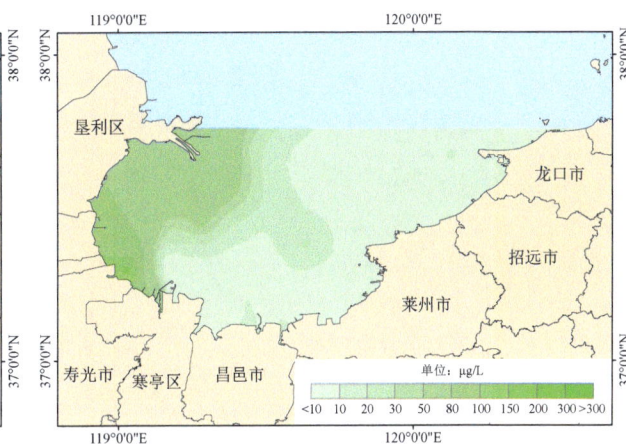

2- 夏季

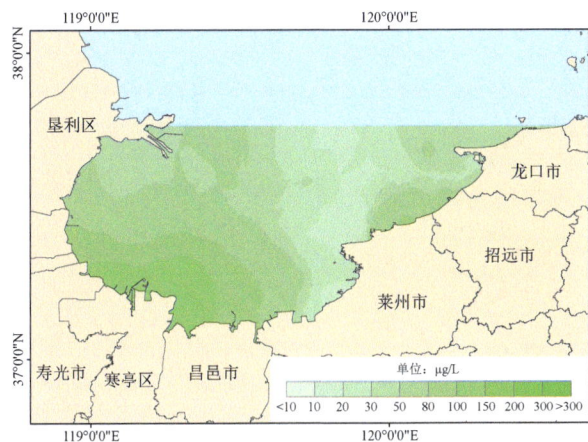

3- 秋季

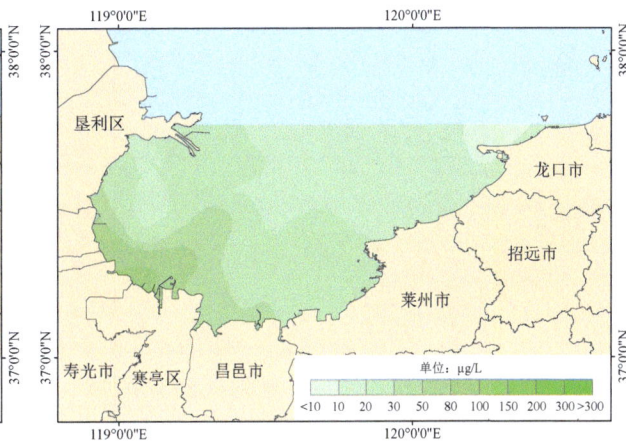

4- 冬季

2

2021 年莱州湾生态环境监测
Eco-environment monitoring in Laizhou Bay in 2021

2.1.7 硝酸盐分布图

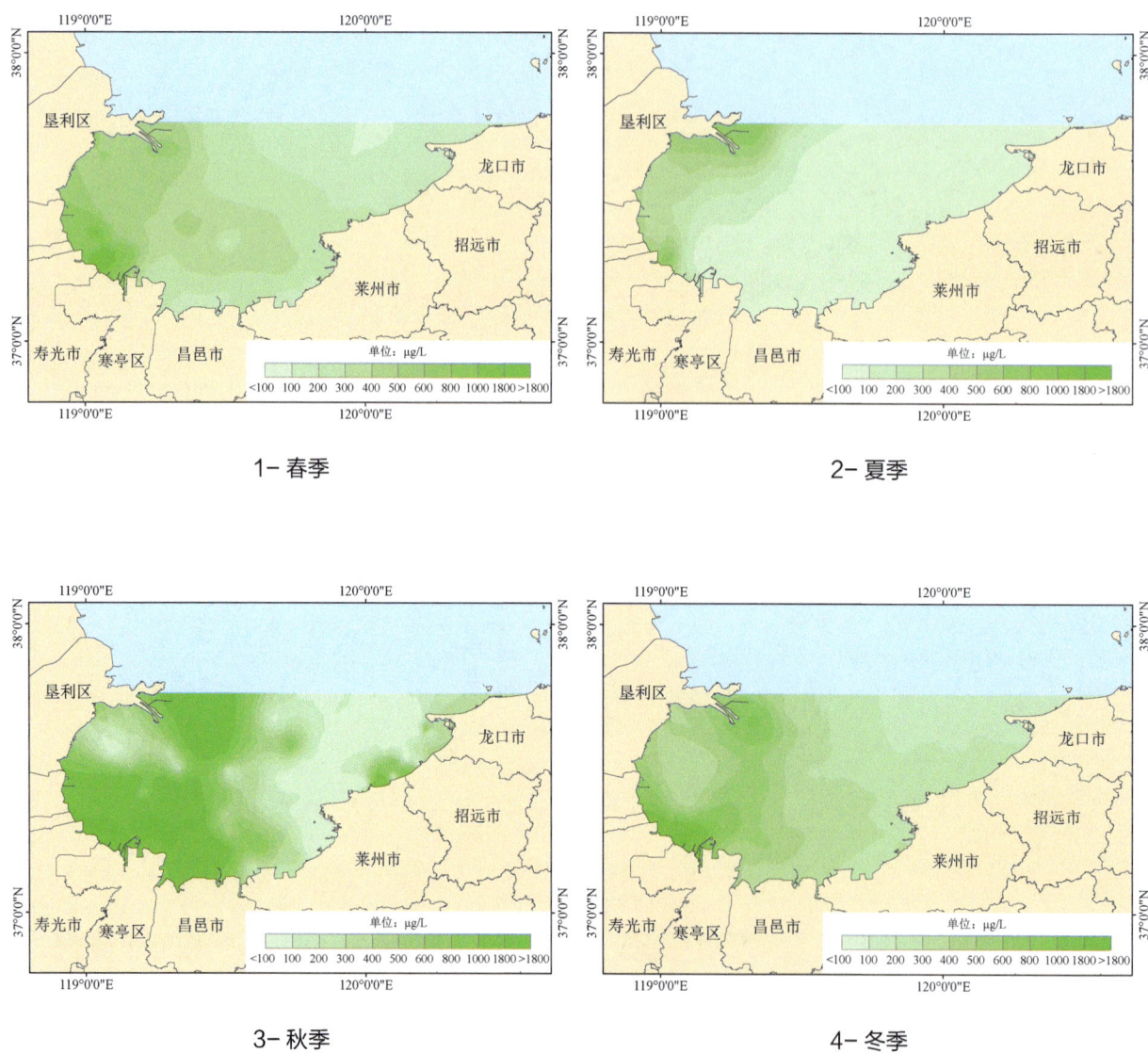

1- 春季

2- 夏季

3- 秋季

4- 冬季

2

2021 年莱州湾生态环境监测
Eco-environment monitoring in Laizhou Bay in 2021

2.1.8 无机氮分布图

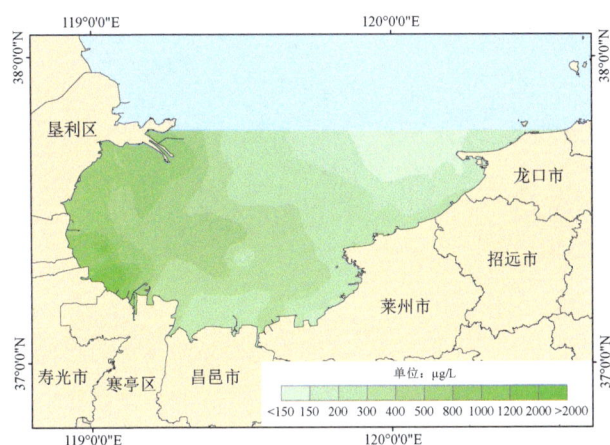

1- 春季

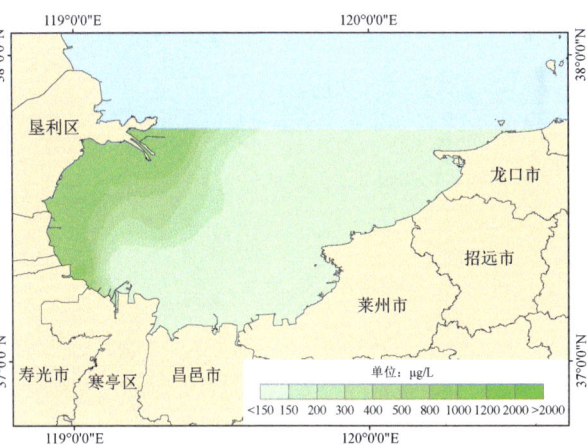

2- 夏季

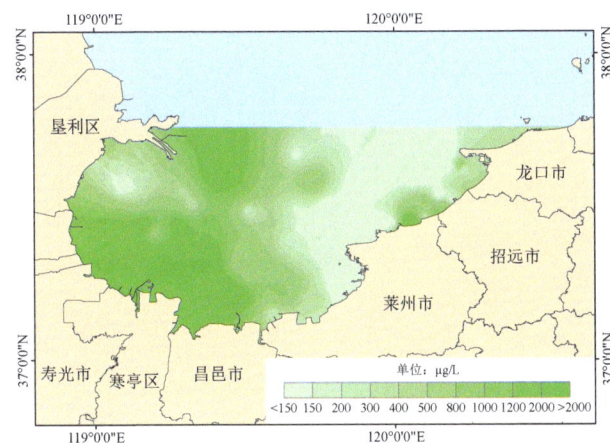

3- 秋季

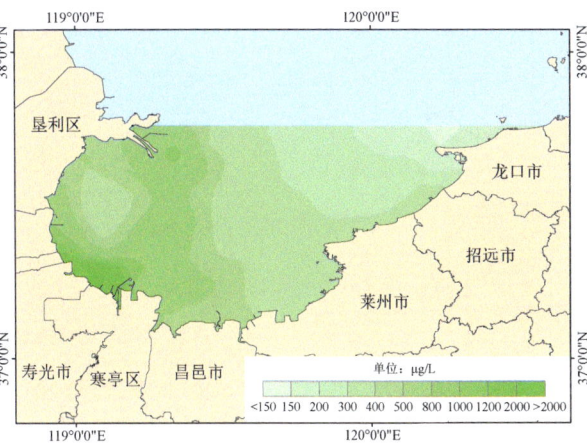

4- 冬季

2

2021 年莱州湾生态环境监测
Eco-environment monitoring in Laizhou Bay in 2021

2.1.9 活性磷酸盐分布图

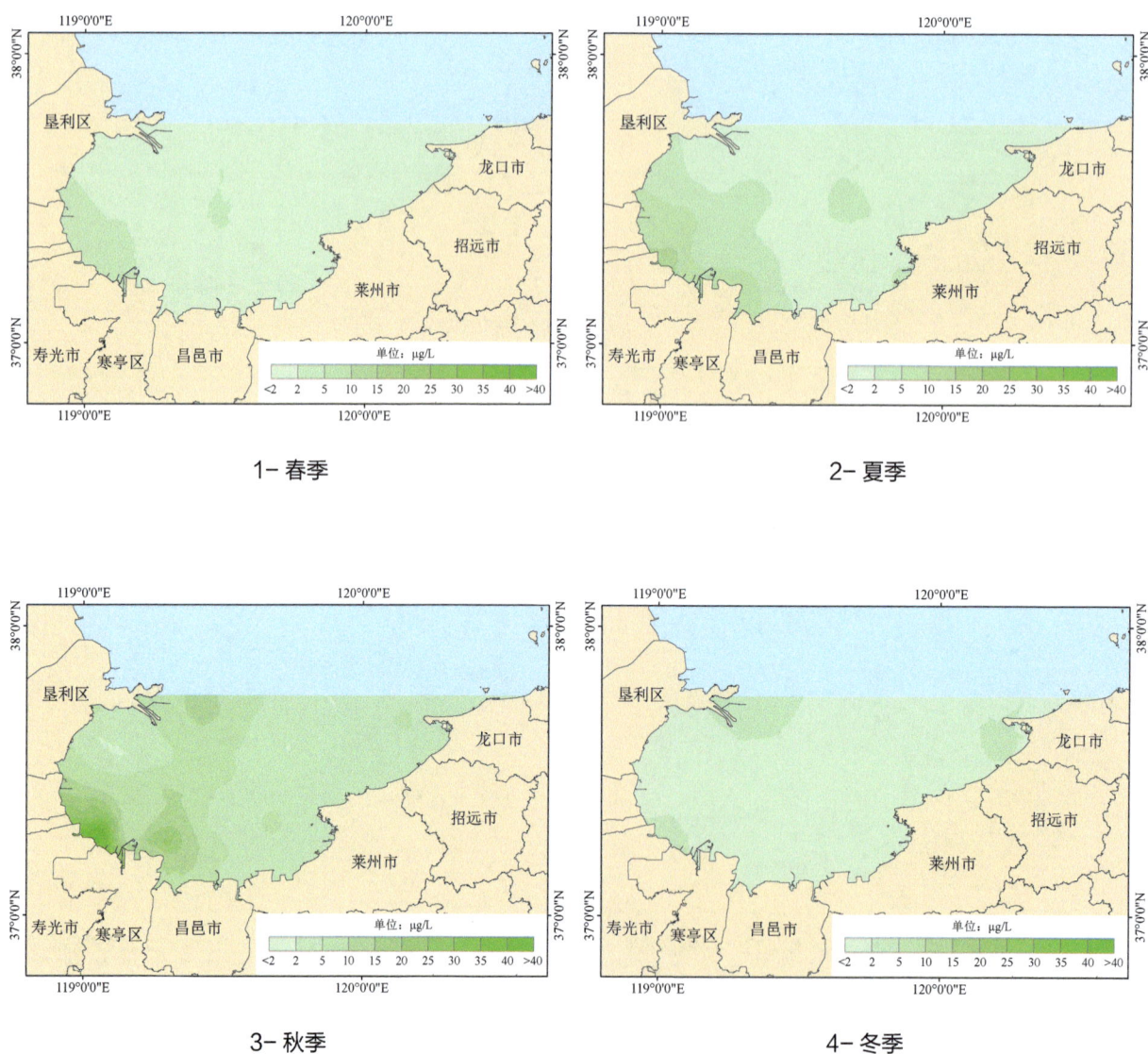

1- 春季

2- 夏季

3- 秋季

4- 冬季

2

2021 年莱州湾生态环境监测
Eco-environment monitoring in Laizhou Bay in 2021

2.1.10　叶绿素 a 分布图

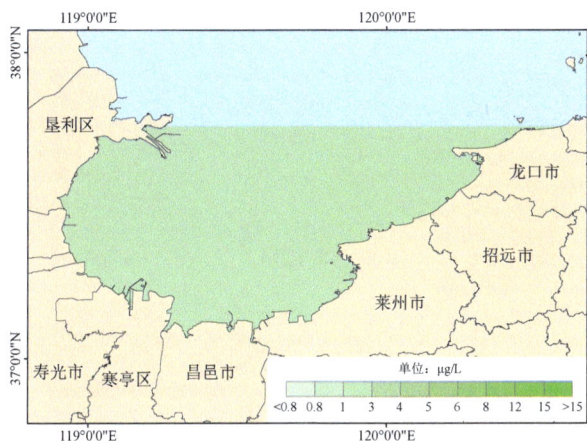

1- 春季

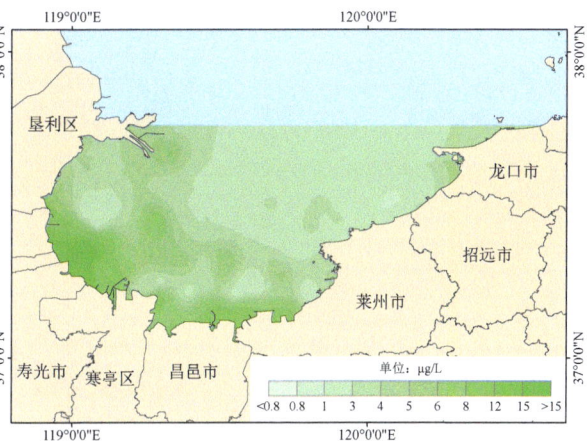

2- 夏季

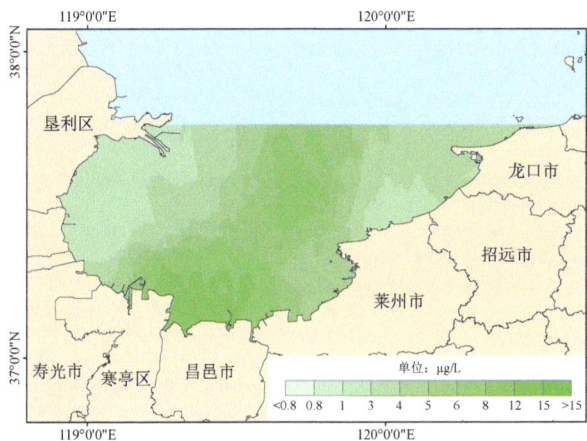

3- 秋季

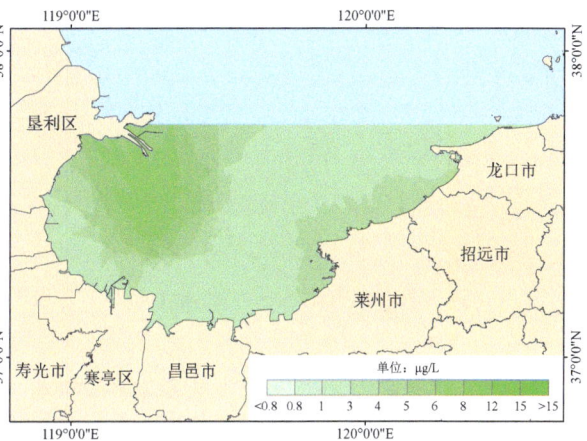

4- 冬季

2

2021 年莱州湾生态环境监测
Eco-environment monitoring in Laizhou Bay in 2021

2.1.11　石油类分布图

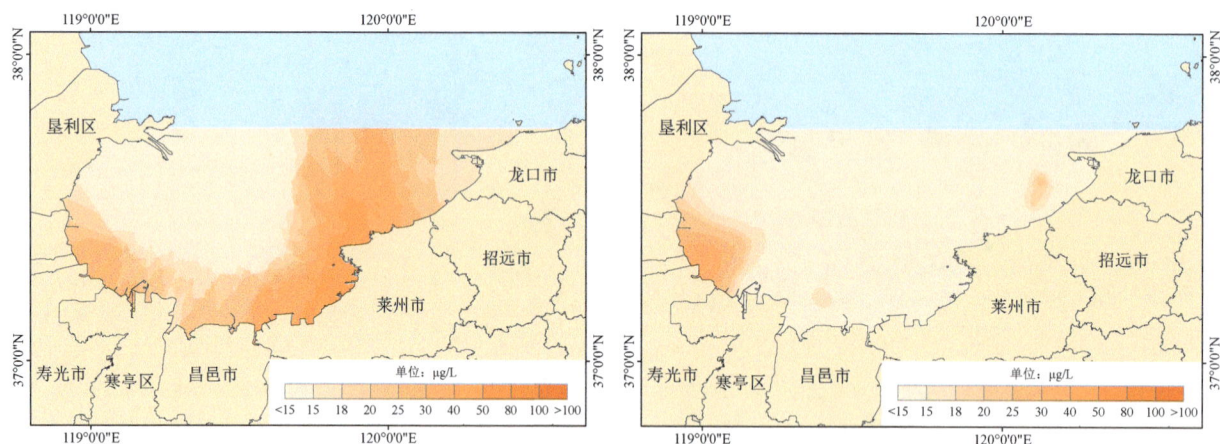

1- 春季

2- 夏季

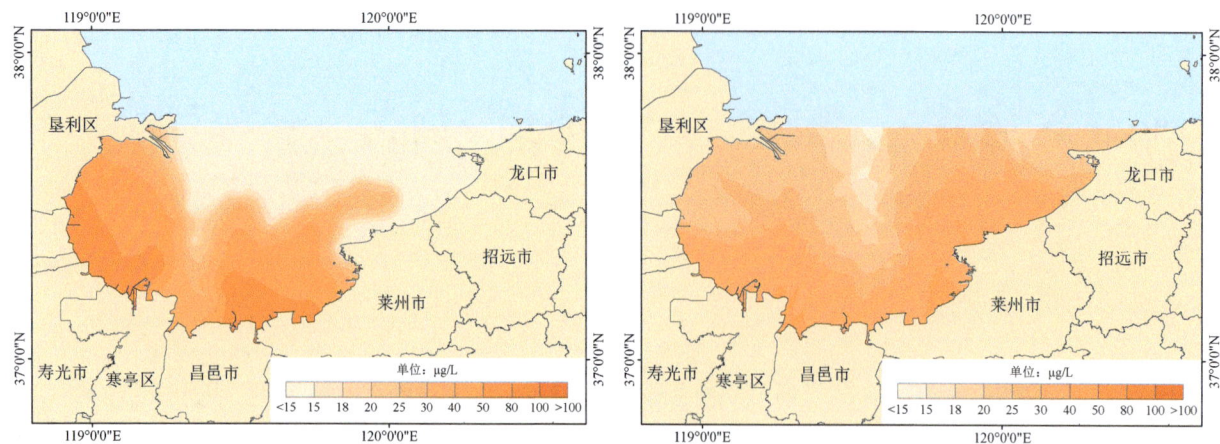

3- 秋季

4- 冬季

2

2021 年莱州湾生态环境监测
Eco-environment monitoring in Laizhou Bay in 2021

2.1.12　总氮分布图

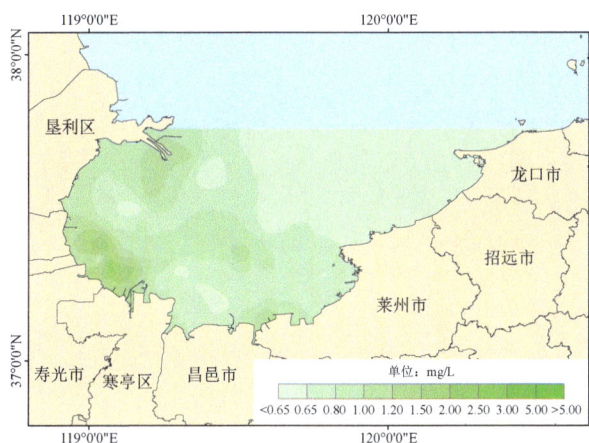

1- 春季

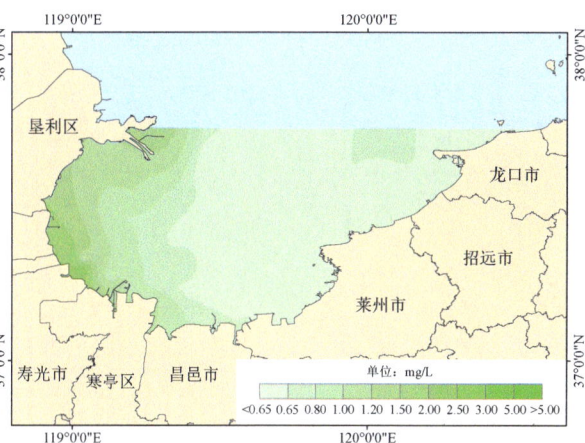

2- 夏季

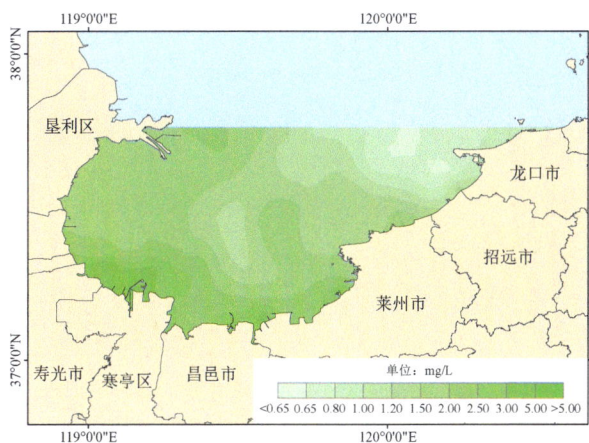

3- 秋季

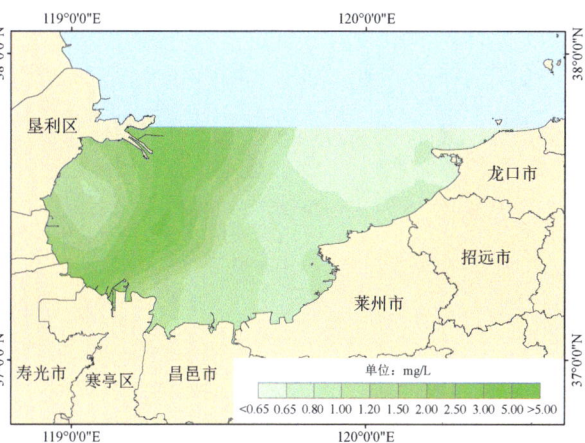

4- 冬季

2

2021 年莱州湾生态环境监测
Eco-environment monitoring in Laizhou Bay in 2021

2.1.13　总磷分布图

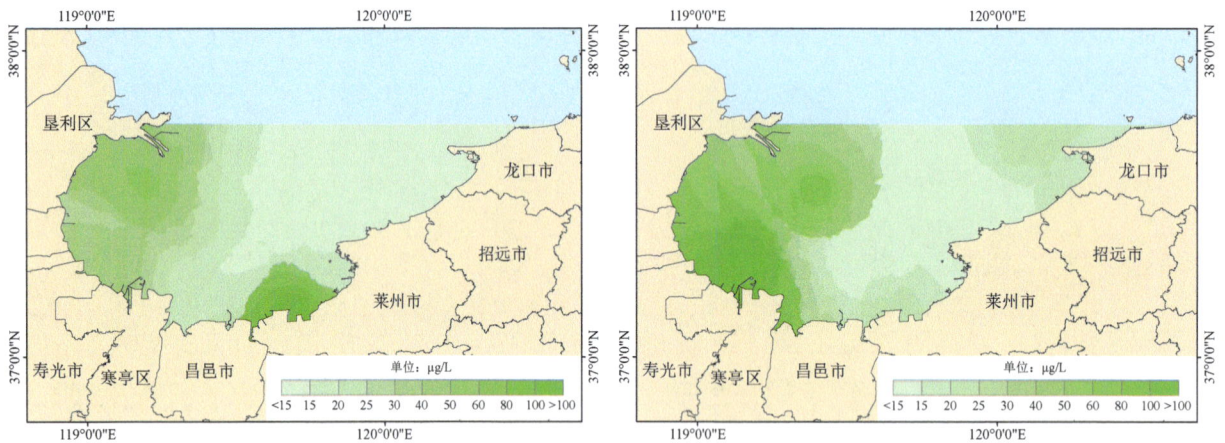

1- 春季　　　　　　　　　　　　　　　2- 夏季

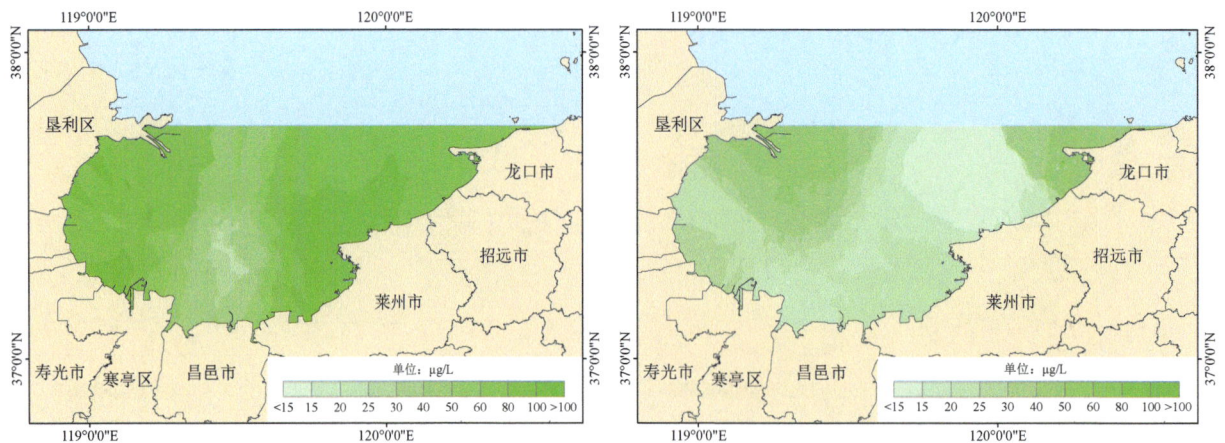

3- 秋季　　　　　　　　　　　　　　　4- 冬季

2

2021 年莱州湾生态环境监测
Eco-environment monitoring in Laizhou Bay in 2021

2.1.14 硅酸盐分布图

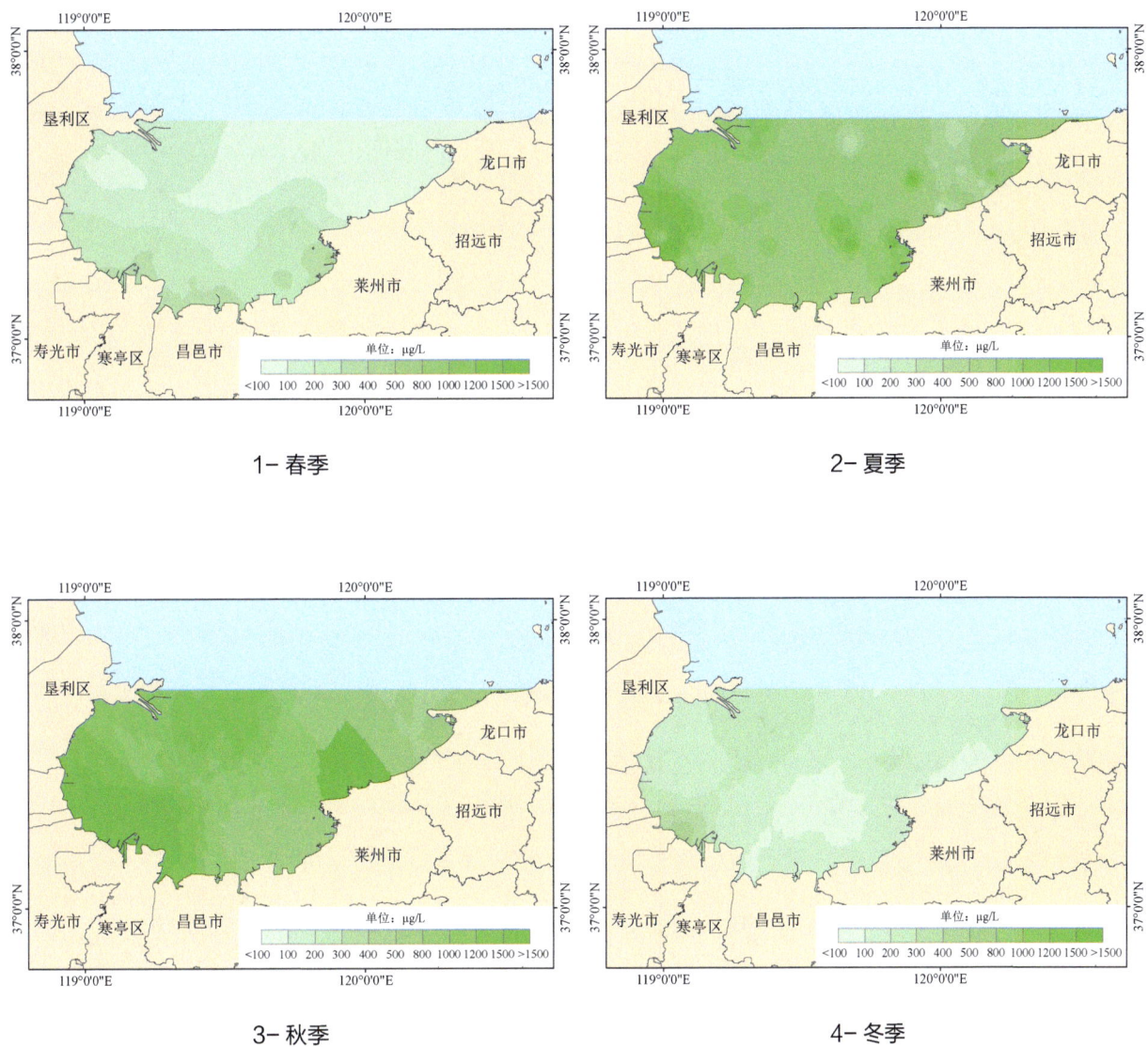

1- 春季

2- 夏季

3- 秋季

4- 冬季

2

2021 年莱州湾生态环境监测
Eco-environment monitoring in Laizhou Bay in 2021

2.1.15 悬浮物分布图

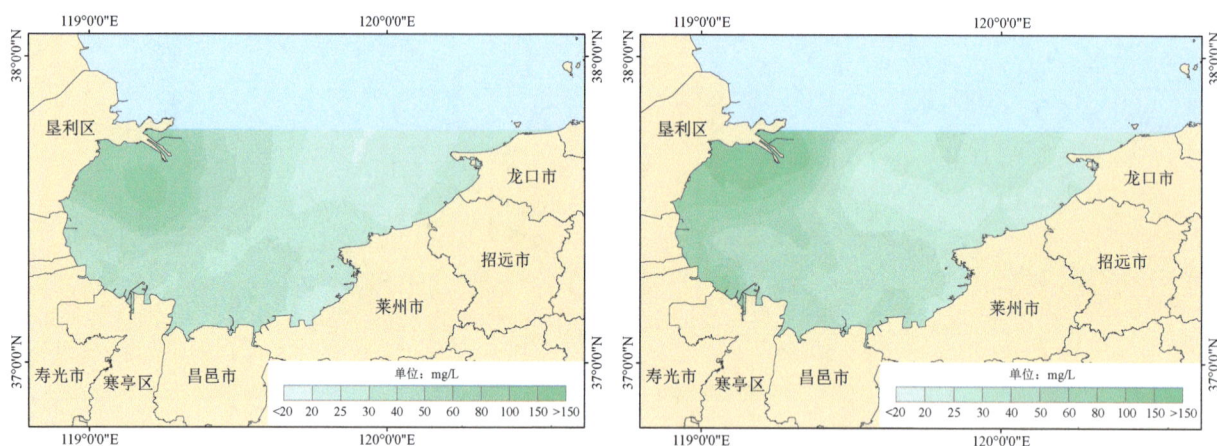

1- 春季

2- 夏季

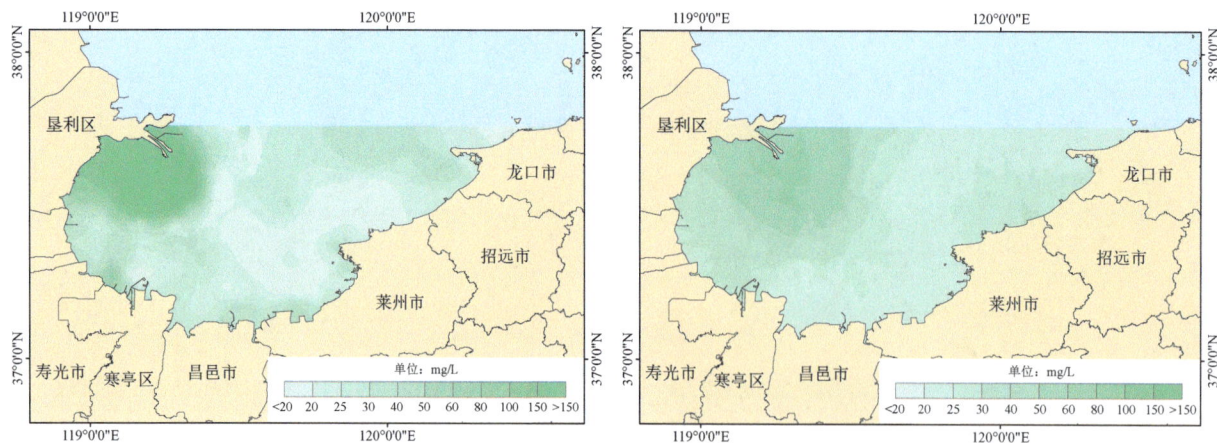

3- 秋季

4- 冬季

2

2021 年莱州湾生态环境监测
Eco-environment monitoring in Laizhou Bay in 2021

2.1.16 重金属分布图

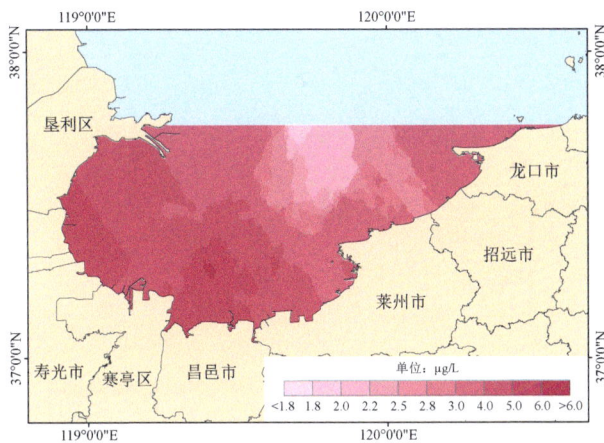

1- 铜（夏季）

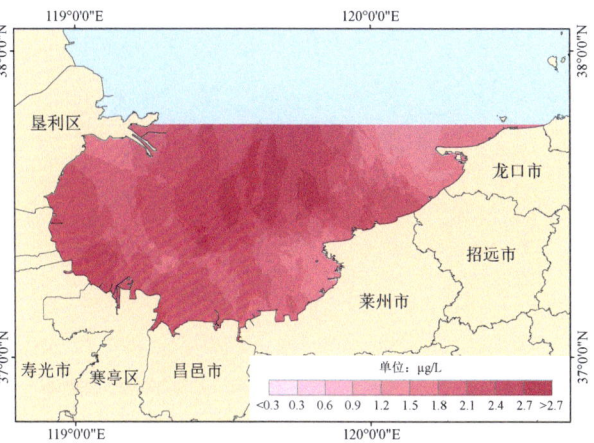

2- 铅（夏季）

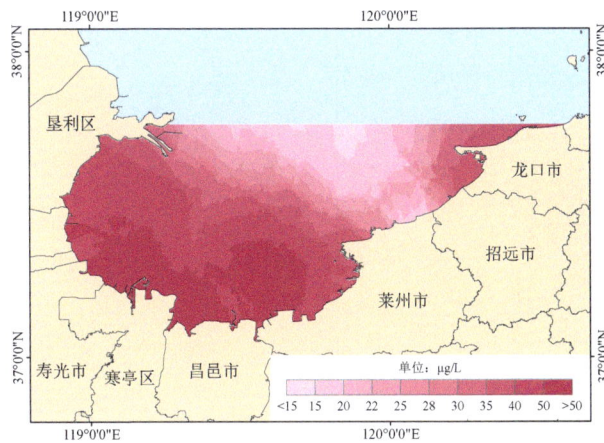

3- 锌（夏季）

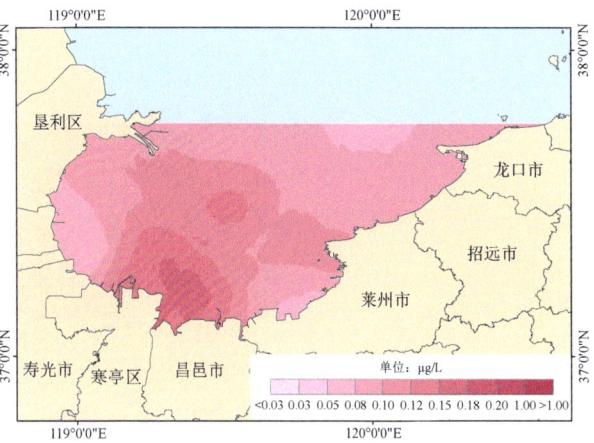

4- 镉（夏季）

2

2021 年莱州湾生态环境监测
Eco-environment monitoring in Laizhou Bay in 2021

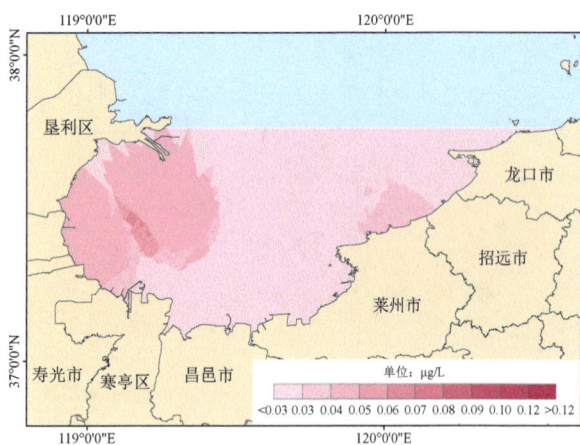

5- 汞（夏季）

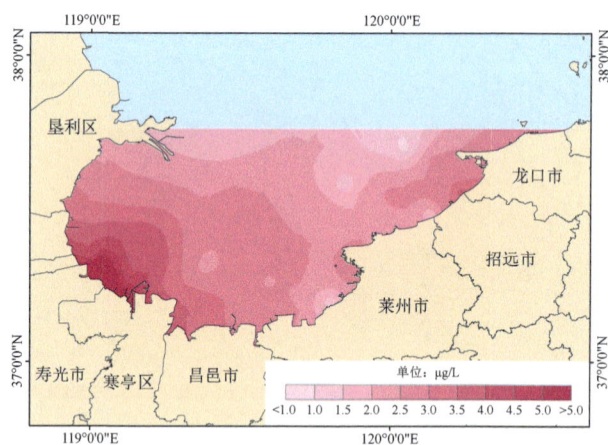

6- 砷（夏季）

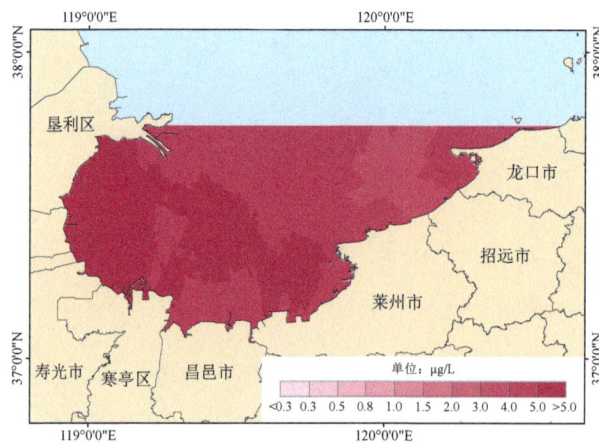

7- 铬（夏季）

2

2021 年莱州湾生态环境监测
Eco-environment monitoring in Laizhou Bay in 2021

2.1.17　氮磷比分布图

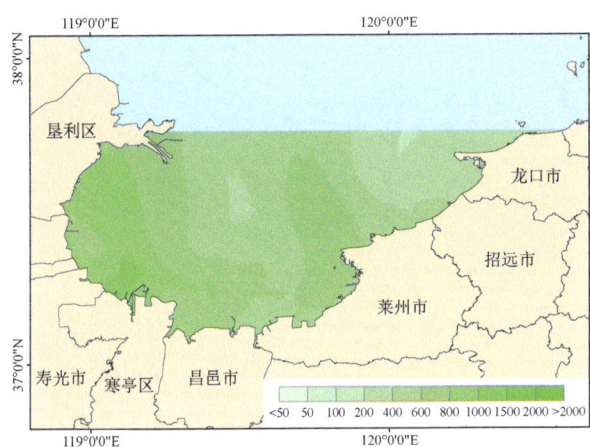

1- 春季

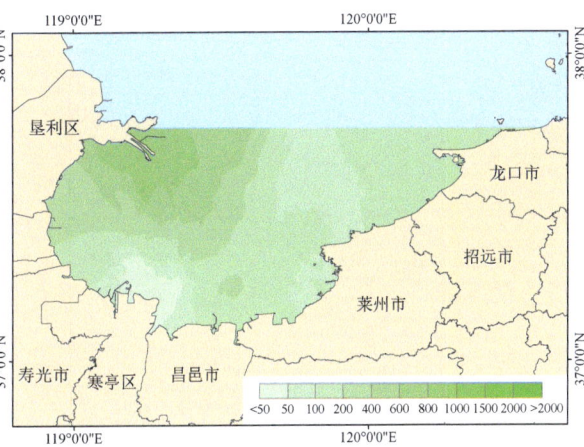

2- 夏季

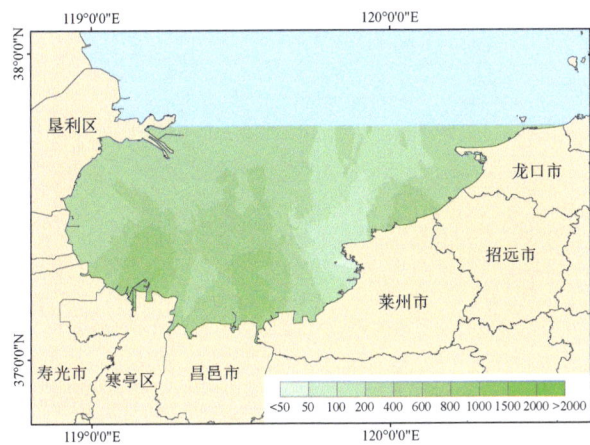

3- 秋季

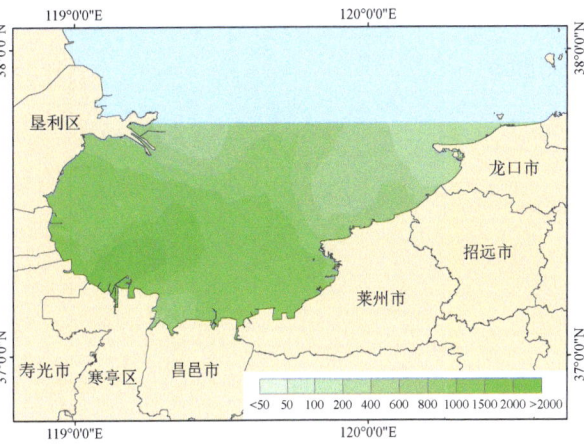

4- 冬季

2

2021 年莱州湾生态环境监测
Eco-environment monitoring in Laizhou Bay in 2021

2.1.18 硅磷比分布图

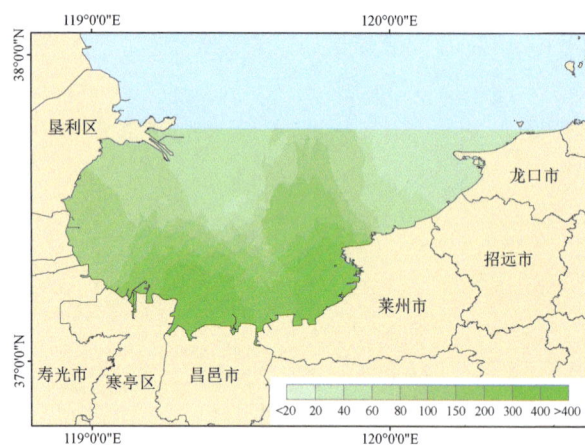

1- 春季

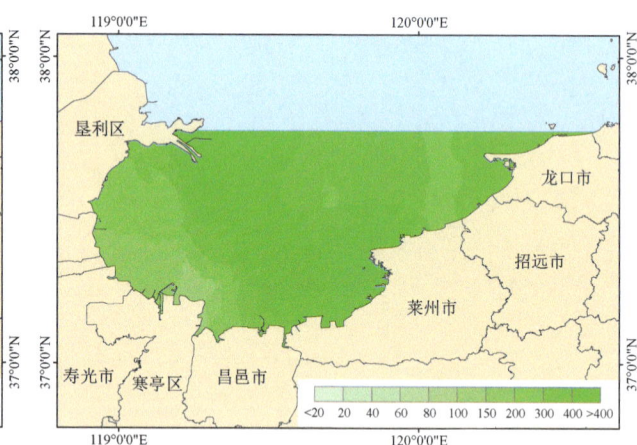

2- 夏季

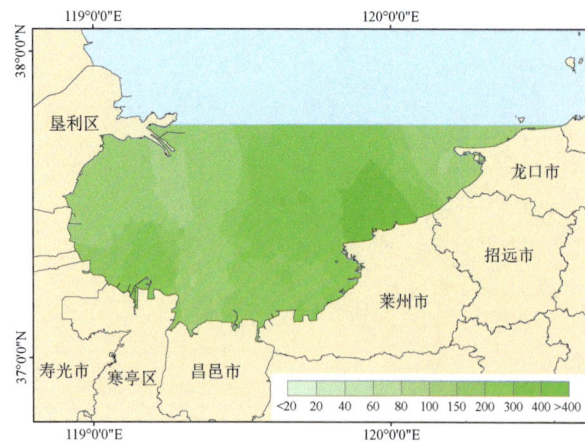

3- 秋季

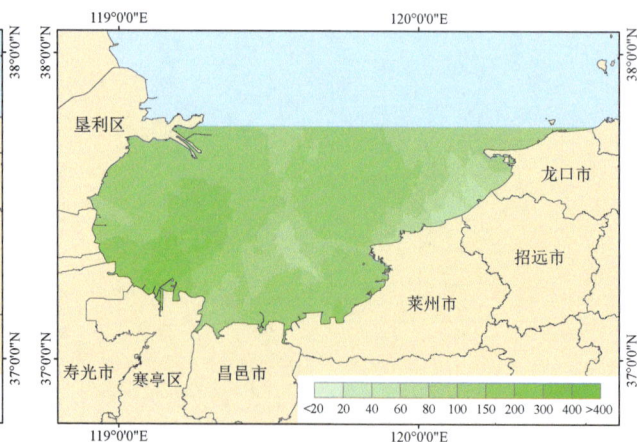

4- 冬季

2

2021 年莱州湾生态环境监测
Eco-environment monitoring in Laizhou Bay in 2021

2.1.19 硅氮比分布图

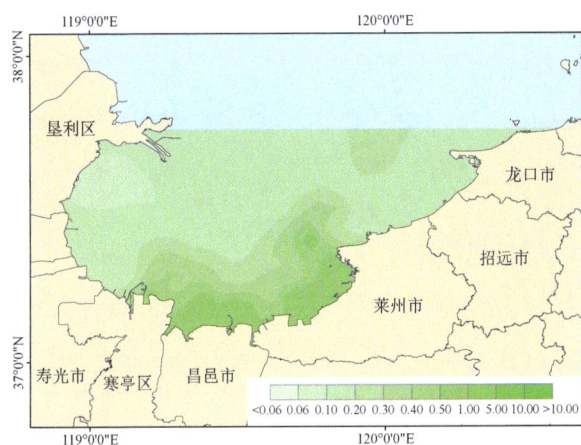

1- 春季

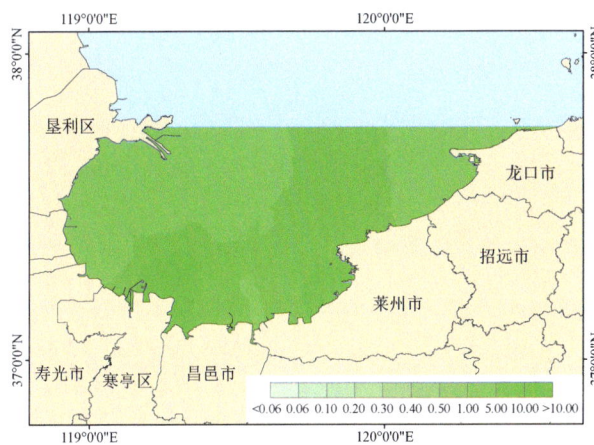

2- 夏季

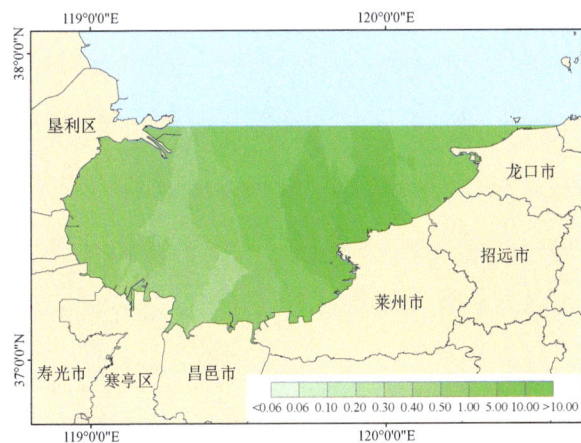

3- 秋季

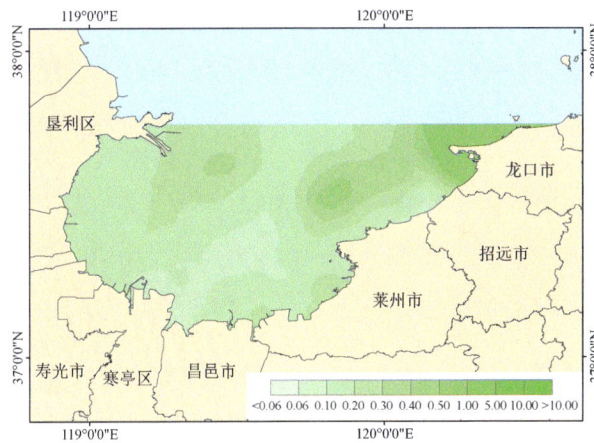

4- 冬季

2

2021 年莱州湾生态环境监测
Eco-environment monitoring in Laizhou Bay in 2021

2.2 沉积环境

2.2.1 重金属分布图

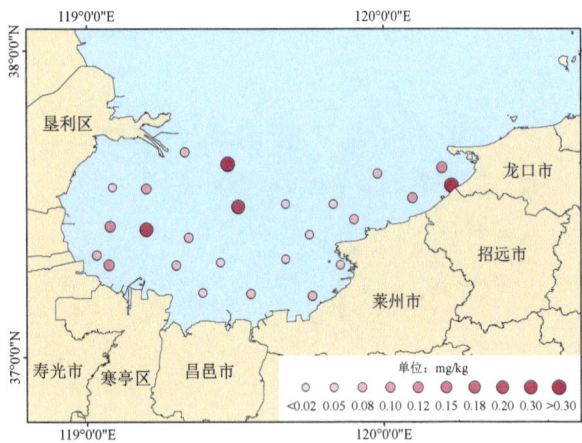

1- 镉（夏季）

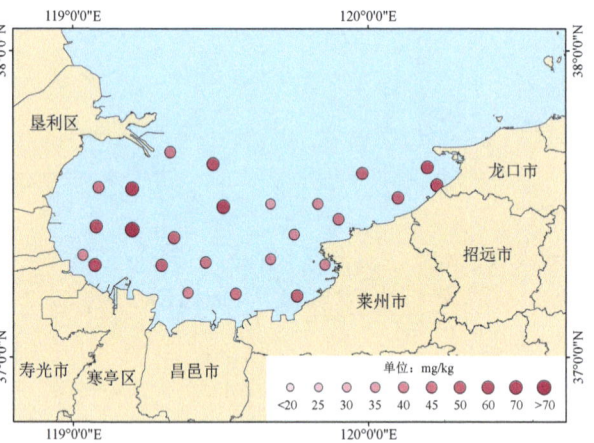

2- 铬（夏季）

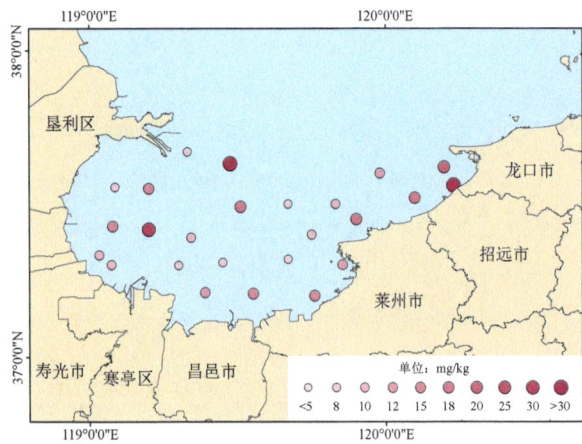

3- 铅（夏季）

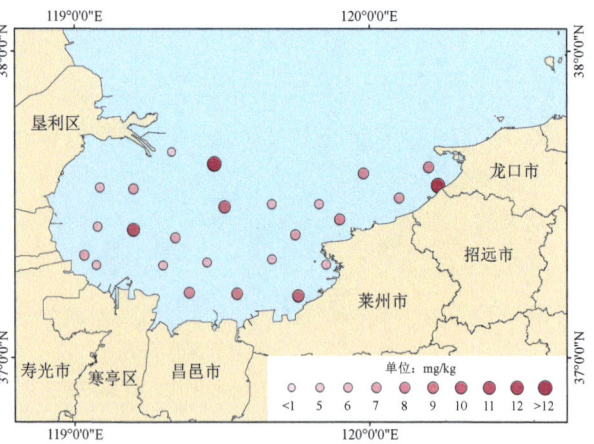

4- 砷（夏季）

2

2021 年莱州湾生态环境监测
Eco-environment monitoring in Laizhou Bay in 2021

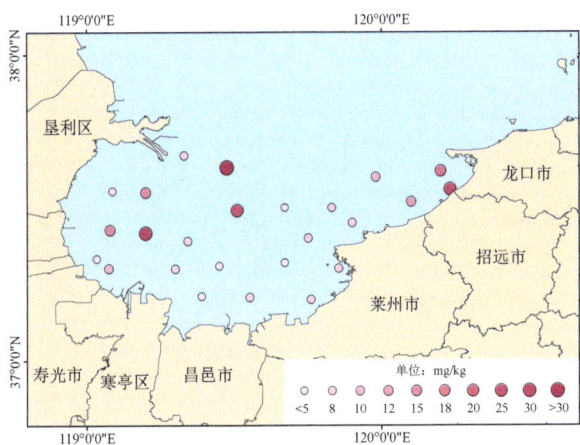

5- 铜（夏季）

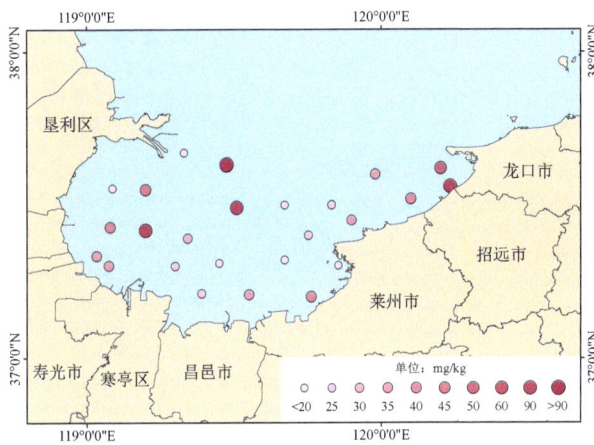

6- 锌（夏季）

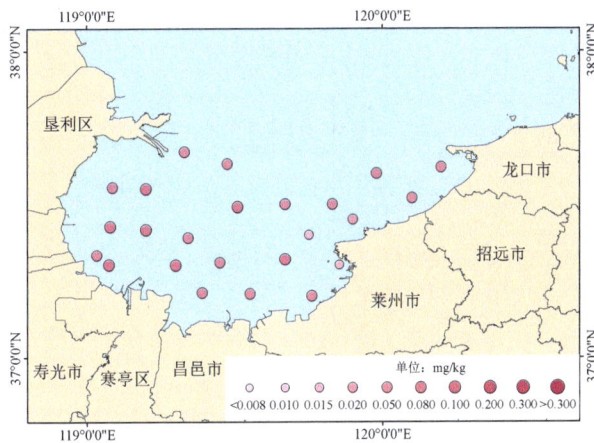

7- 汞（夏季）

2

2021 年莱州湾生态环境监测
Eco-environment monitoring in Laizhou Bay in 2021

2.2.2 硫化物分布图

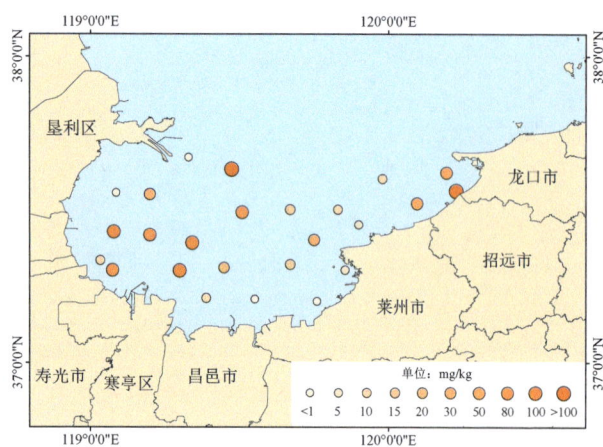

夏季

2.2.3 石油类分布图

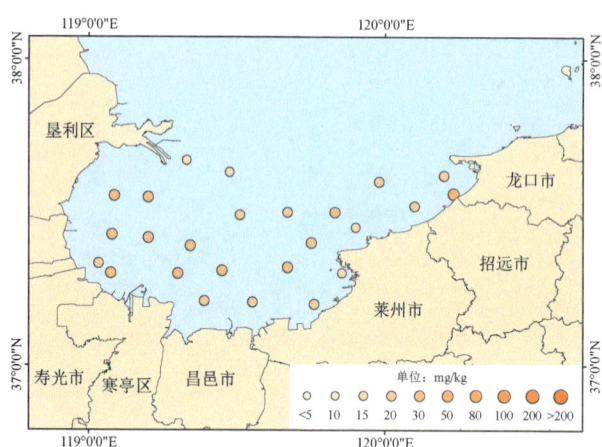

夏季

2.2.4 有机碳分布图

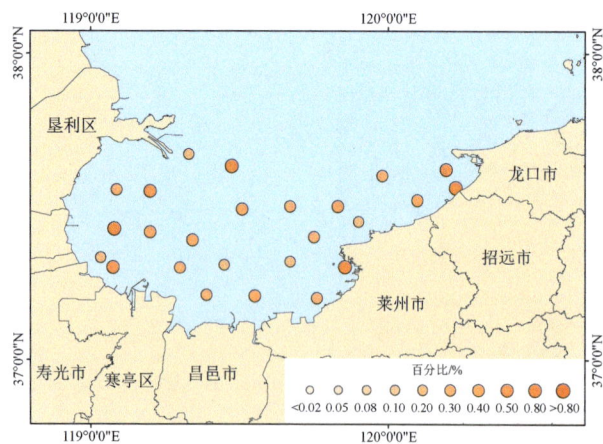

夏季

2

2021 年莱州湾生态环境监测
Eco-environment monitoring in Laizhou Bay in 2021

2.3 生物环境

2.3.1 大型浮游动物分布图

2.3.1.1 种类分布图

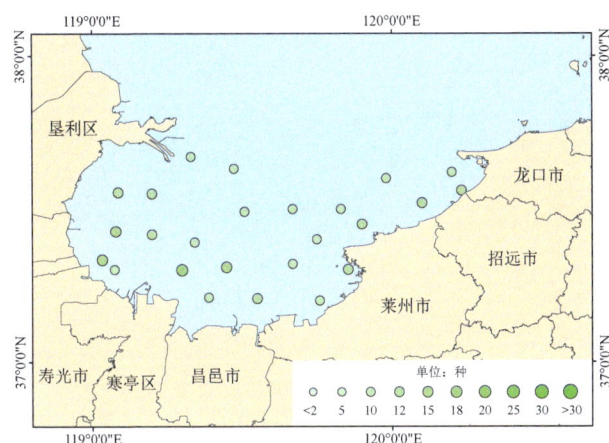

1- 春季

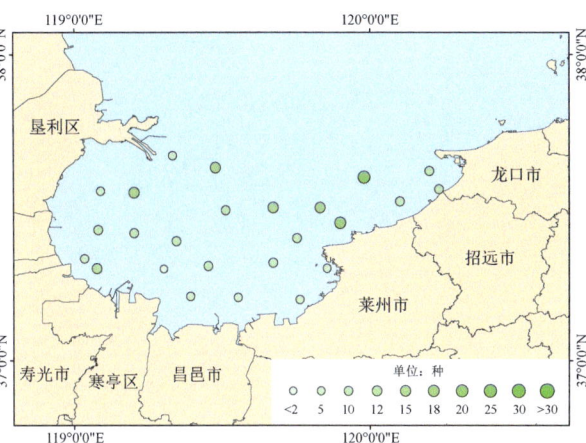

2- 夏季

2.3.1.2 密度分布图

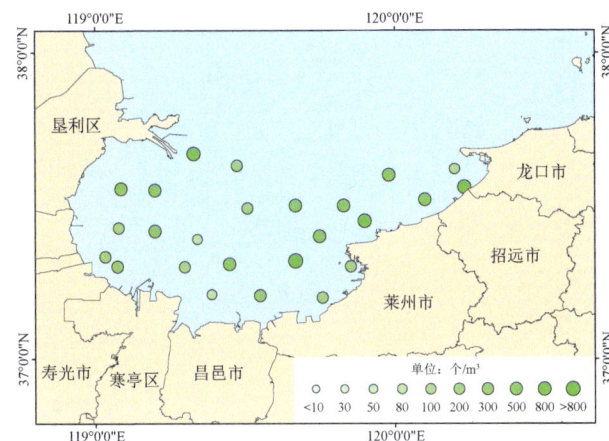

1- 春季

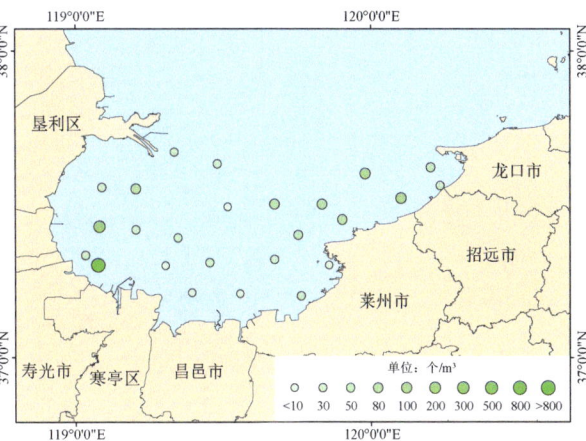

2- 夏季

2

2021 年莱州湾生态环境监测
Eco-environment monitoring in Laizhou Bay in 2021

2.3.1.3　生物量分布图

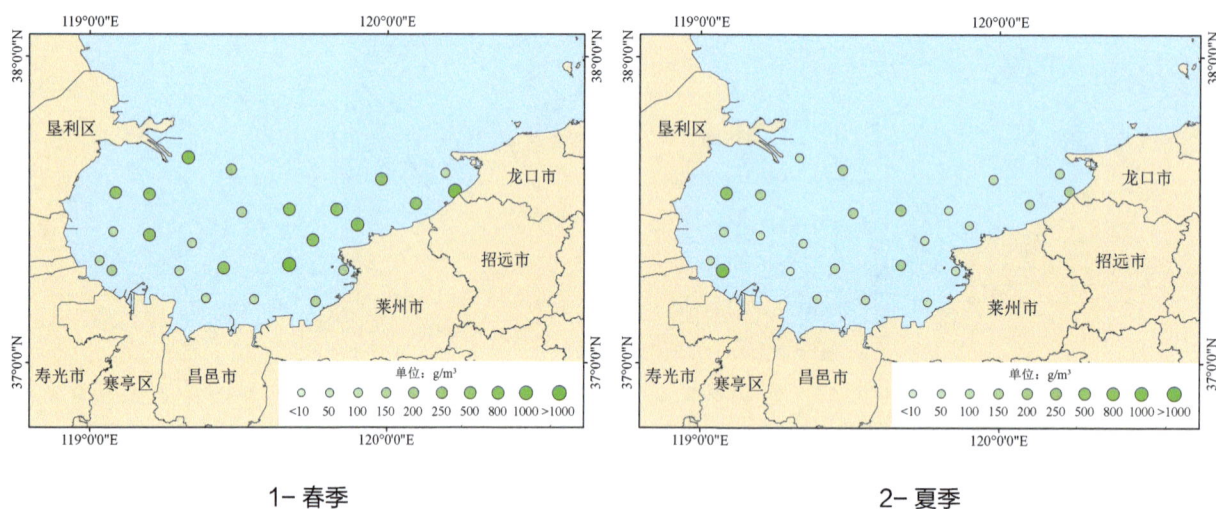

1- 春季

2- 夏季

2.3.1.4　多样性指数分布图

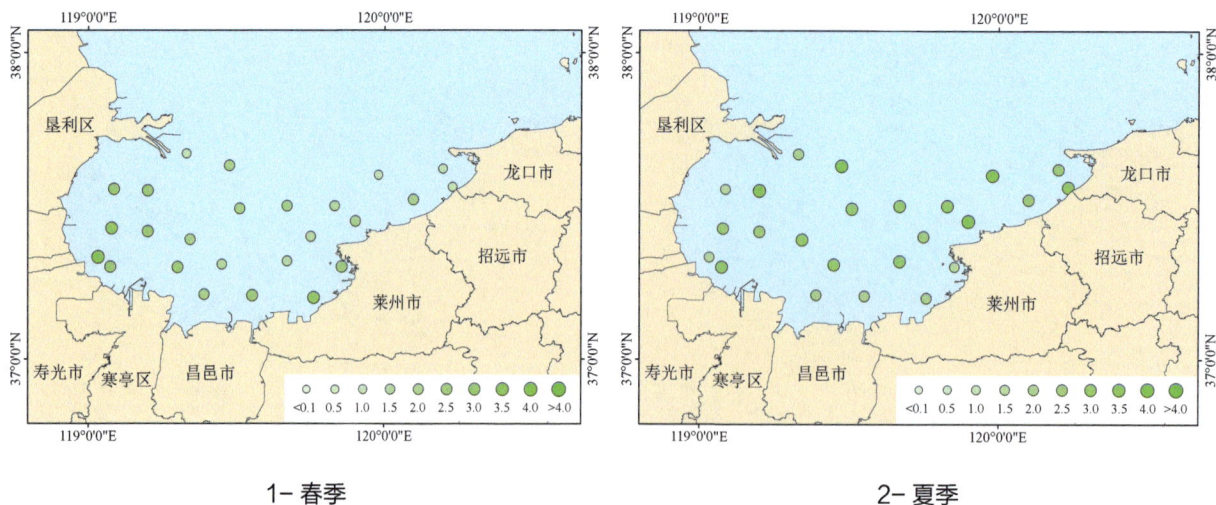

1- 春季

2- 夏季

2

2021 年莱州湾生态环境监测
Eco-environment monitoring in Laizhou Bay in 2021

2.3.1.5 均匀度指数分布图

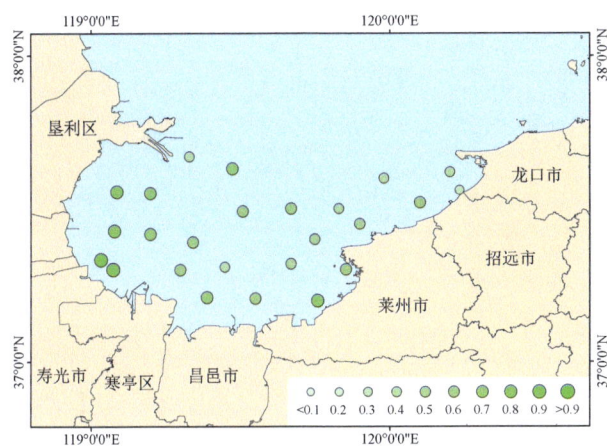

1- 春季

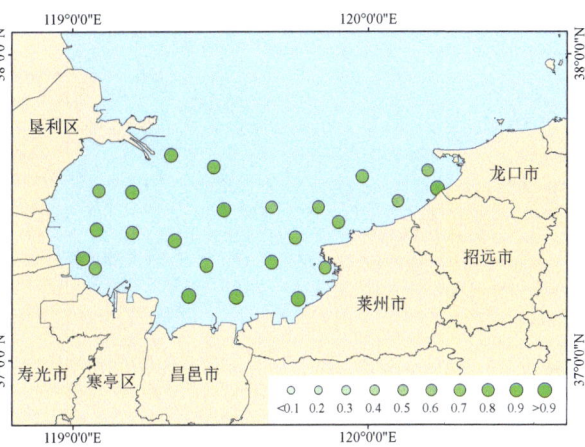

2- 夏季

2.3.1.6 丰富度指数分布图

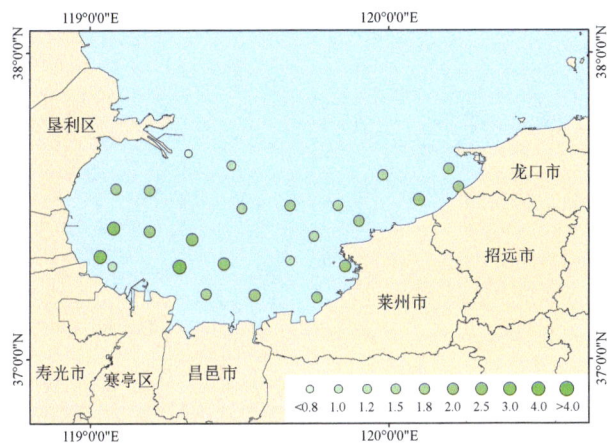

1- 春季

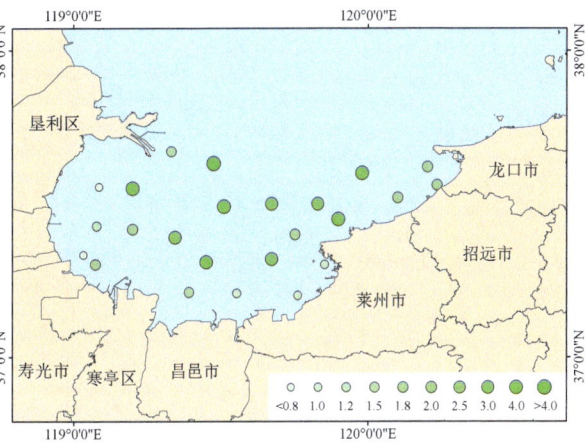

2- 夏季

2

2021 年莱州湾生态环境监测
Eco-environment monitoring in Laizhou Bay in 2021

2.3.2　小型浮游动物分布图

2.3.2.1　种类分布图

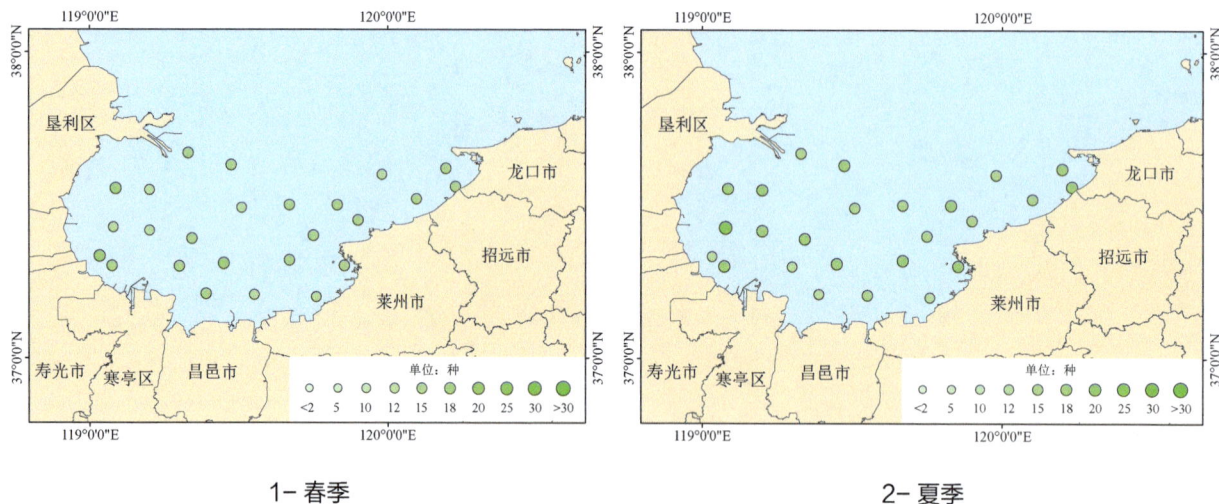

1- 春季

2- 夏季

2.3.2.2　密度分布图

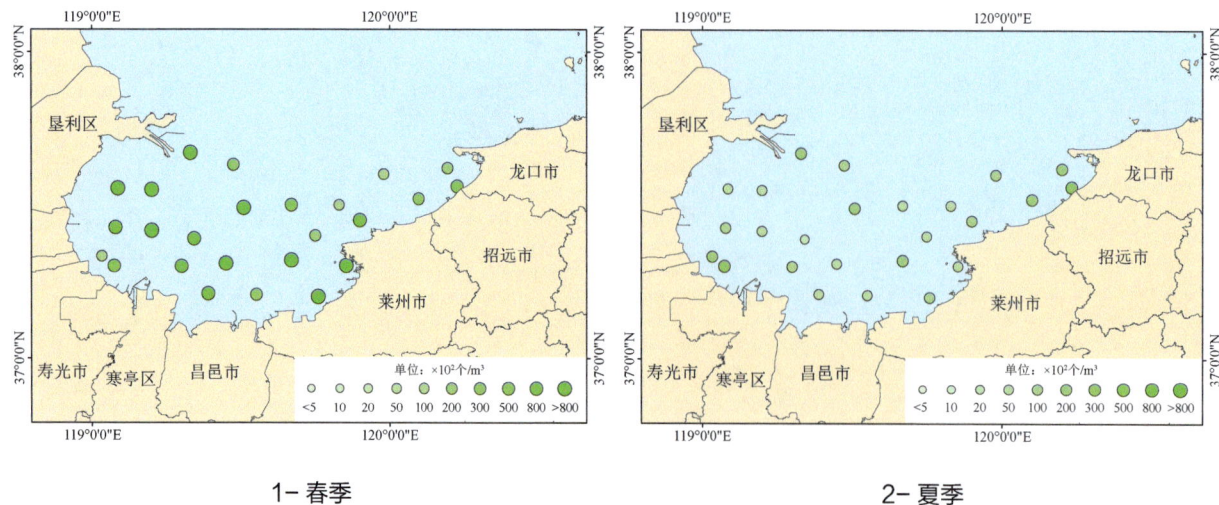

1- 春季

2- 夏季

2

2021 年莱州湾生态环境监测
Eco-environment monitoring in Laizhou Bay in 2021

2.3.2.3 多样性指数分布图

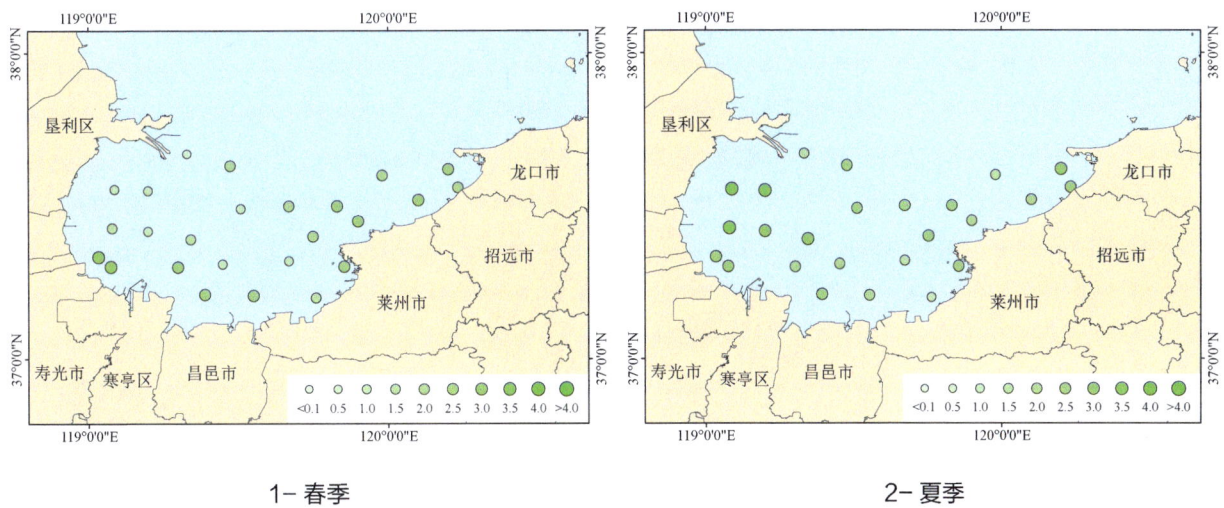

1- 春季

2- 夏季

2.3.2.4 均匀度指数分布图

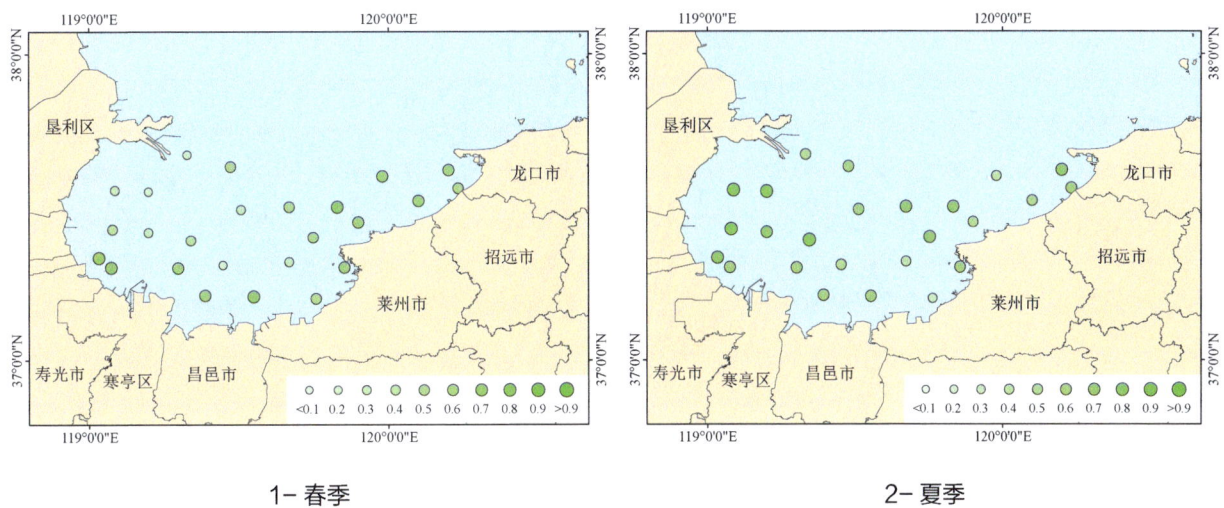

1- 春季

2- 夏季

2

2021 年莱州湾生态环境监测
Eco-environment monitoring in Laizhou Bay in 2021

2.3.2.5　丰富度指数分布图

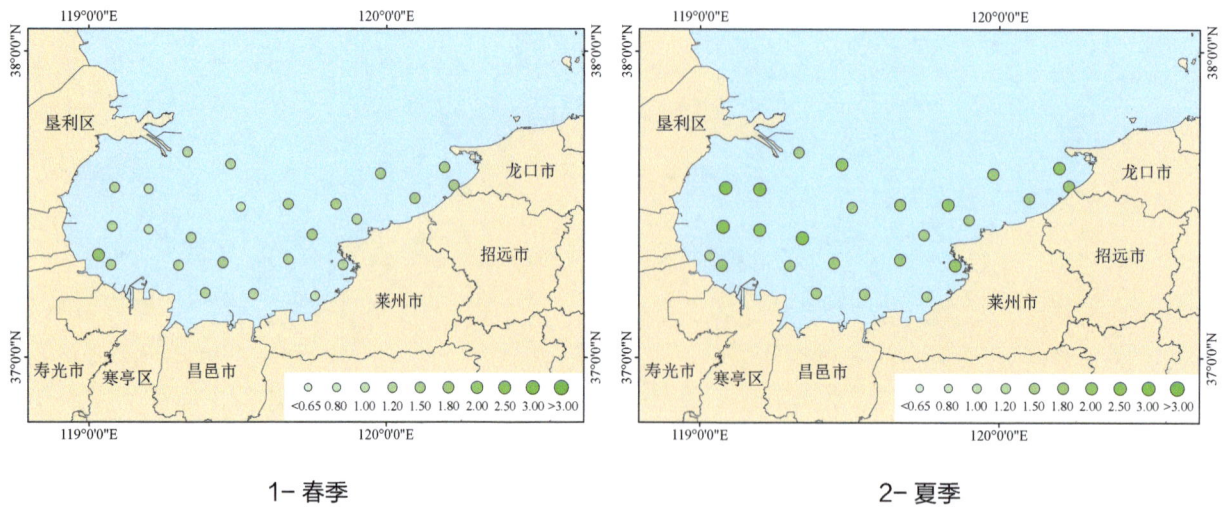

| 1- 春季 | 2- 夏季 |

2.3.3　浮游植物分布图

2.3.3.1　种类分布图

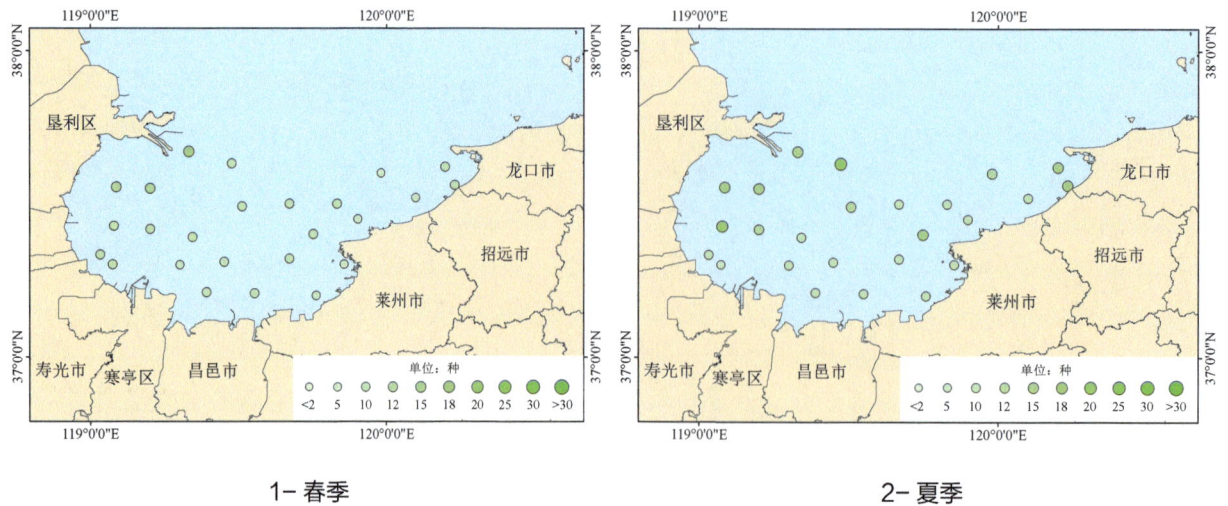

| 1- 春季 | 2- 夏季 |

2

2021 年莱州湾生态环境监测
Eco-environment monitoring in Laizhou Bay in 2021

2.3.3.2 密度分布图

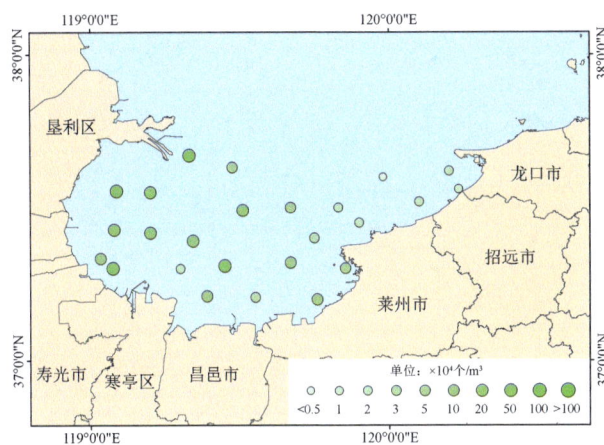

1- 春季

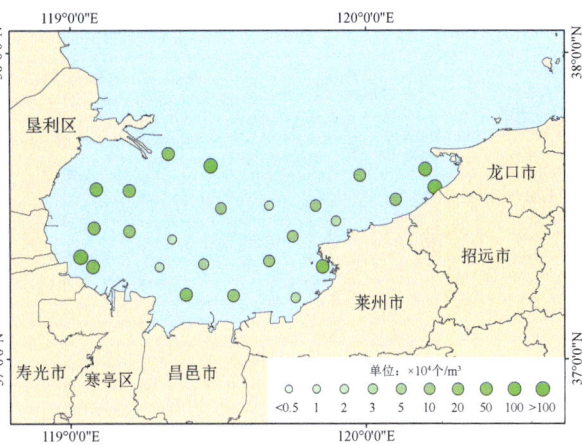

2- 夏季

2.3.3.3 多样性指数分布图

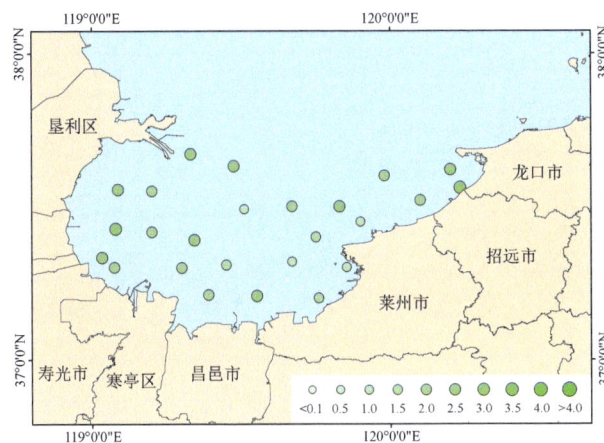

1- 春季

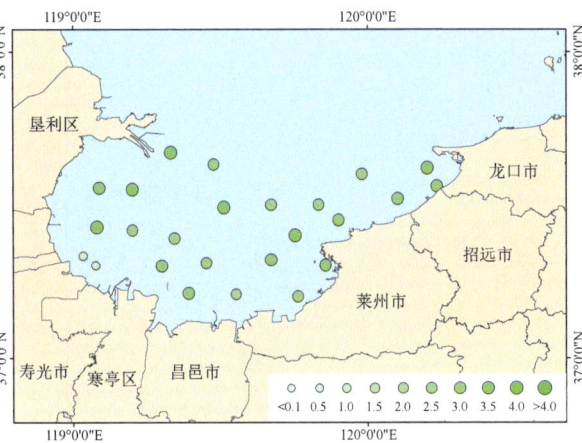

2- 夏季

2

2021 年莱州湾生态环境监测

Eco-environment monitoring in Laizhou Bay in 2021

2.3.3.4 均匀度指数分布图

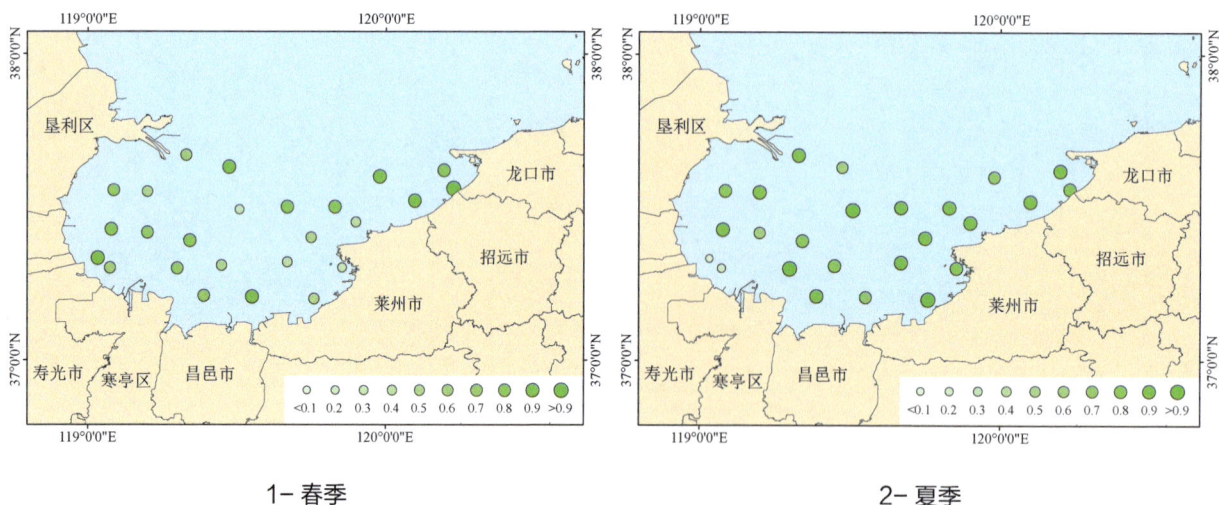

1- 春季

2- 夏季

2.3.3.5 丰富度指数分布图

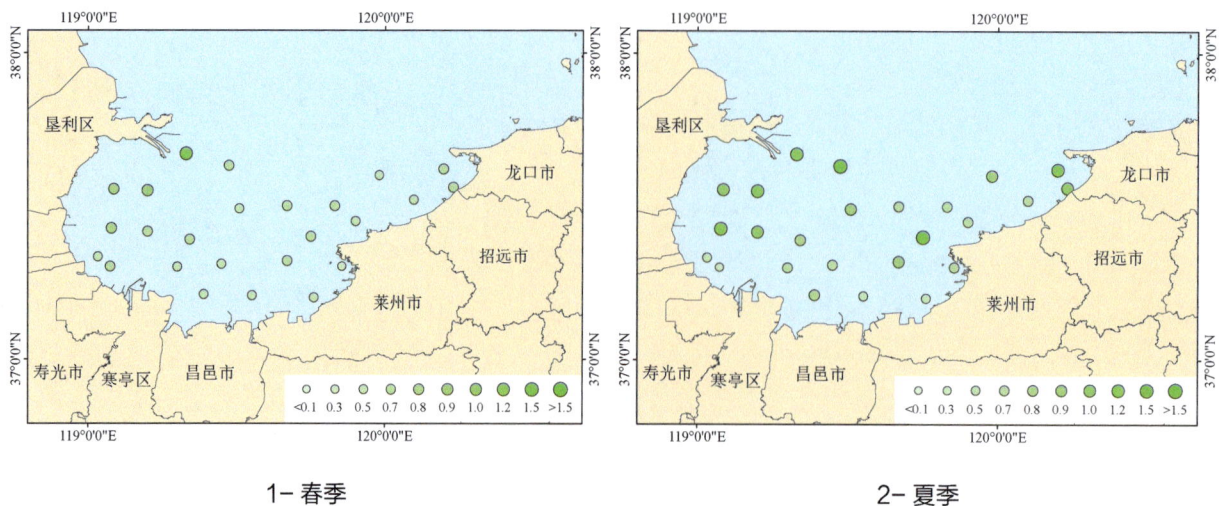

1- 春季

2- 夏季

2

2021 年莱州湾生态环境监测
Eco-environment monitoring in Laizhou Bay in 2021

2.3.4 底栖生物分布图

2.3.4.1 种类分布图

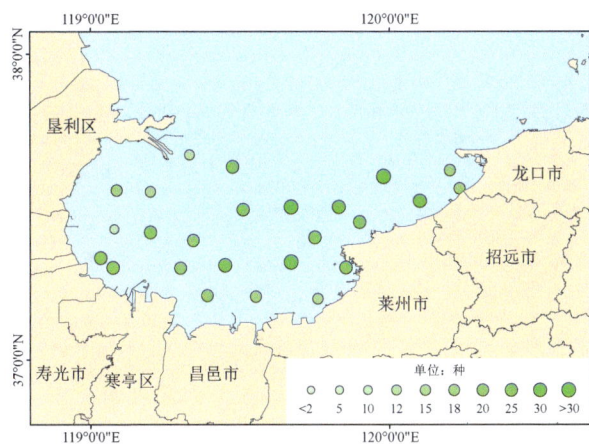

夏季

2.3.4.2 密度分布图

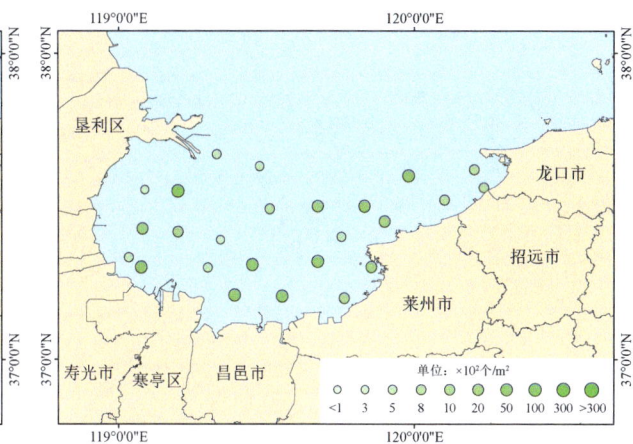

夏季

2.3.4.3 生物量分布图

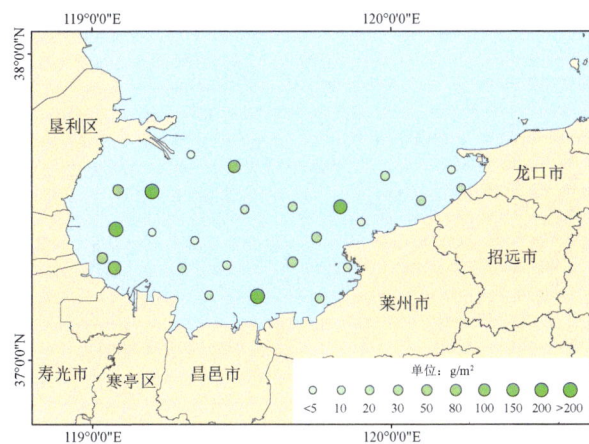

夏季

2.3.4.4 多样性指数分布图

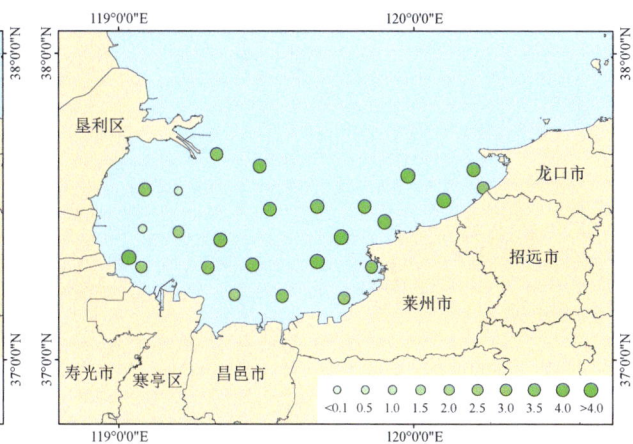

夏季

2

2021 年莱州湾生态环境监测

Eco-environment monitoring in Laizhou Bay in 2021

2.3.4.5 均匀度指数分布图

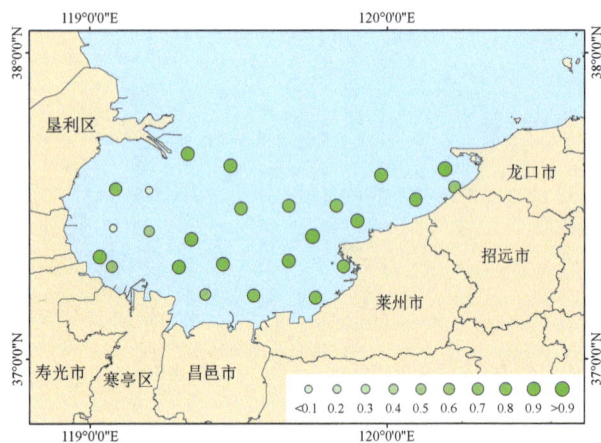

夏季

2.3.4.6 丰富度指数分布图

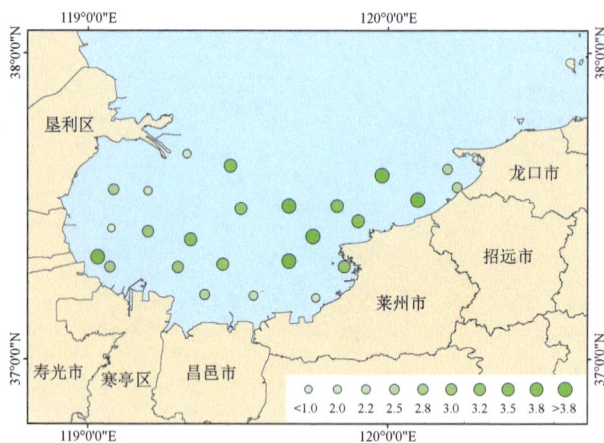

夏季

3

2020 年莱州湾生态环境监测

Eco-environment monitoring in Laizhou Bay in 2020

3.1 海水环境

3.1.1 pH 分布图

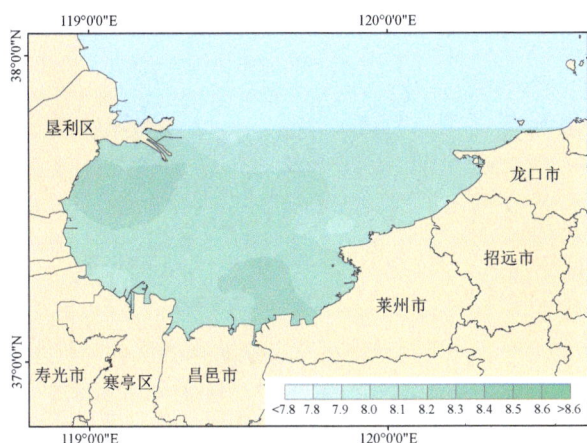

1- 春季

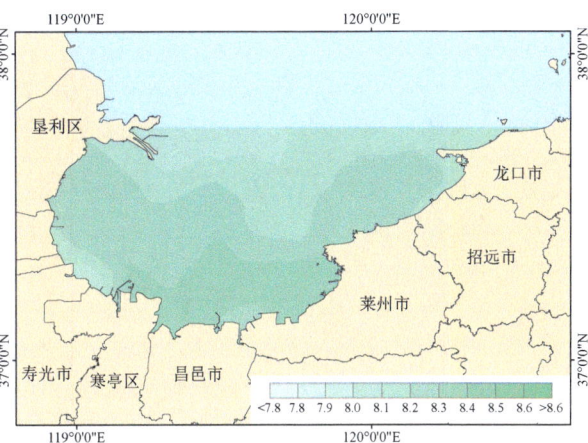

2- 夏季

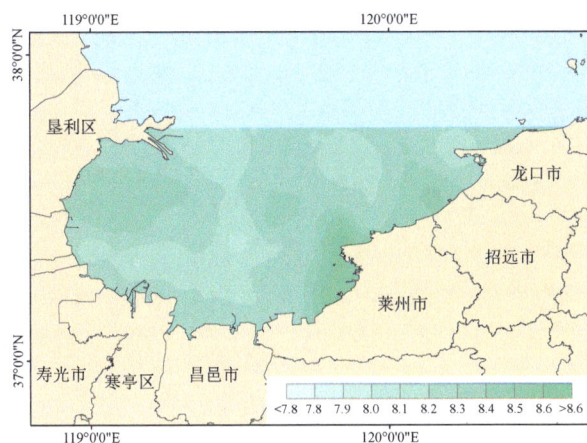

3- 秋季

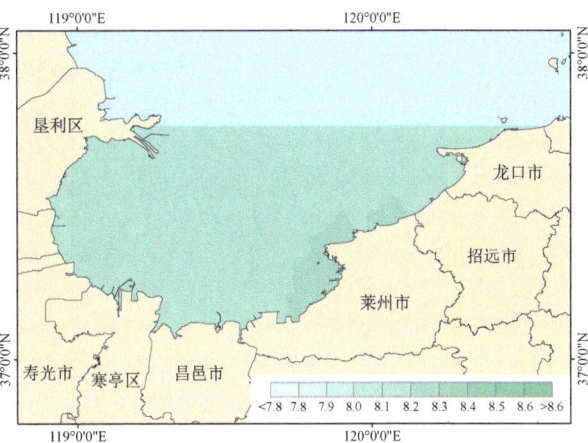

4- 冬季

3

2020 年莱州湾生态环境监测
Eco-environment monitoring in Laizhou Bay in 2020

3.1.2 盐度分布图

1- 春季

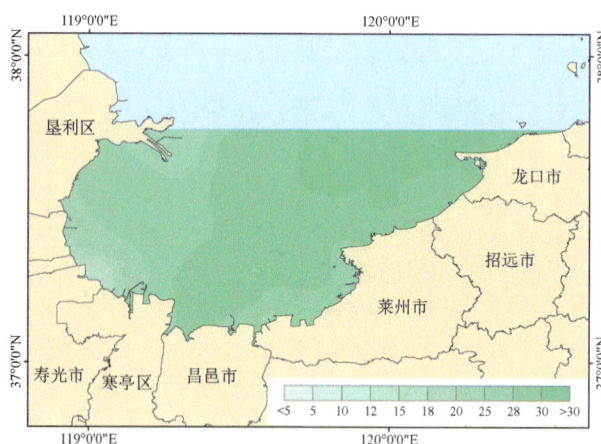

2- 夏季

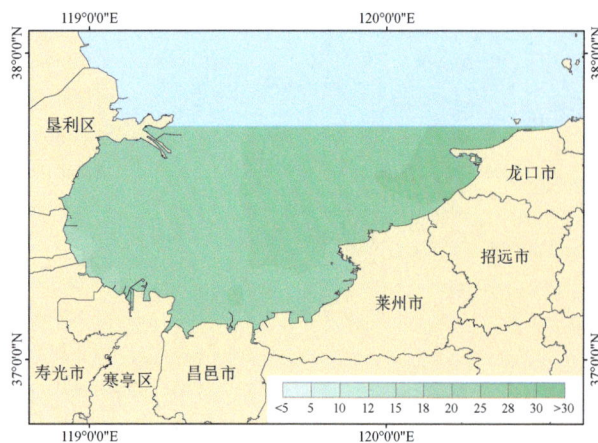

3- 秋季

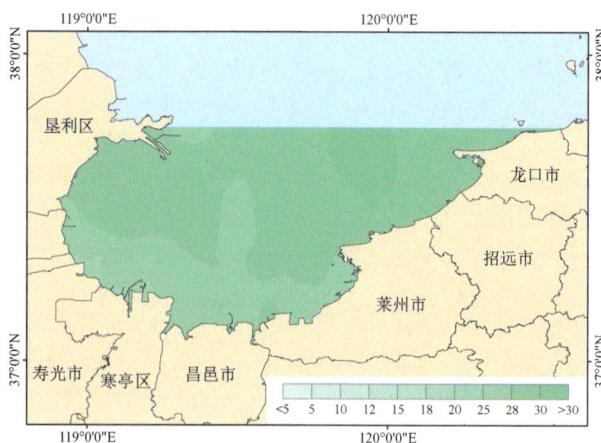

4- 冬季

3

2020 年莱州湾生态环境监测
Eco-environment monitoring in Laizhou Bay in 2020

3.1.3 溶解氧分布图

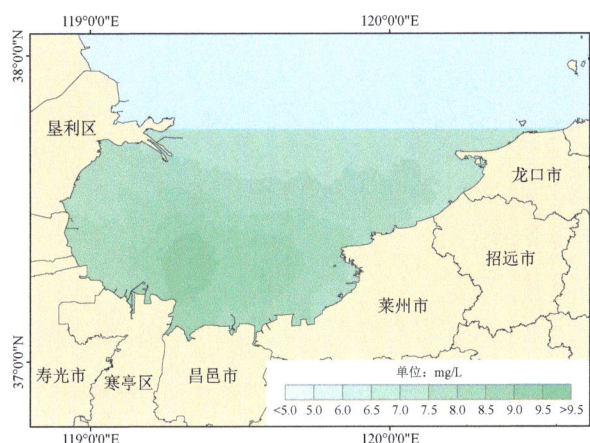

1- 春季

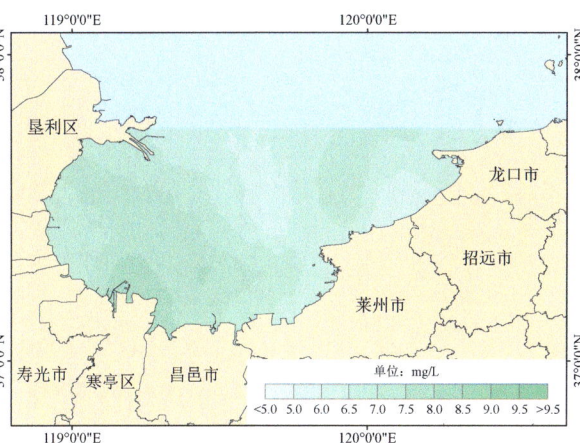

2- 夏季

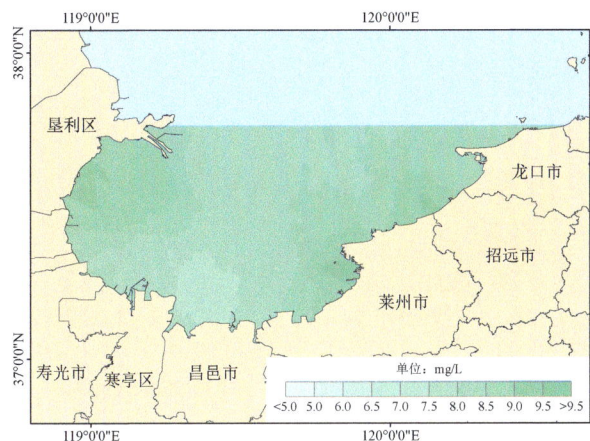

3- 秋季

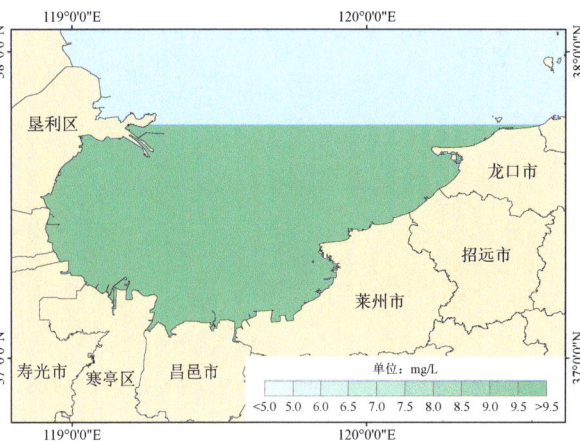

4- 冬季

3

2020 年莱州湾生态环境监测
Eco-environment monitoring in Laizhou Bay in 2020

3.1.4 化学需氧量分布图

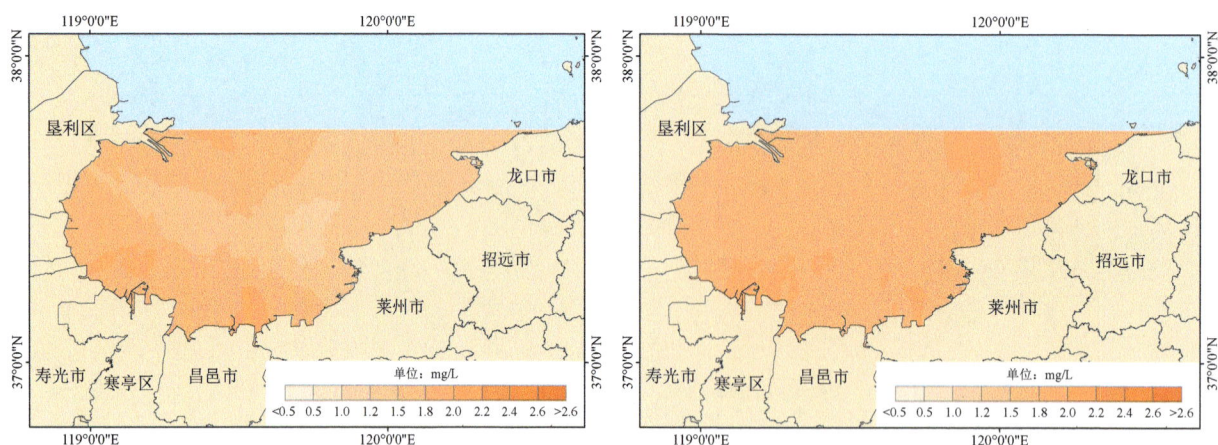

1- 春季   2- 夏季

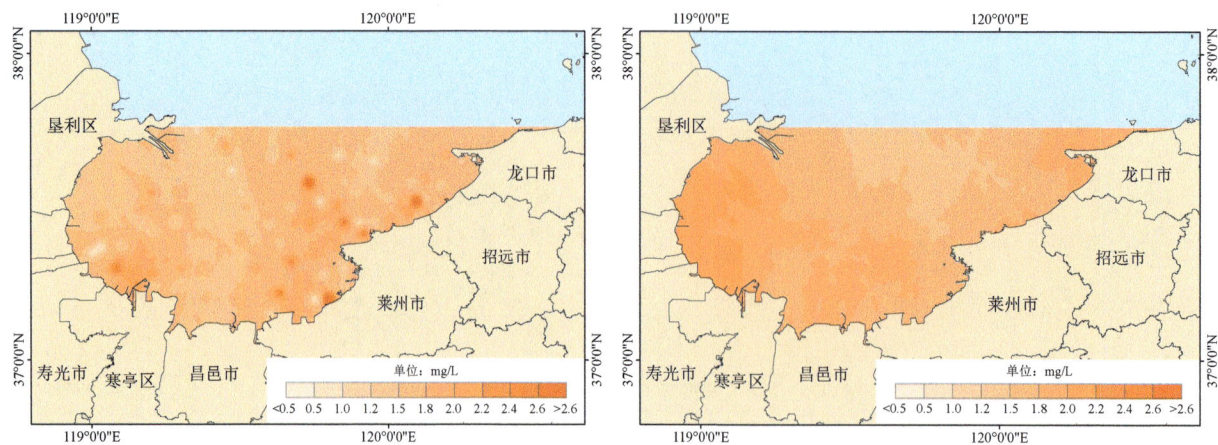

3- 秋季   4- 冬季

3

2020 年莱州湾生态环境监测
Eco-environment monitoring in Laizhou Bay in 2020

3.1.5 氨氮分布图

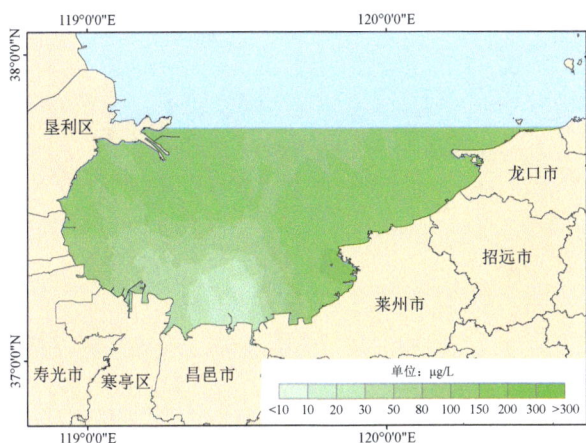

1- 春季

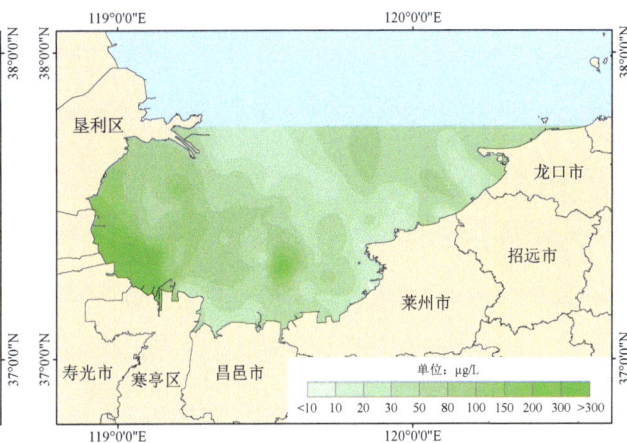

2- 夏季

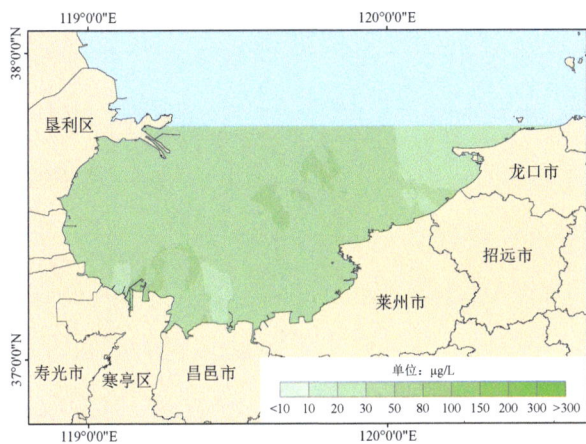

3- 秋季

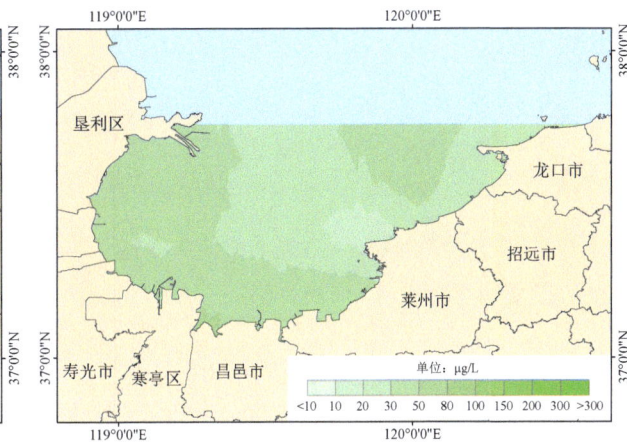

4- 冬季

3

2020 年莱州湾生态环境监测
Eco-environment monitoring in Laizhou Bay in 2020

3.1.6 亚硝酸盐分布图

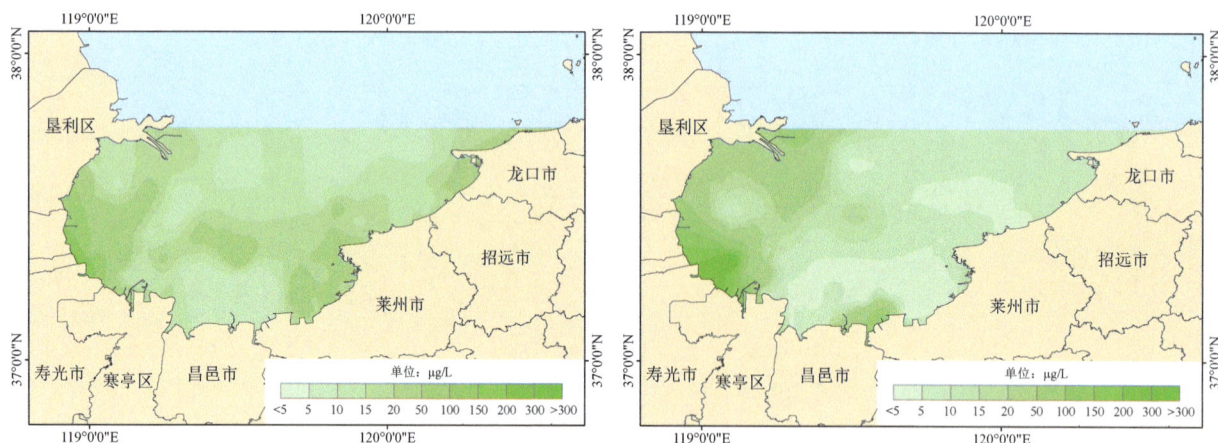

1- 春季   2- 夏季

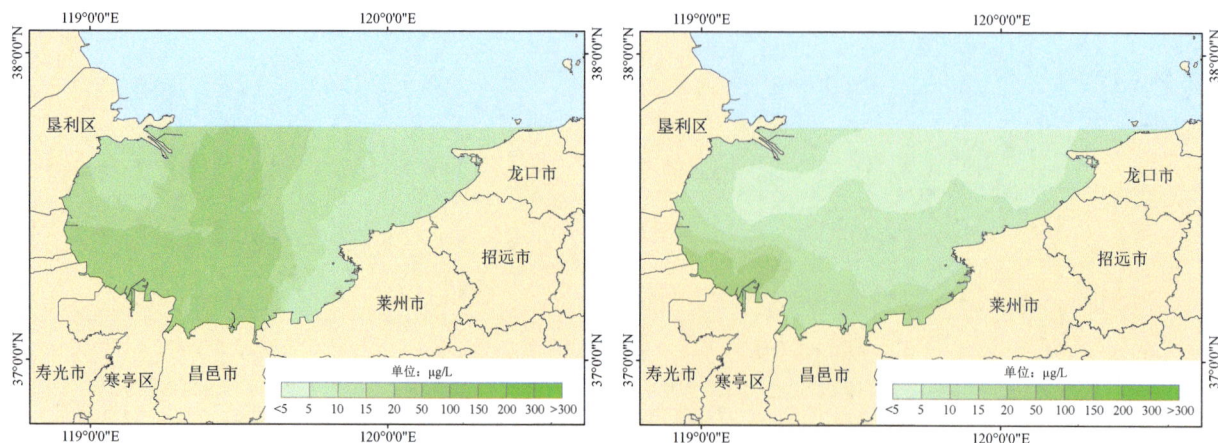

3- 秋季   4- 冬季

3

2020 年莱州湾生态环境监测
Eco-environment monitoring in Laizhou Bay in 2020

3.1.7 硝酸盐分布图

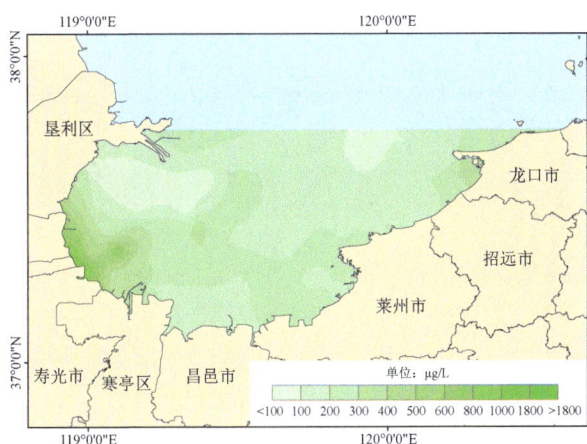

1- 春季

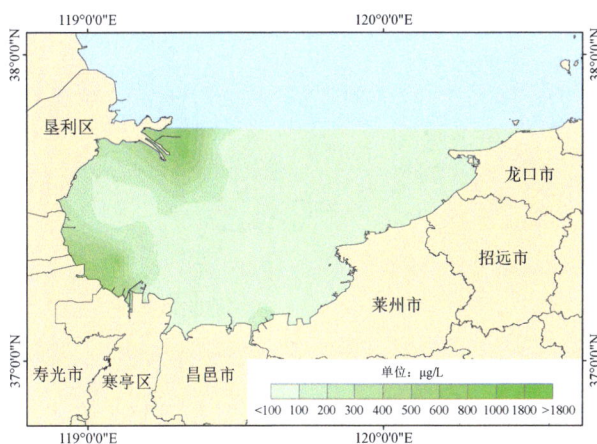

2- 夏季

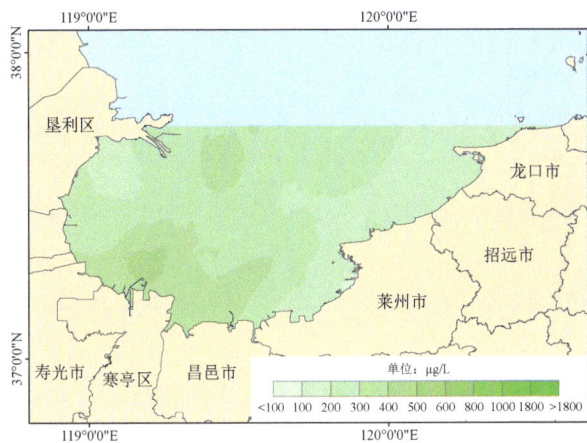

3- 秋季

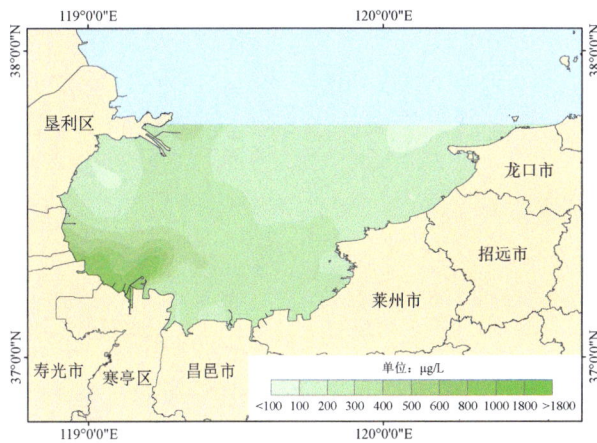

4- 冬季

3

2020 年莱州湾生态环境监测
Eco-environment monitoring in Laizhou Bay in 2020

3.1.8 无机氮分布图

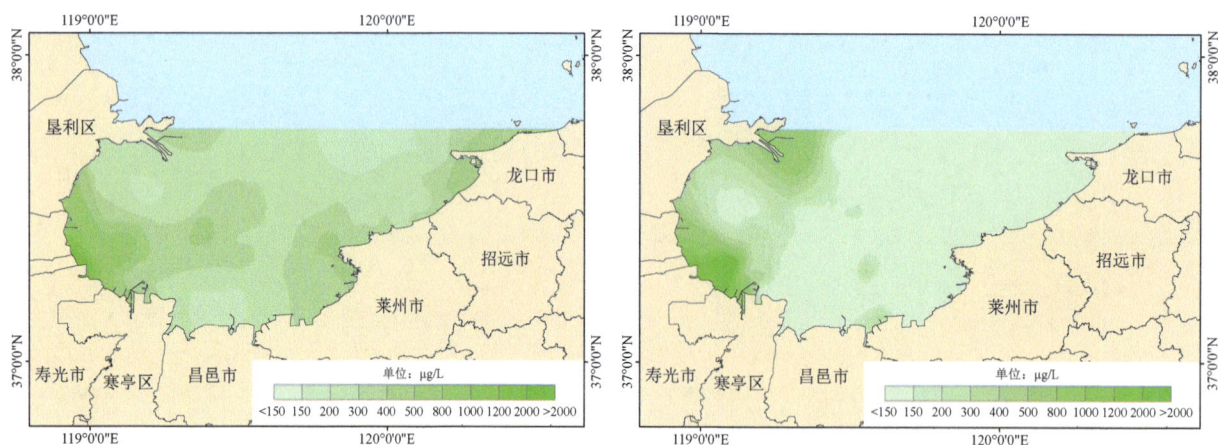

1- 春季   2- 夏季

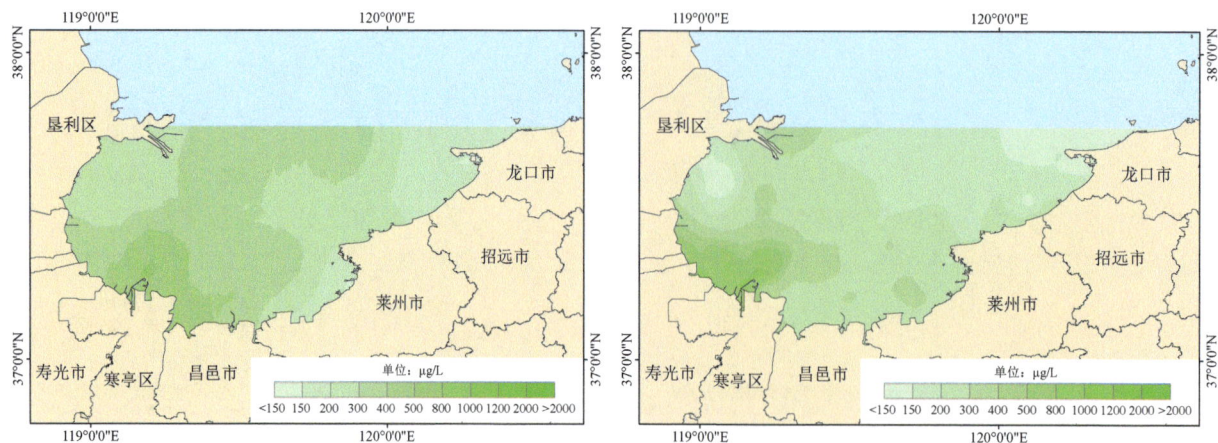

3- 秋季   4- 冬季

3

2020 年莱州湾生态环境监测
Eco-environment monitoring in Laizhou Bay in 2020

3.1.9 活性磷酸盐分布图

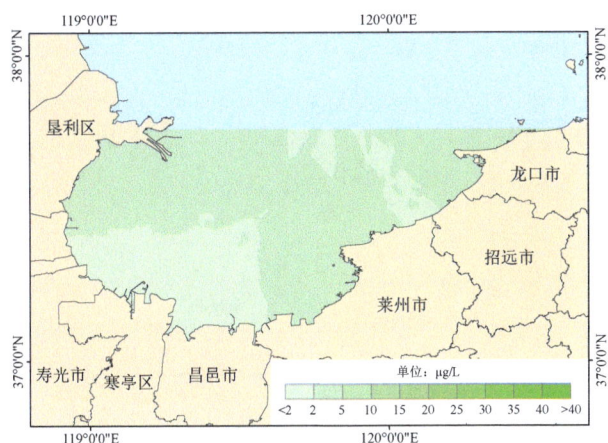

1- 春季

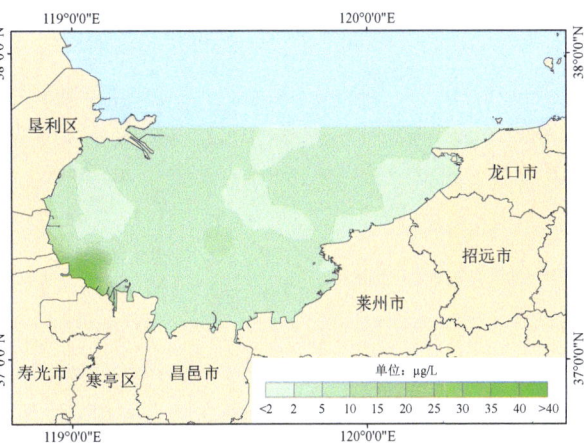

2- 夏季

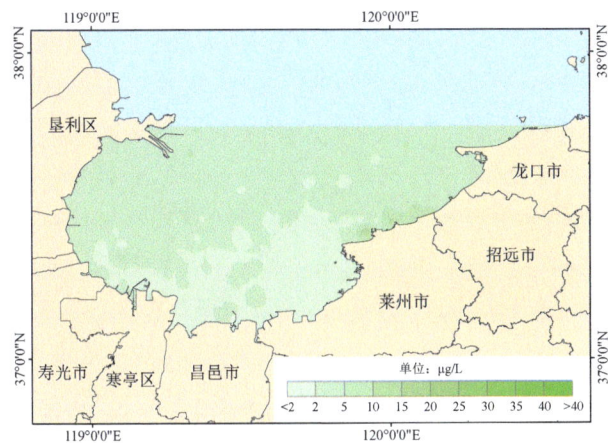

3- 秋季

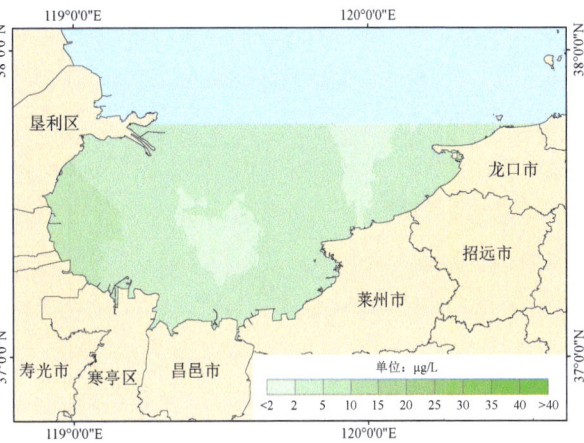

4- 冬季

3

2020 年莱州湾生态环境监测

Eco-environment monitoring in Laizhou Bay in 2020

3.1.10　叶绿素 a 分布图

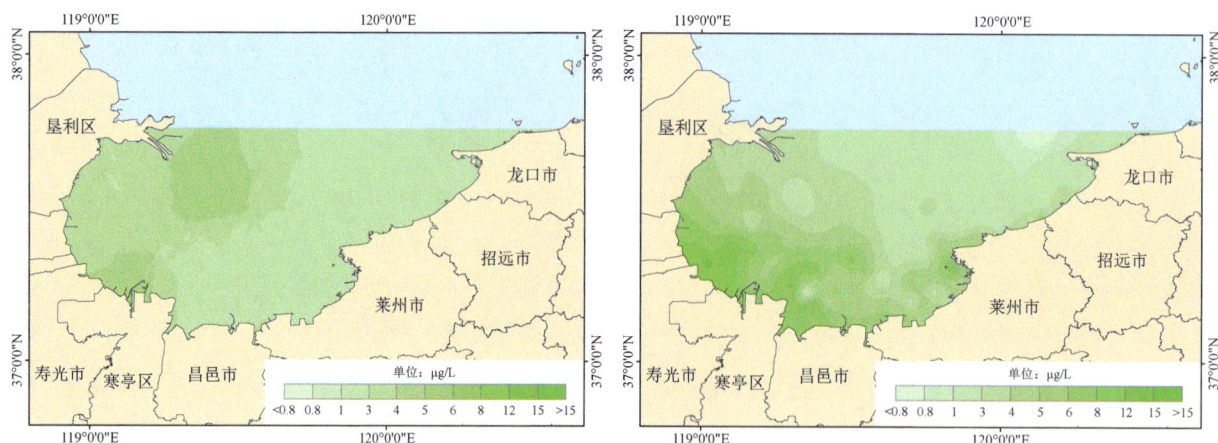

1- 春季

2- 夏季

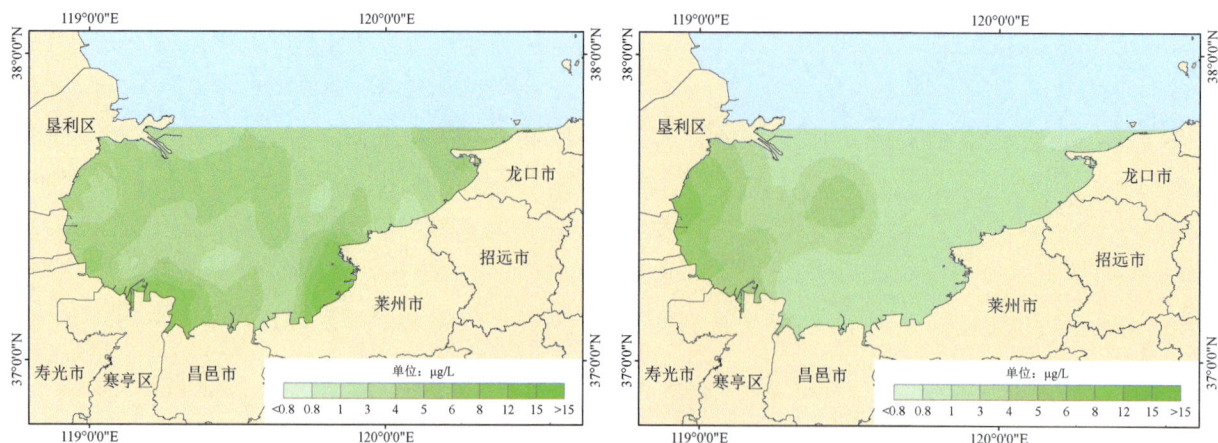

3- 秋季

4- 冬季

3

2020 年莱州湾生态环境监测
Eco-environment monitoring in Laizhou Bay in 2020

3.1.11 石油类分布图

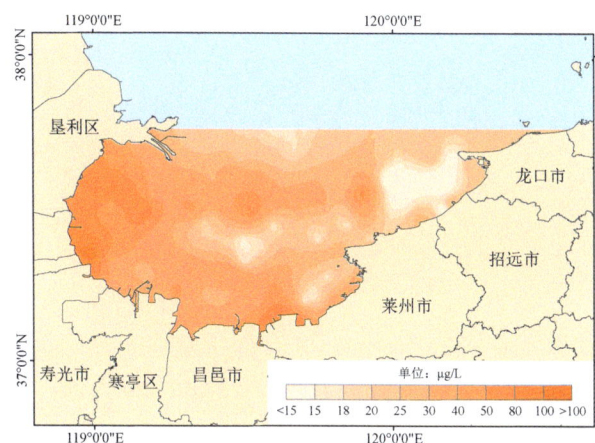

1- 春季

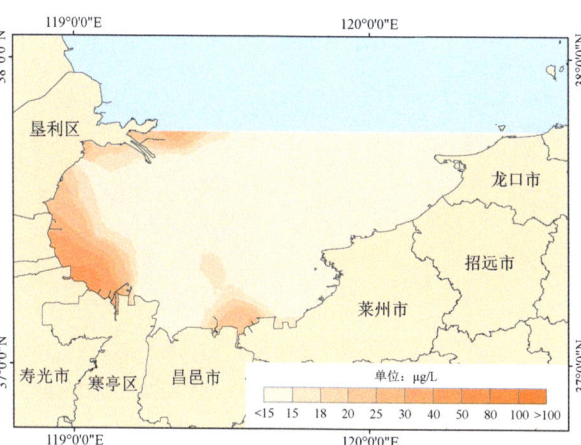

2- 夏季

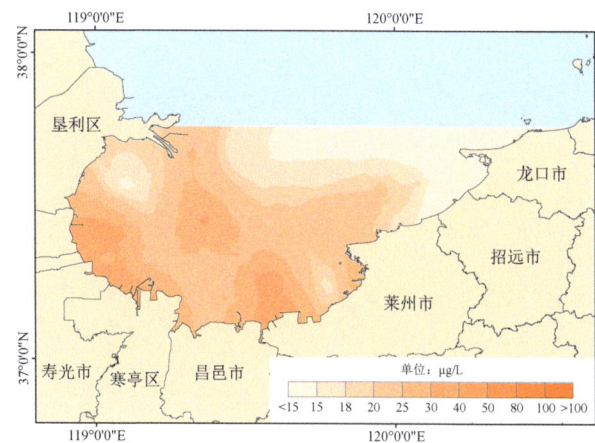

3- 秋季

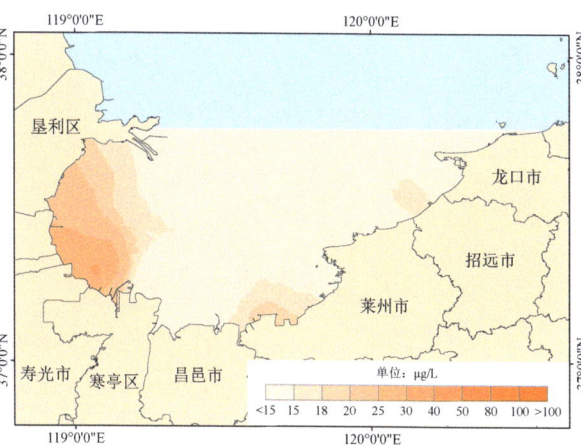

4- 冬季

3

2020 年莱州湾生态环境监测
Eco-environment monitoring in Laizhou Bay in 2020

3.1.12 总氮分布图

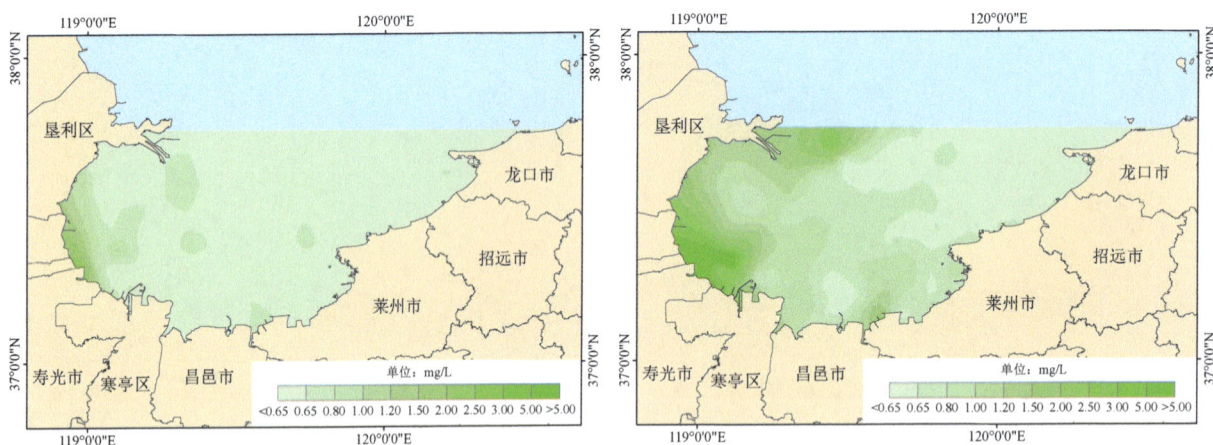

1- 春季　　　　　　　　　　　　　　2- 夏季

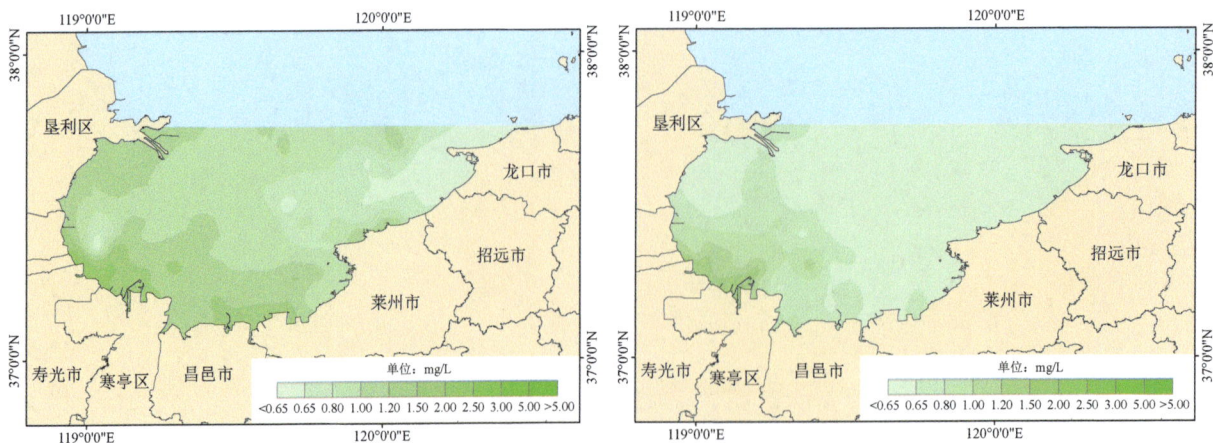

3- 秋季　　　　　　　　　　　　　　4- 冬季

3

2020 年莱州湾生态环境监测
Eco-environment monitoring in Laizhou Bay in 2020

3.1.13　总磷分布图

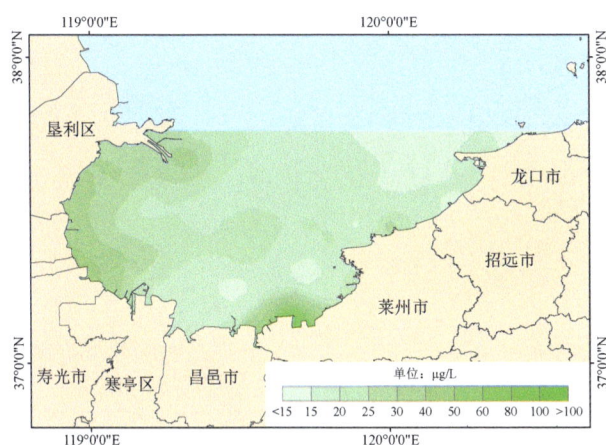

1- 春季

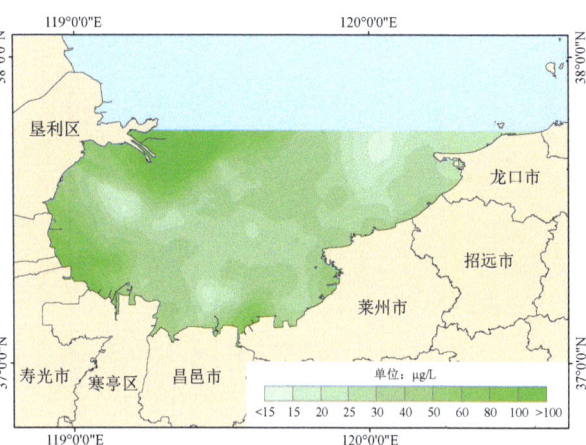

2- 夏季

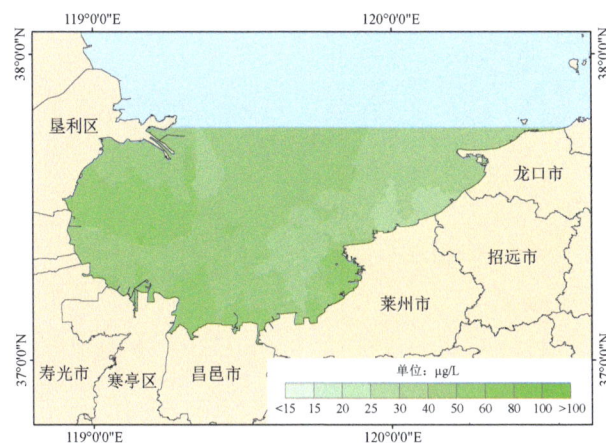

3- 秋季

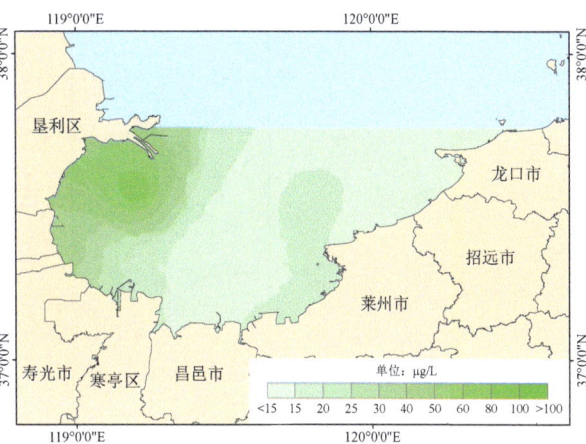

4- 冬季

3

2020 年莱州湾生态环境监测
Eco-environment monitoring in Laizhou Bay in 2020

3.1.14 硅酸盐分布图

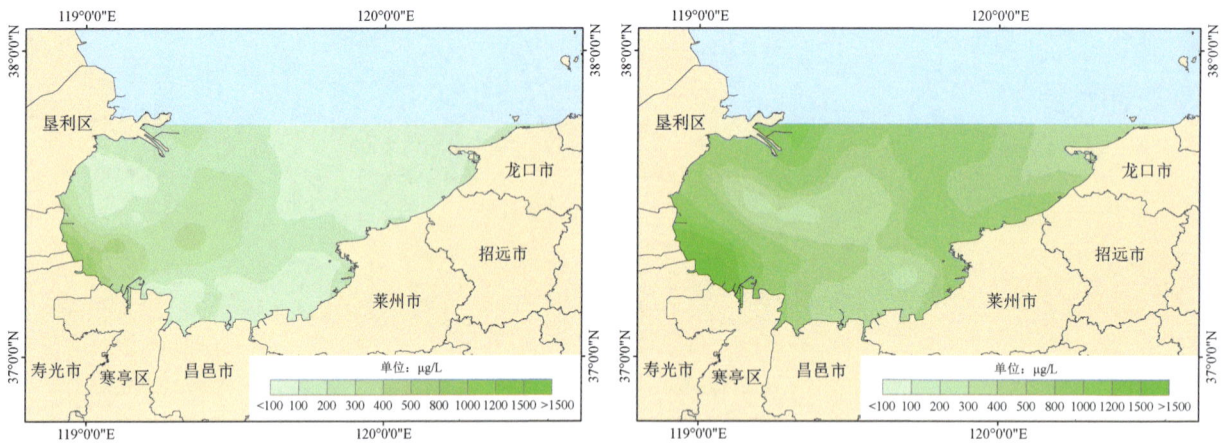

1- 春季

2- 夏季

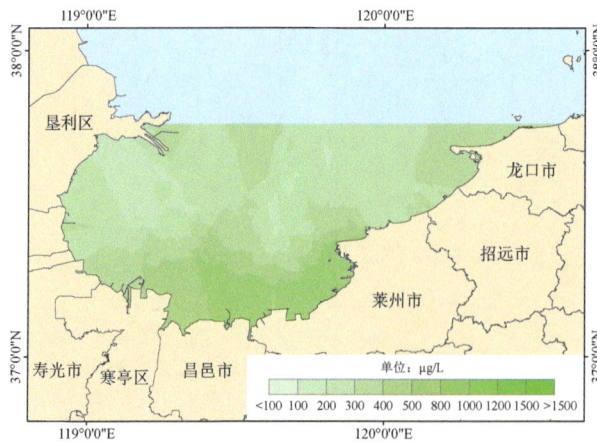

3- 秋季

3

2020 年莱州湾生态环境监测
Eco-environment monitoring in Laizhou Bay in 2020

3.1.15 悬浮物分布图

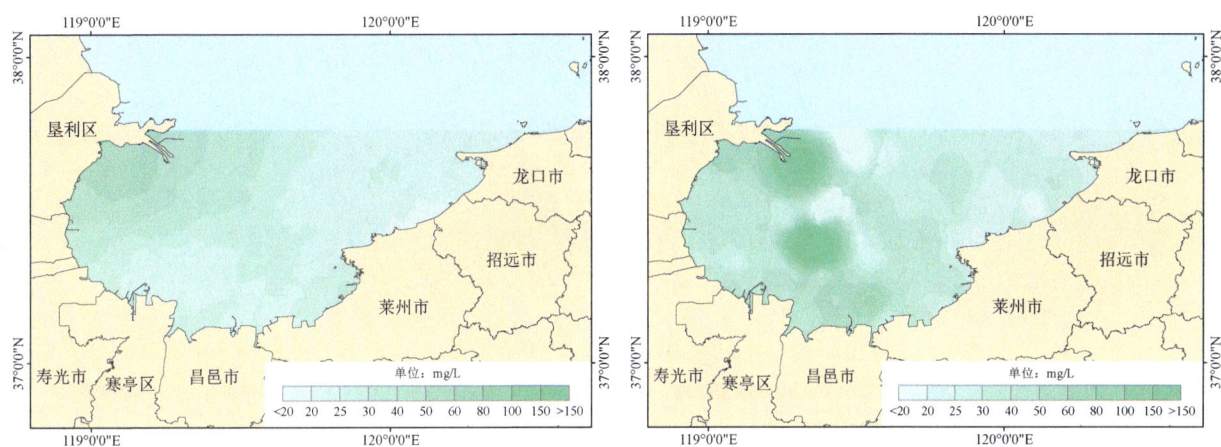

1- 春季

2- 夏季

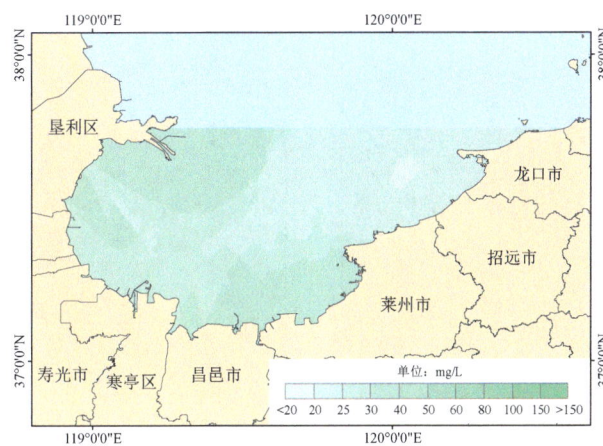

3- 秋季

3

2020 年莱州湾生态环境监测
Eco-environment monitoring in Laizhou Bay in 2020

3.1.16 重金属分布图

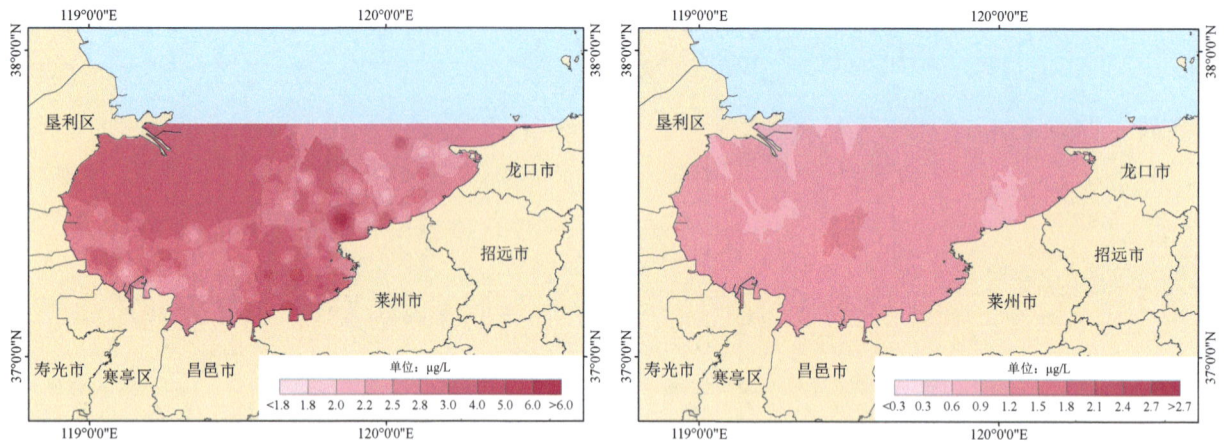

1- 铜（夏季）

2- 铅（夏季）

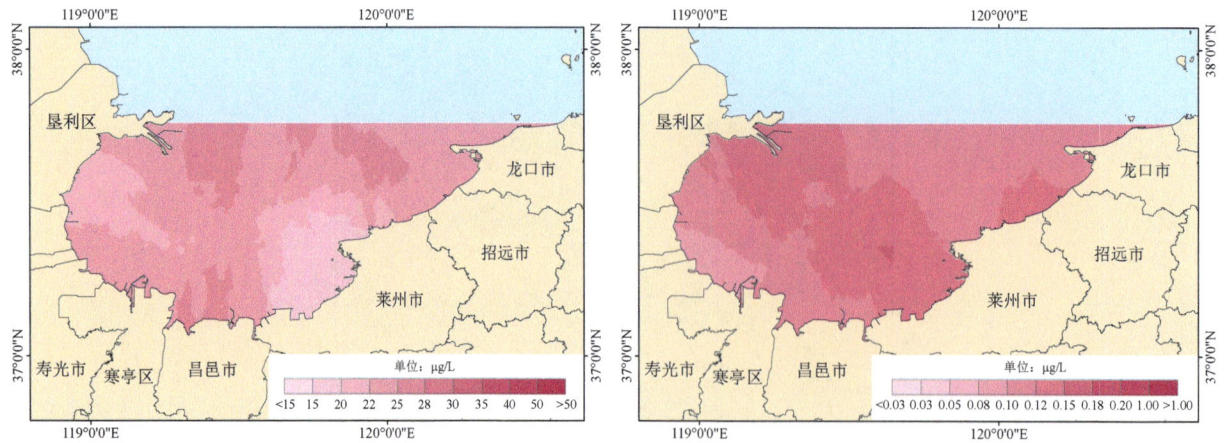

3- 锌（夏季）

4- 镉（夏季）

3

2020 年莱州湾生态环境监测
Eco-environment monitoring in Laizhou Bay in 2020

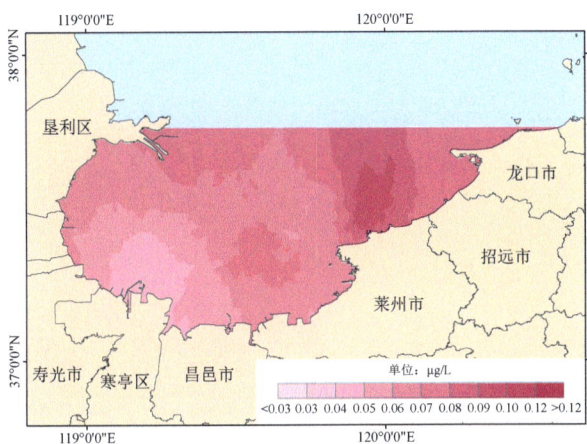

5- 汞（夏季）

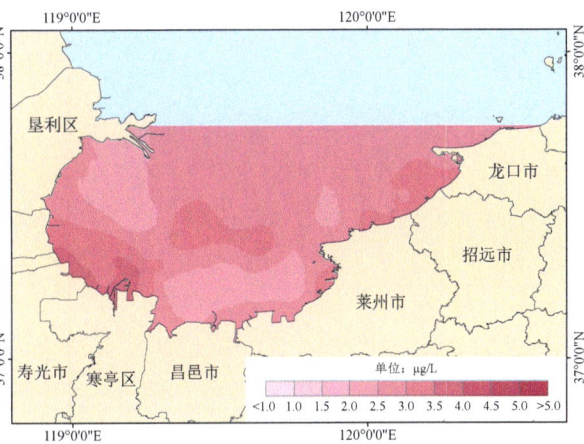

6- 砷（夏季）

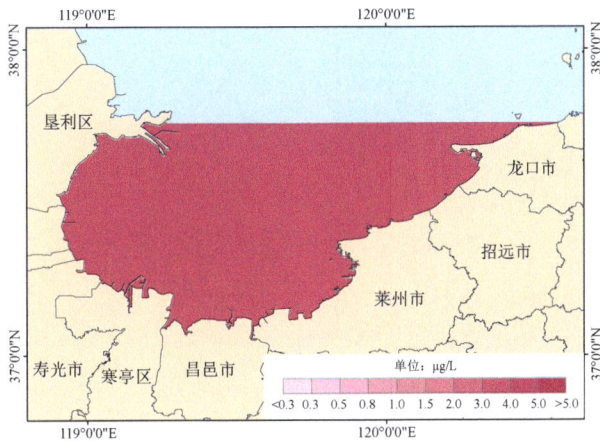

7- 铬（夏季）

3

2020 年莱州湾生态环境监测

Eco-environment monitoring in Laizhou Bay in 2020

3.1.17 氮磷比分布图

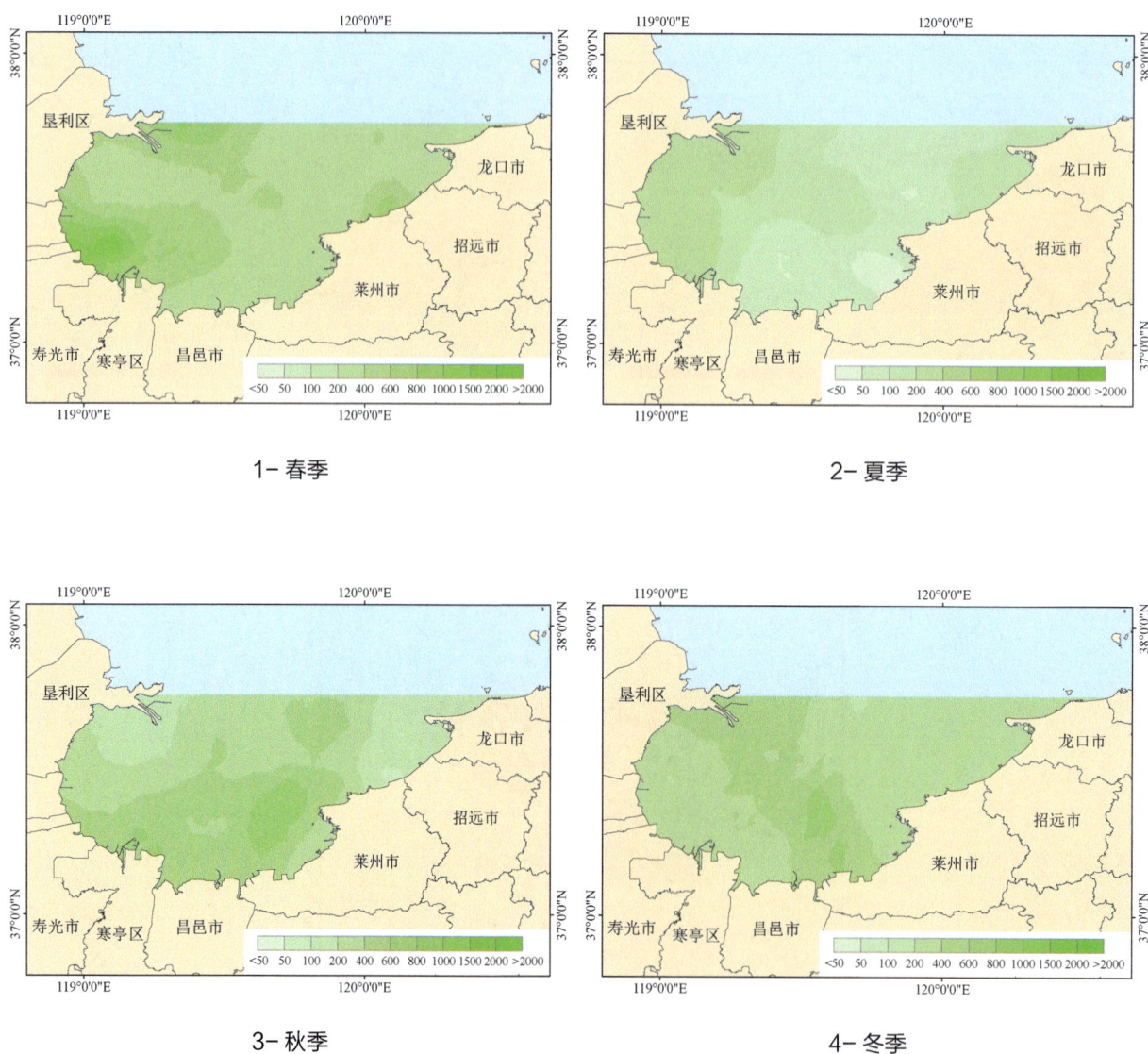

1- 春季

2- 夏季

3- 秋季

4- 冬季

3

2020 年莱州湾生态环境监测
Eco-environment monitoring in Laizhou Bay in 2020

3.1.18 硅磷比分布图

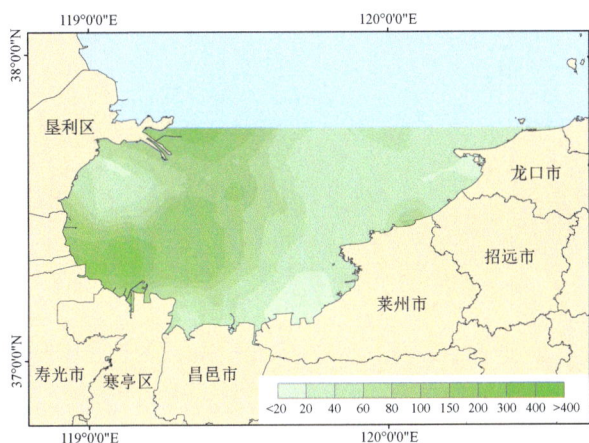

1- 春季

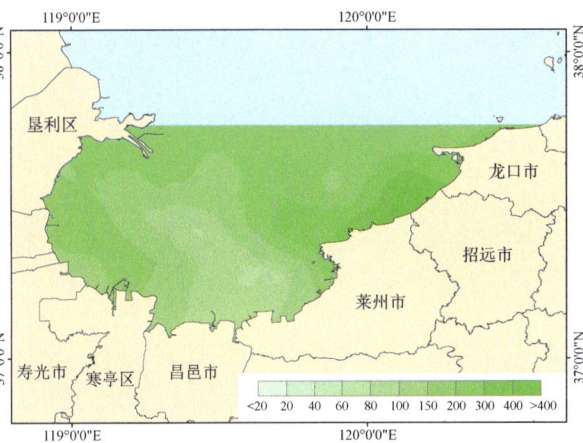

2- 夏季

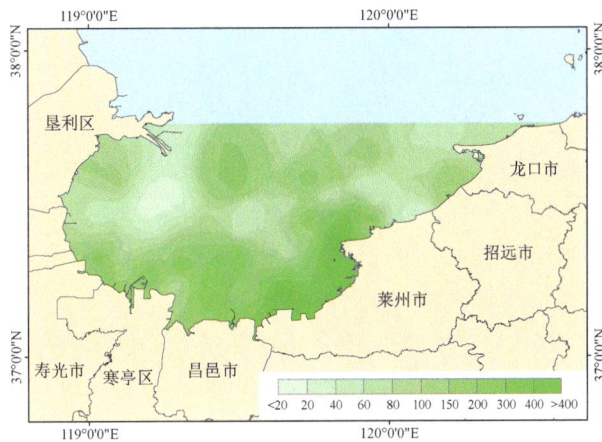

3- 秋季

3

2020 年莱州湾生态环境监测
Eco-environment monitoring in Laizhou Bay in 2020

3.1.19　硅氮比分布图

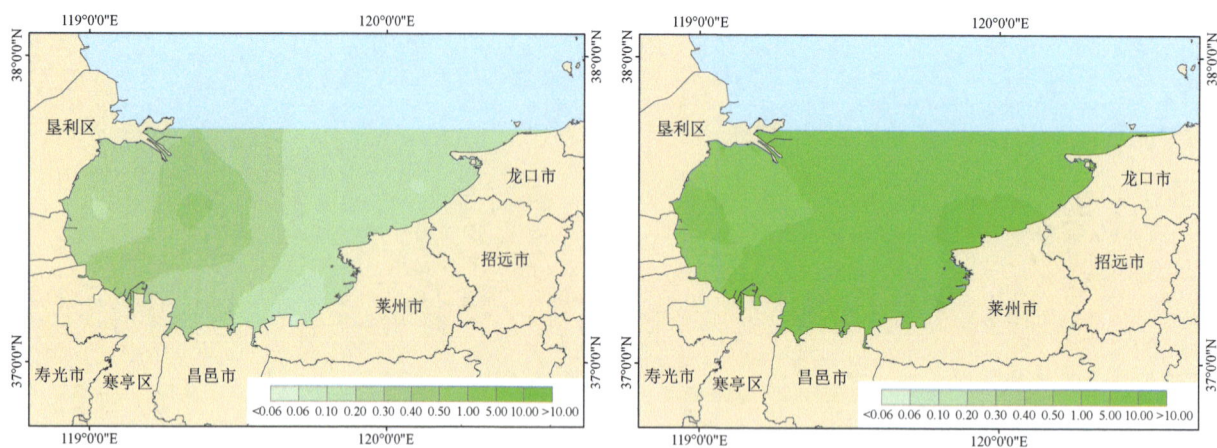

1- 春季　　　　　　　　　　　　　　　　　2- 夏季

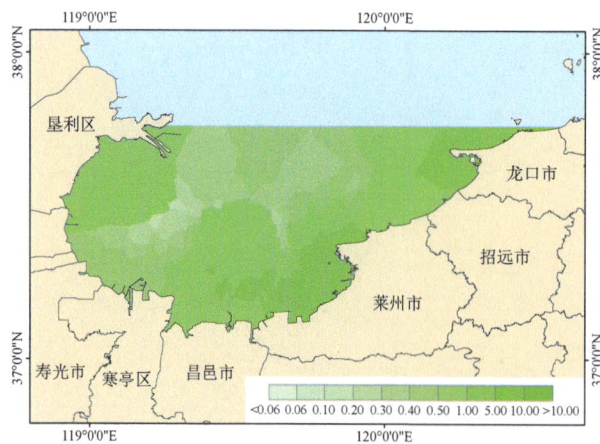

3- 秋季

3

2020 年莱州湾生态环境监测
Eco-environment monitoring in Laizhou Bay in 2020

3.2 沉积环境

3.2.1 重金属分布图

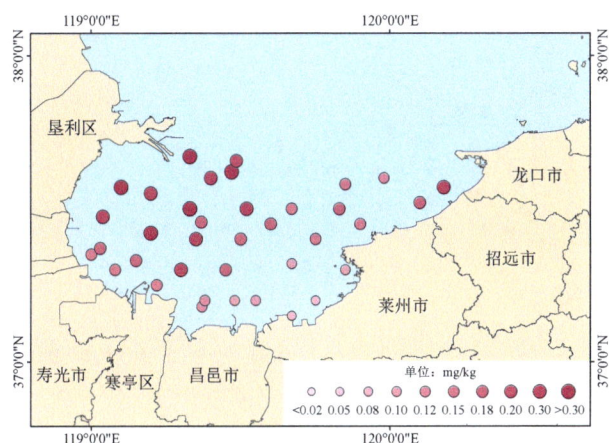

1- 镉（夏季）

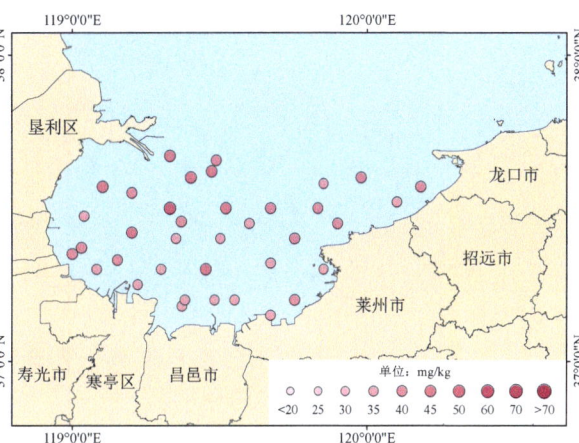

2- 铬（夏季）

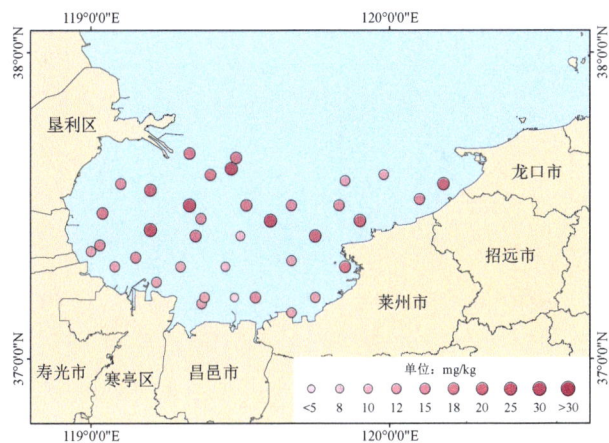

3- 铅（夏季）

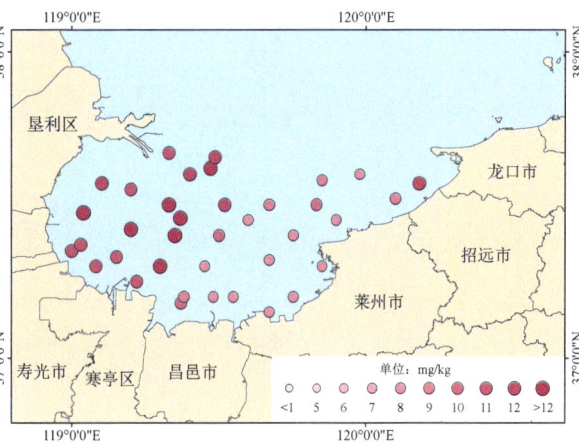

4- 砷（夏季）

3

2020 年莱州湾生态环境监测
Eco-environment monitoring in Laizhou Bay in 2020

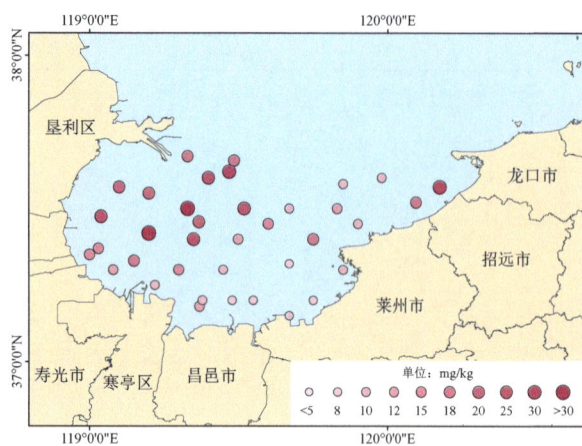

5- 铜（夏季）

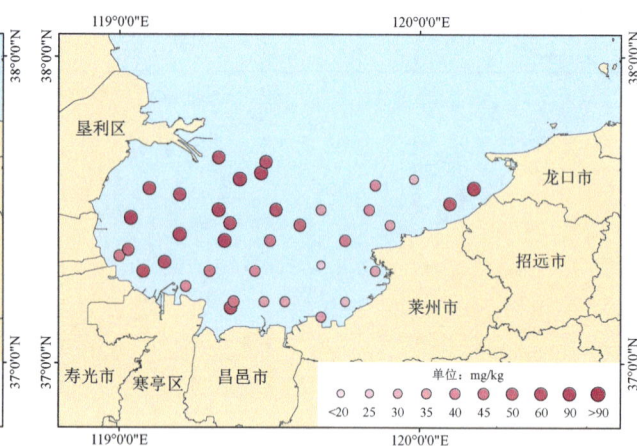

6- 锌（夏季）

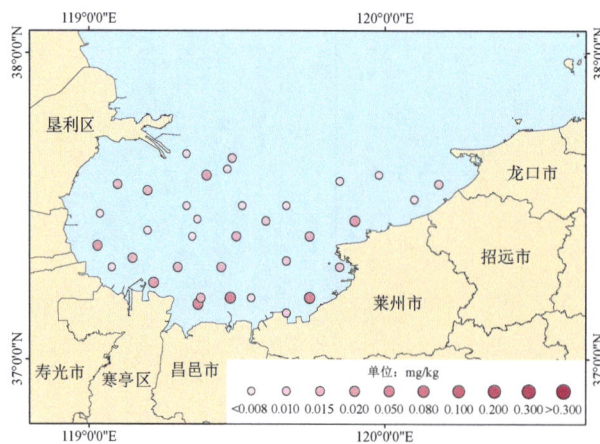

7- 汞（夏季）

3

2020 年莱州湾生态环境监测
Eco-environment monitoring in Laizhou Bay in 2020

3.2.2 硫化物分布图

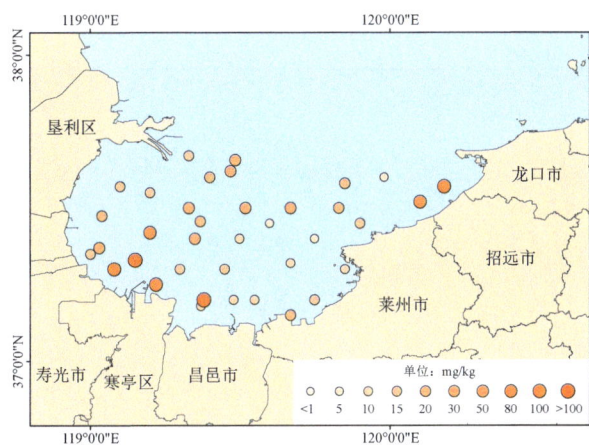

夏季

3.2.3 石油类分布图

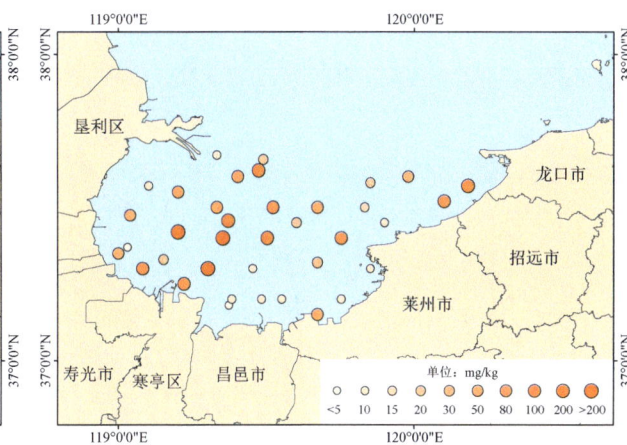

夏季

3.2.4 有机碳分布图

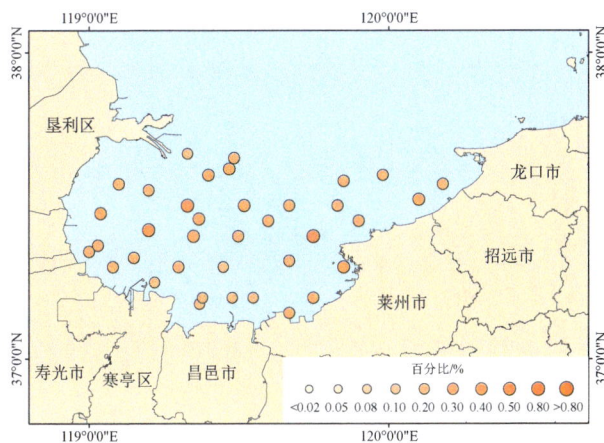

夏季

3

2020 年莱州湾生态环境监测
Eco-environment monitoring in Laizhou Bay in 2020

3.3 生物环境

3.3.1 大型浮游动物分布图

3.3.1.1 种类分布图

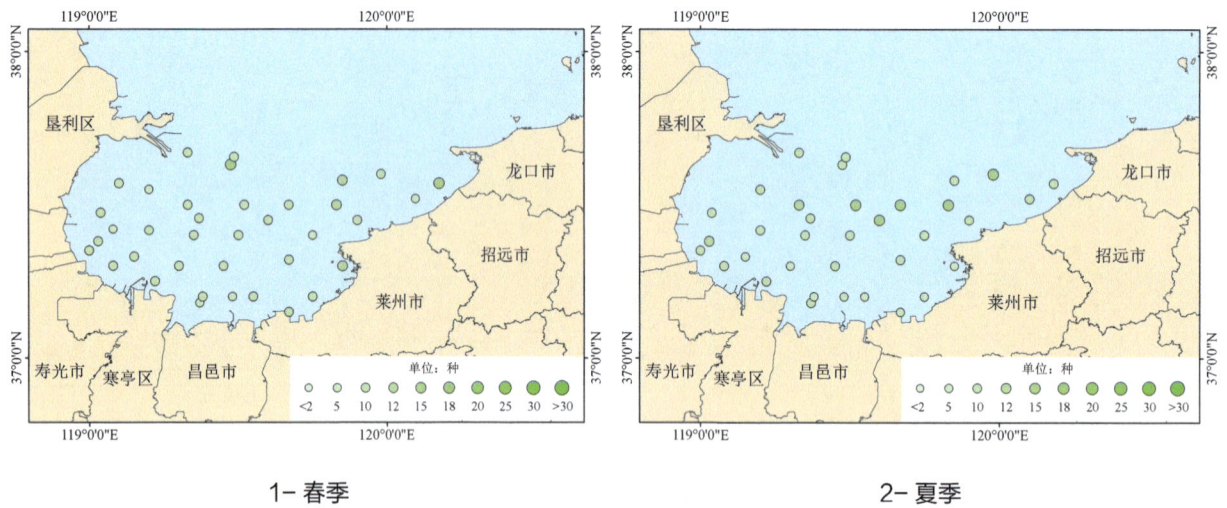

1- 春季

2- 夏季

3.3.1.2 密度分布图

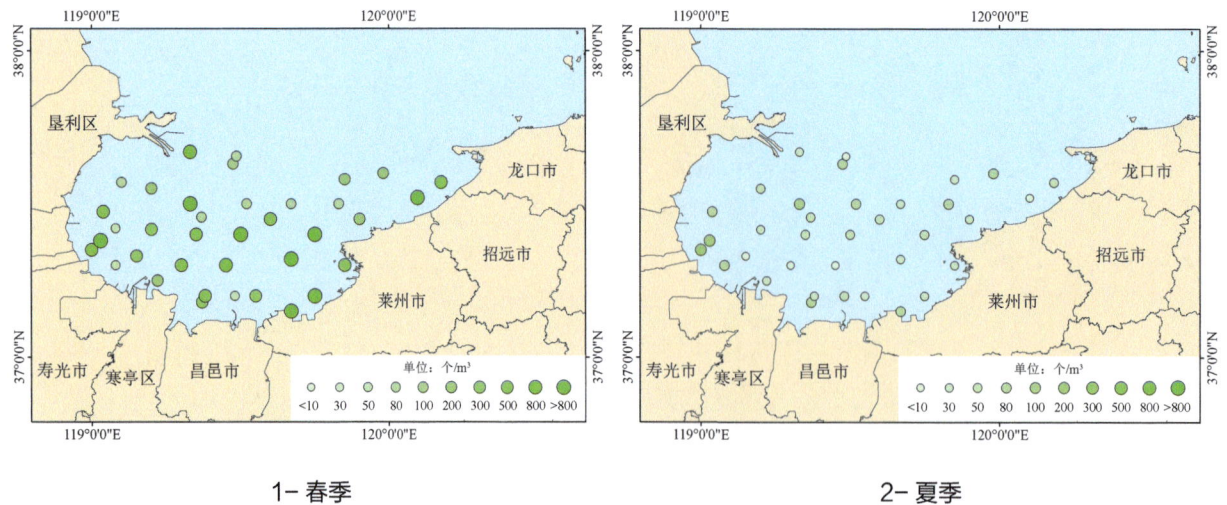

1- 春季

2- 夏季

3 2020 年莱州湾生态环境监测
Eco-environment monitoring in Laizhou Bay in 2020

3.3.1.3 生物量分布图

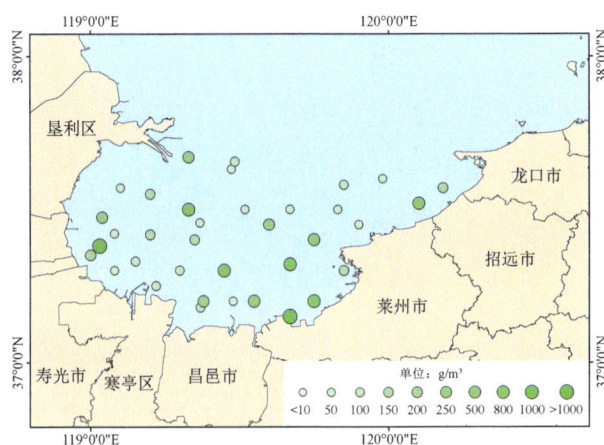

1- 春季

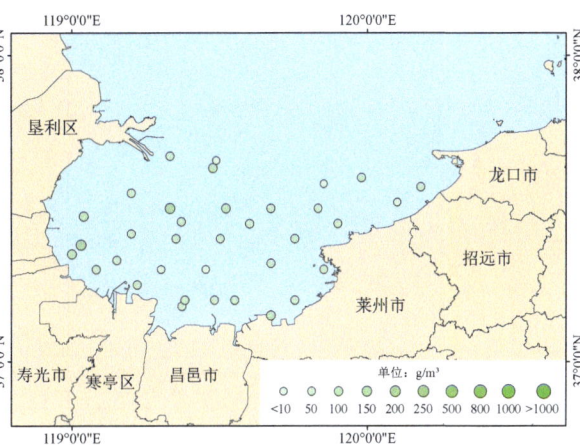

2- 夏季

3.3.1.4 多样性指数分布图

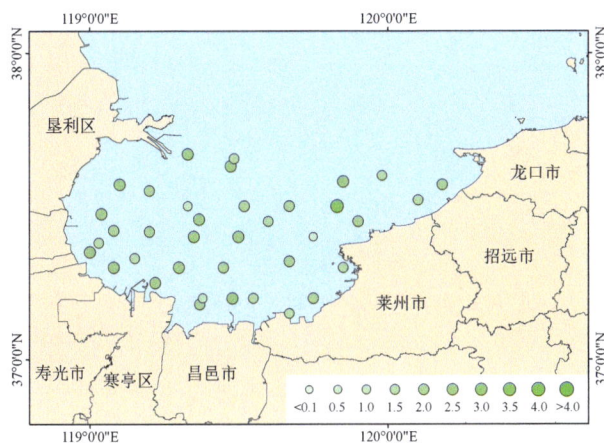

1- 春季

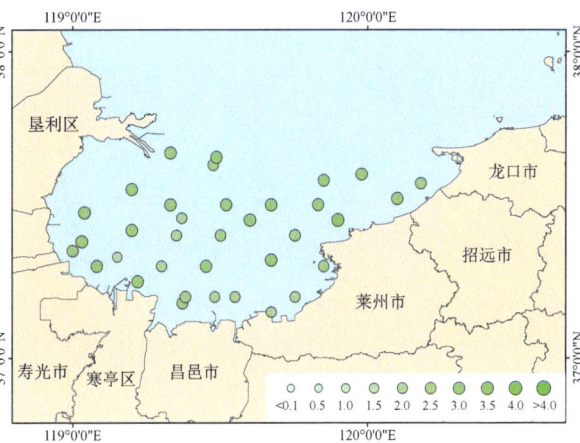

2- 夏季

3

2020 年莱州湾生态环境监测
Eco-environment monitoring in Laizhou Bay in 2020

3.3.1.5　均匀度指数分布图

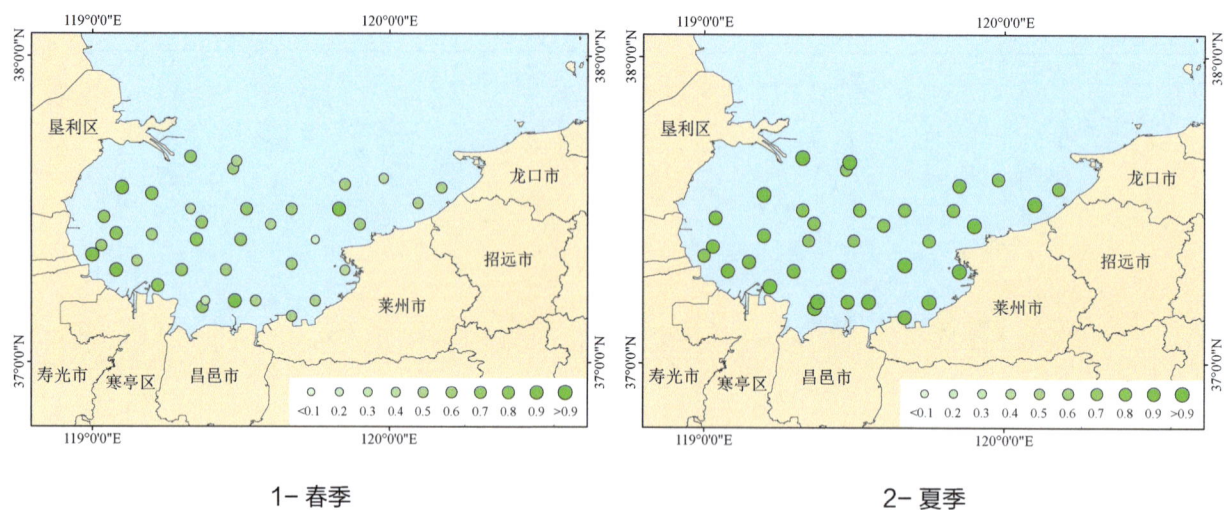

1- 春季

2- 夏季

3.3.1.6　丰富度指数分布图

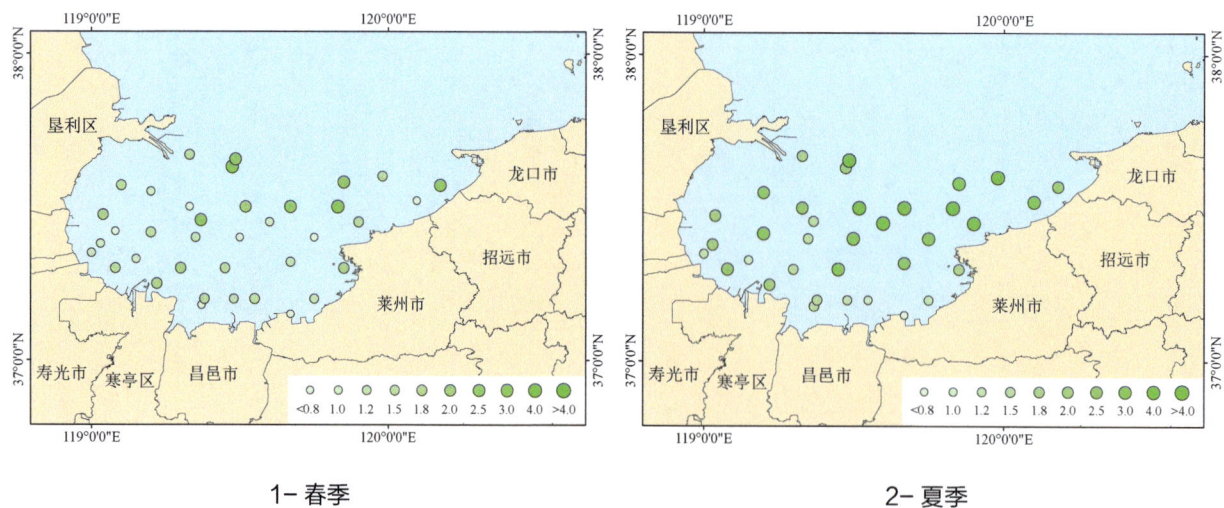

1- 春季

2- 夏季

3

2020 年莱州湾生态环境监测
Eco-environment monitoring in Laizhou Bay in 2020

3.3.2 小型浮游动物分布图

3.3.2.1 种类分布图

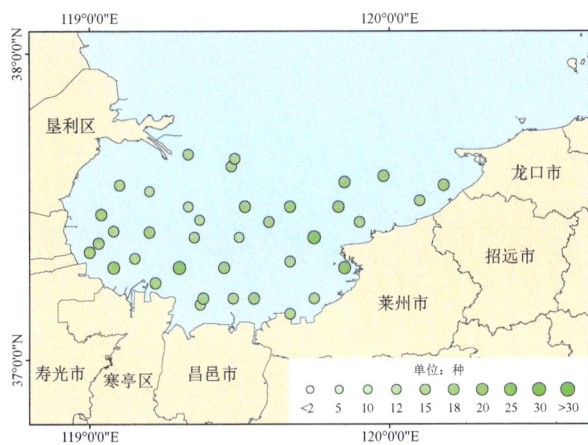

1- 春季

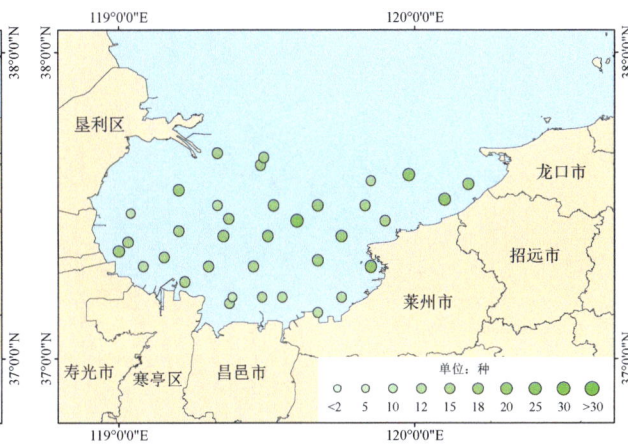

2- 夏季

3.3.2.2 密度分布图

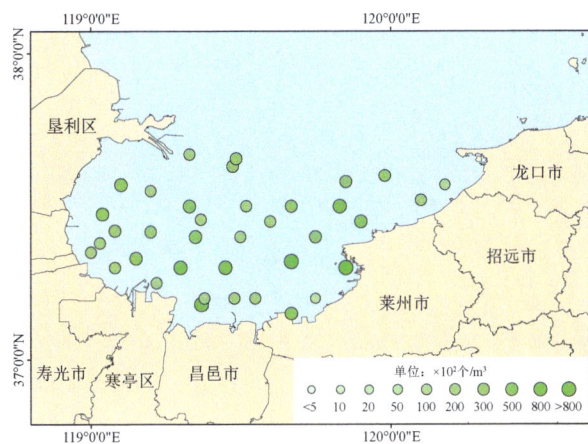

1- 春季

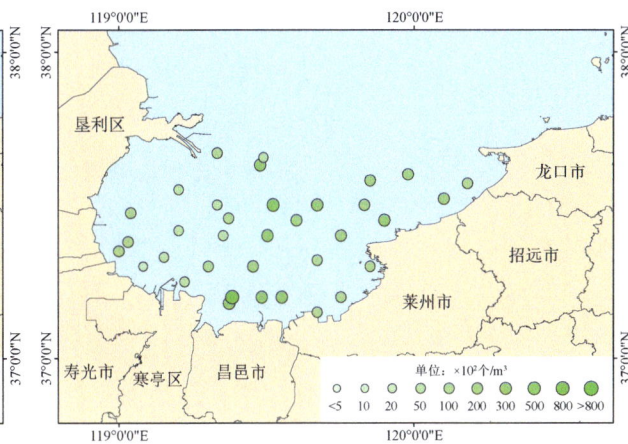

2- 夏季

3

2020 年莱州湾生态环境监测
Eco-environment monitoring in Laizhou Bay in 2020

3.3.2.3 多样性指数分布图

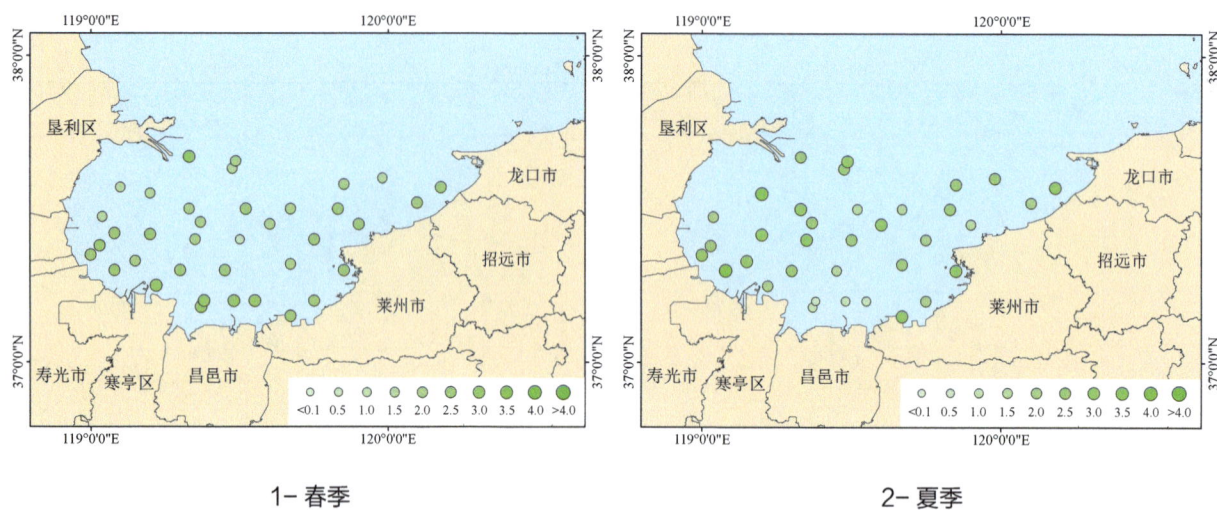

1- 春季

2- 夏季

3.3.2.4 均匀度指数分布图

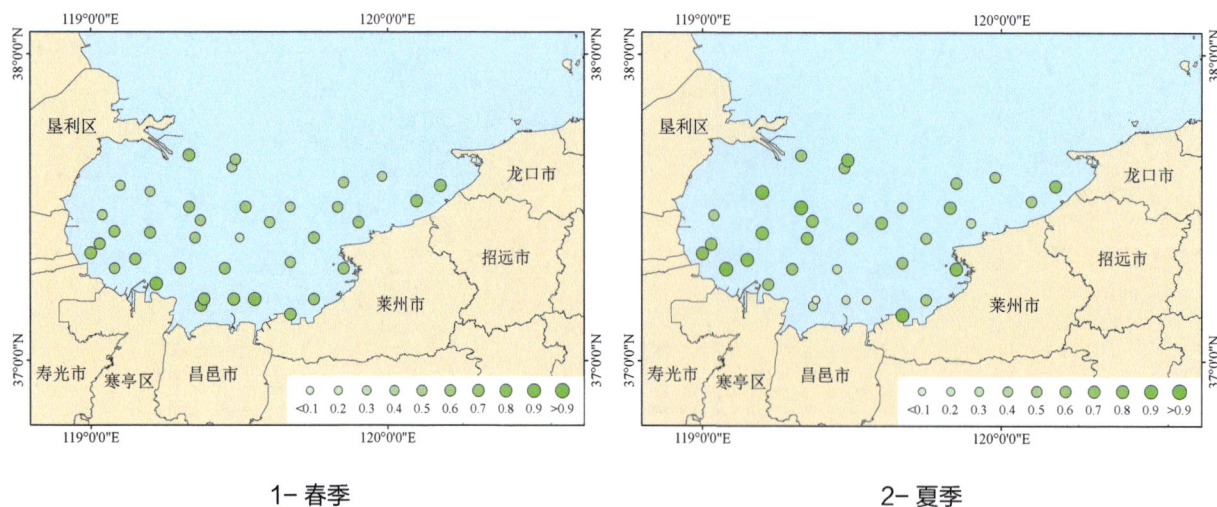

1- 春季

2- 夏季

3

2020 年莱州湾生态环境监测
Eco-environment monitoring in Laizhou Bay in 2020

3.3.2.5 丰富度指数分布图

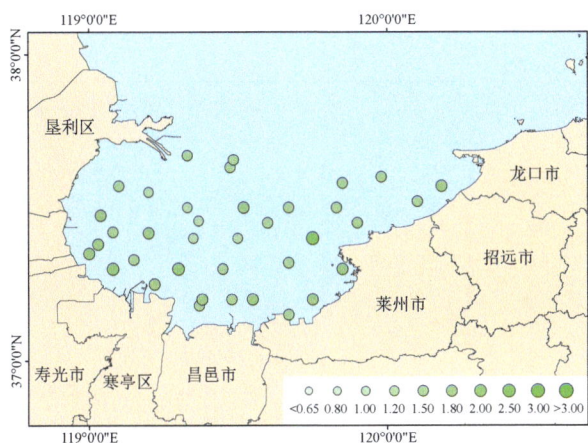

1- 春季

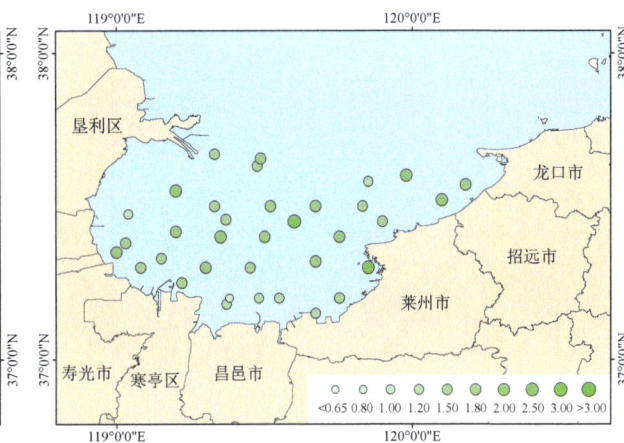

2- 夏季

3.3.3 浮游植物分布图

3.3.3.1 种类分布图

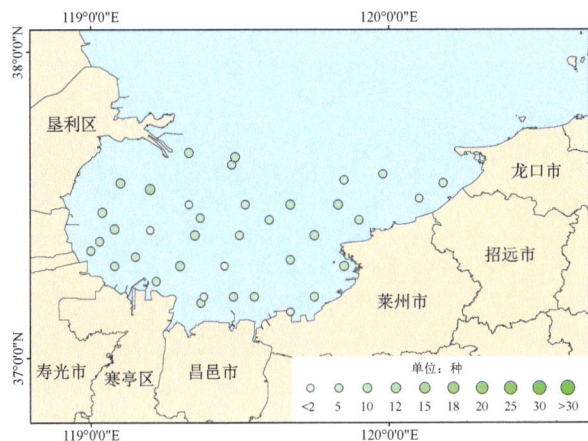

1- 春季

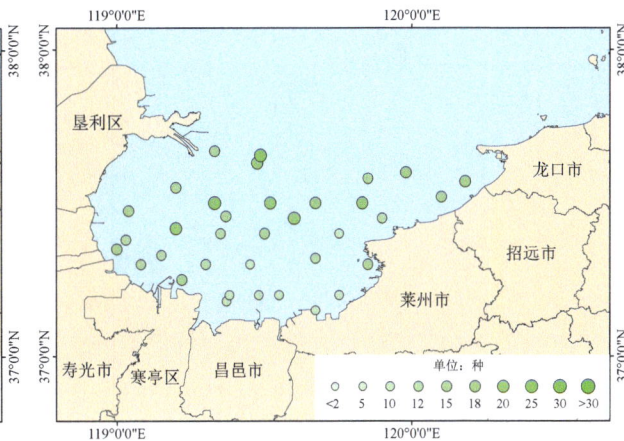

2- 夏季

3

2020 年莱州湾生态环境监测
Eco-environment monitoring in Laizhou Bay in 2020

3.3.3.2 密度分布图

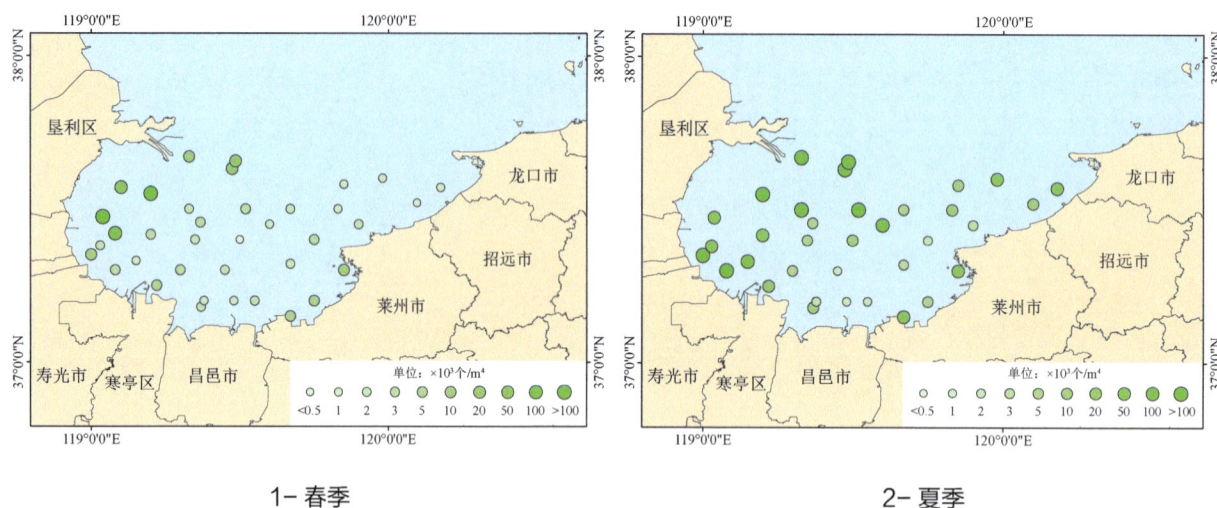

1- 春季

2- 夏季

3.3.3.3 多样性指数分布图

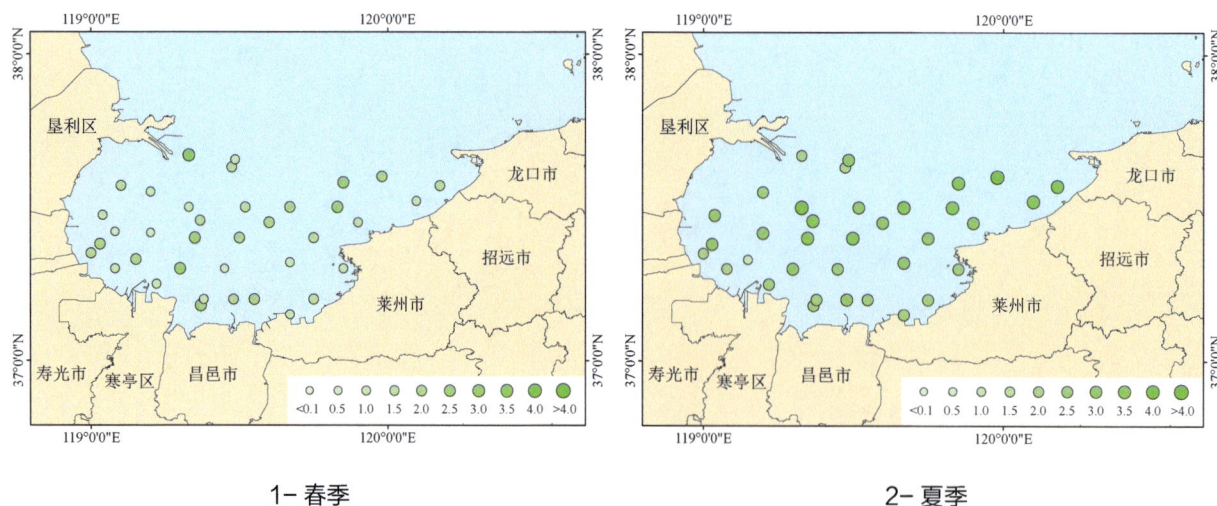

1- 春季

2- 夏季

3

2020 年莱州湾生态环境监测
Eco-environment monitoring in Laizhou Bay in 2020

3.3.3.4 均匀度指数分布图

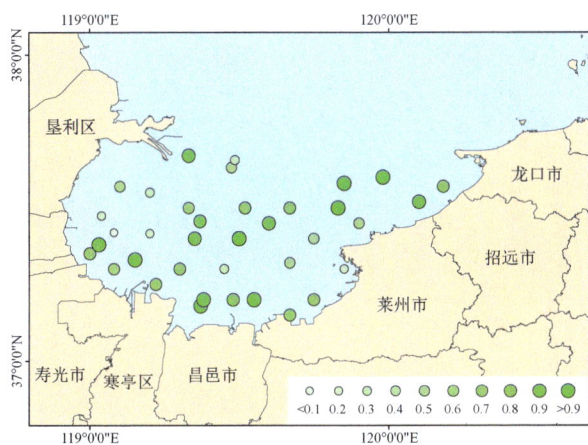

1- 春季

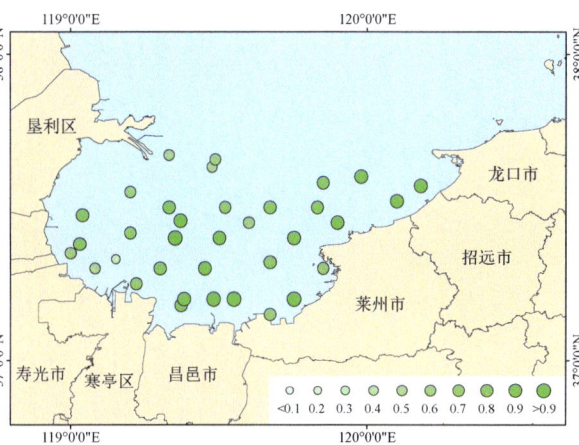

2- 夏季

3.3.3.5 丰富度指数分布图

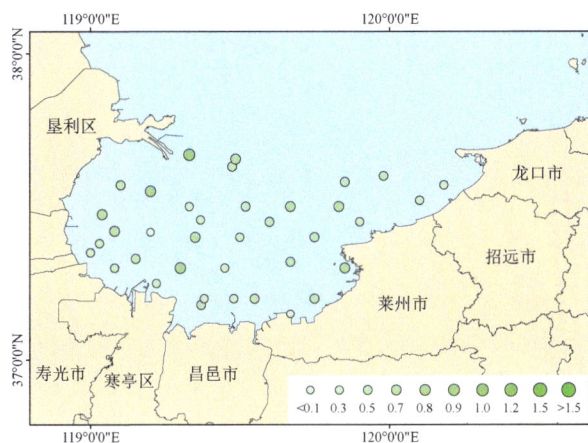

1- 春季

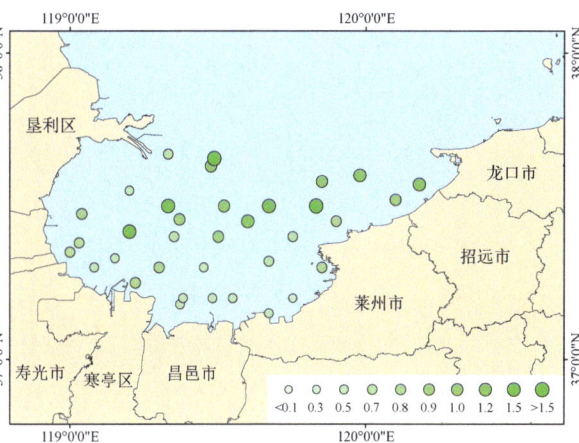

2- 夏季

3

2020 年莱州湾生态环境监测
Eco-environment monitoring in Laizhou Bay in 2020

3.3.4 底栖生物分布图

3.3.4.1 种类分布图

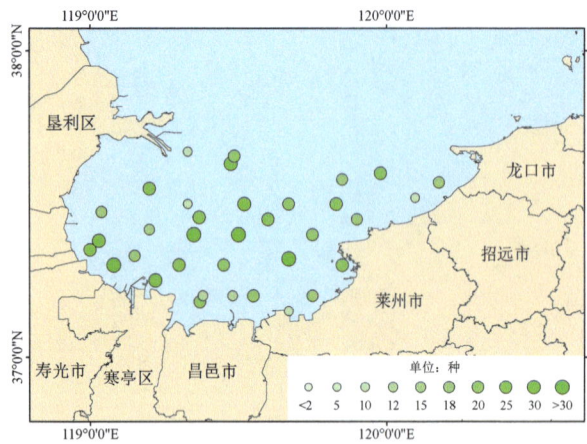

夏季

3.3.4.2 密度分布图

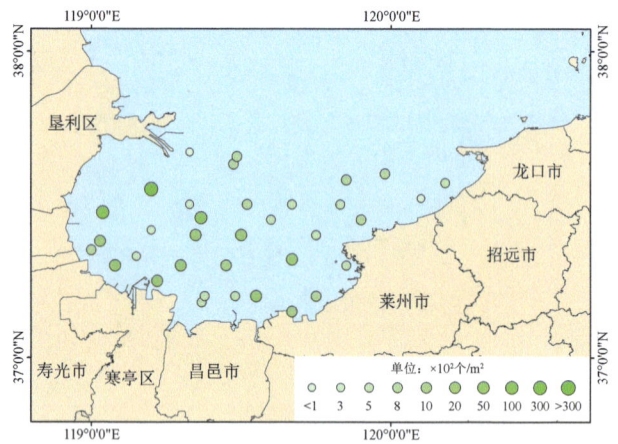

夏季

3.3.4.3 生物量分布图

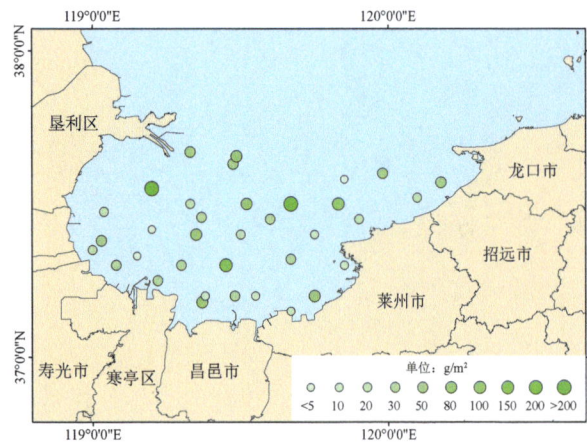

夏季

3.3.4.4 多样性指数分布图

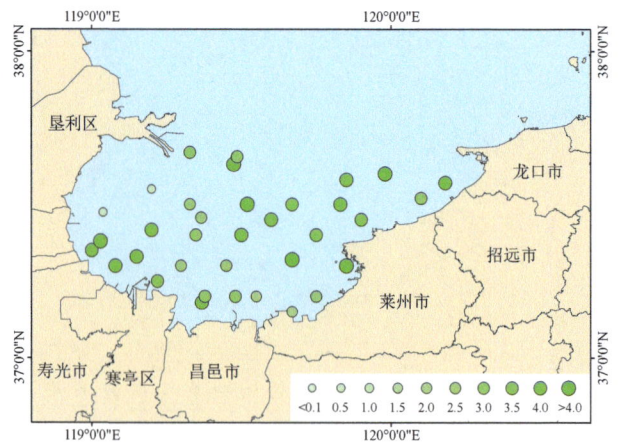

夏季

3

2020 年莱州湾生态环境监测

Eco-environment monitoring in Laizhou Bay in 2020

3.3.4.5 均匀度指数分布图

3.3.4.6 丰富度指数分布图

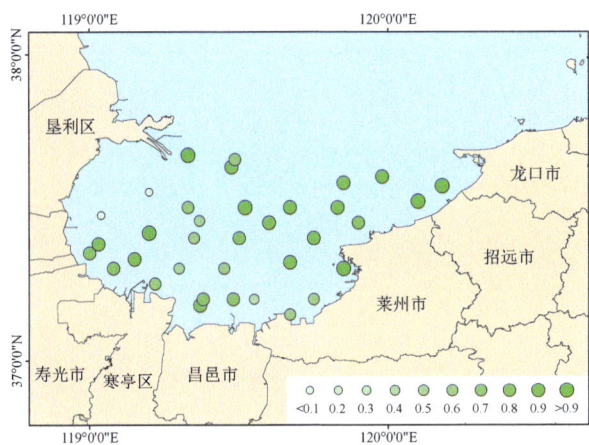

夏季

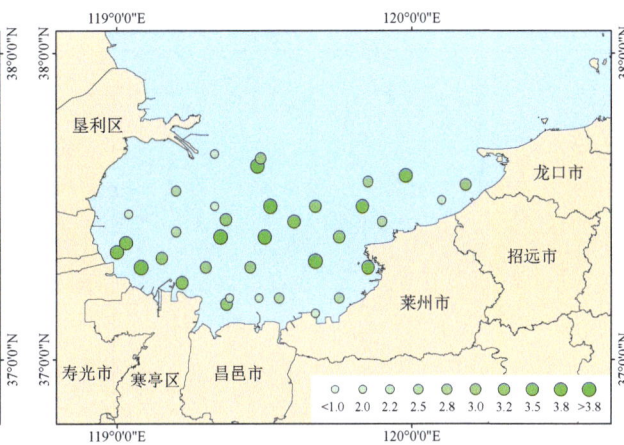

夏季

4

2019 年莱州湾生态环境监测

Eco-environment monitoring in Laizhou Bay in 2019

4.1 海水环境

4.1.1 pH 分布图

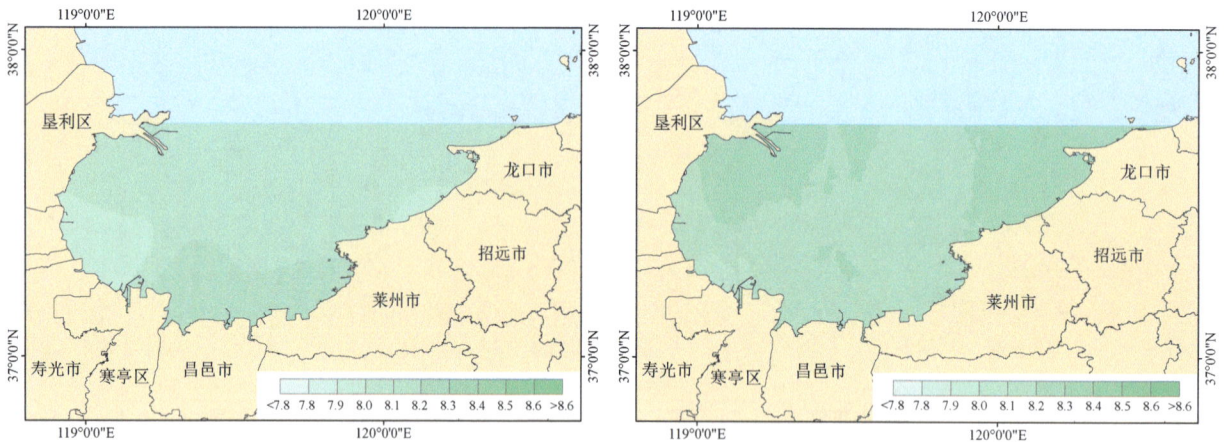

1- 春季   2- 夏季

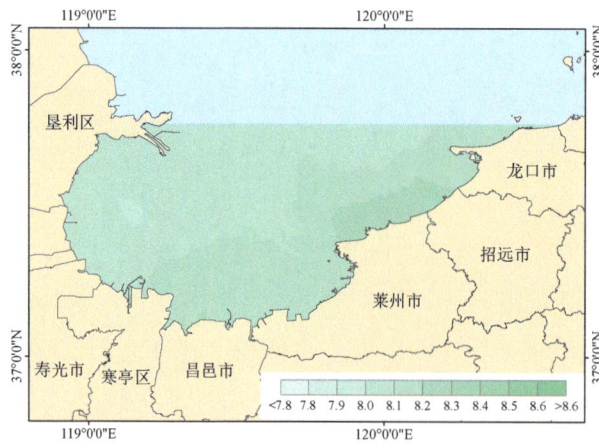

3- 秋季

4

2019 年莱州湾生态环境监测
Eco-environment monitoring in Laizhou Bay in 2019

4.1.2 盐度分布图

1- 春季

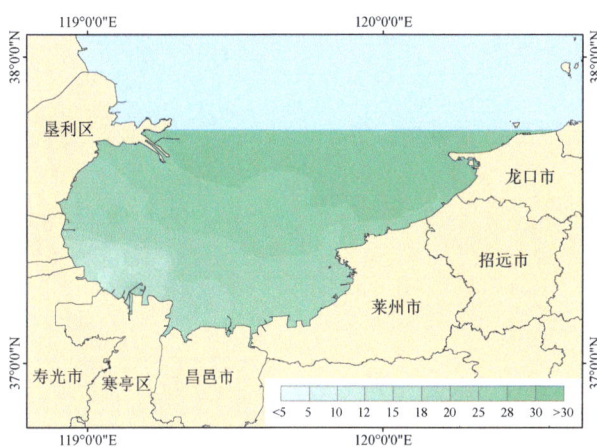

2- 夏季

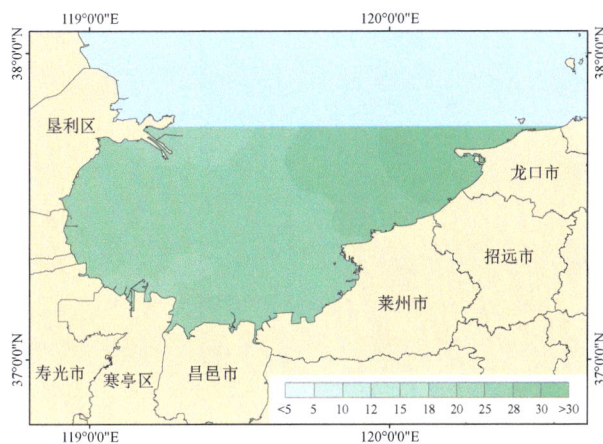

3- 秋季

4

2019 年莱州湾生态环境监测

Eco-environment monitoring in Laizhou Bay in 2019

4.1.3 溶解氧分布图

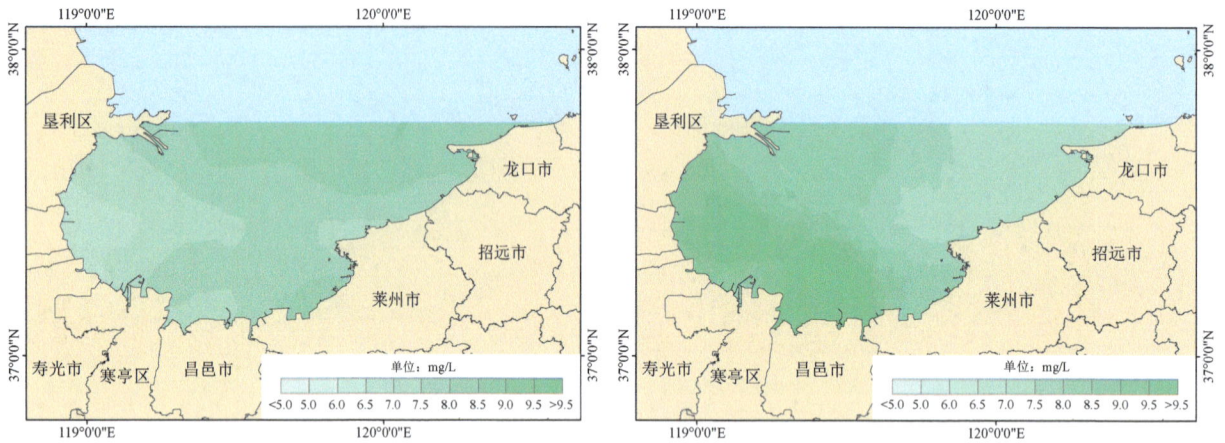

1- 春季

2- 夏季

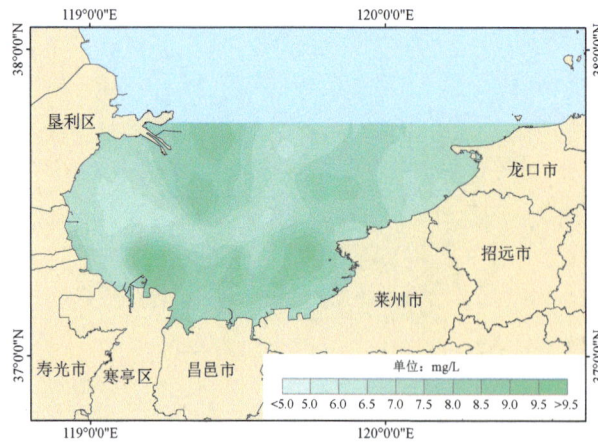

3- 秋季

4

2019 年莱州湾生态环境监测
Eco-environment monitoring in Laizhou Bay in 2019

4.1.4 化学需氧量分布图

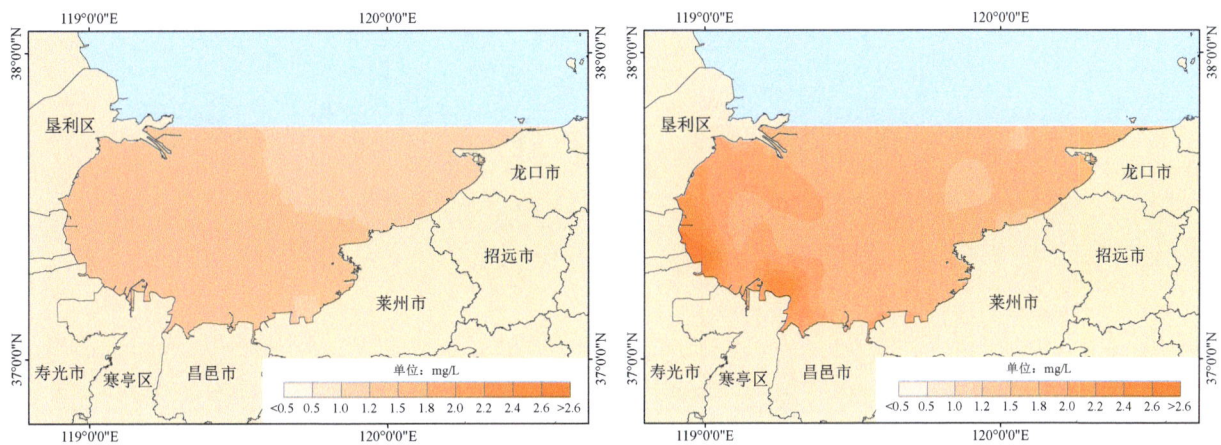

1- 春季

2- 夏季

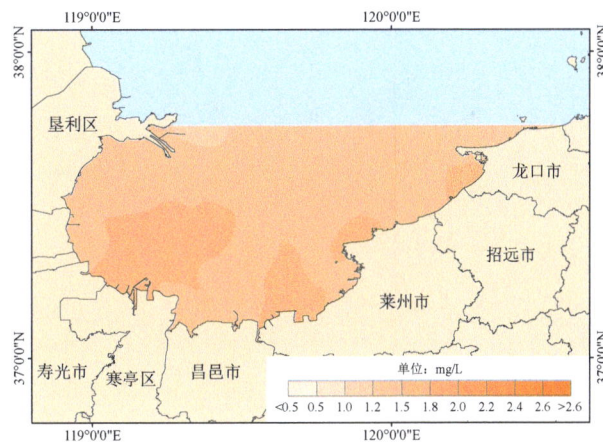

3- 秋季

4

2019 年莱州湾生态环境监测
Eco-environment monitoring in Laizhou Bay in 2019

4.1.5 氨氮分布图

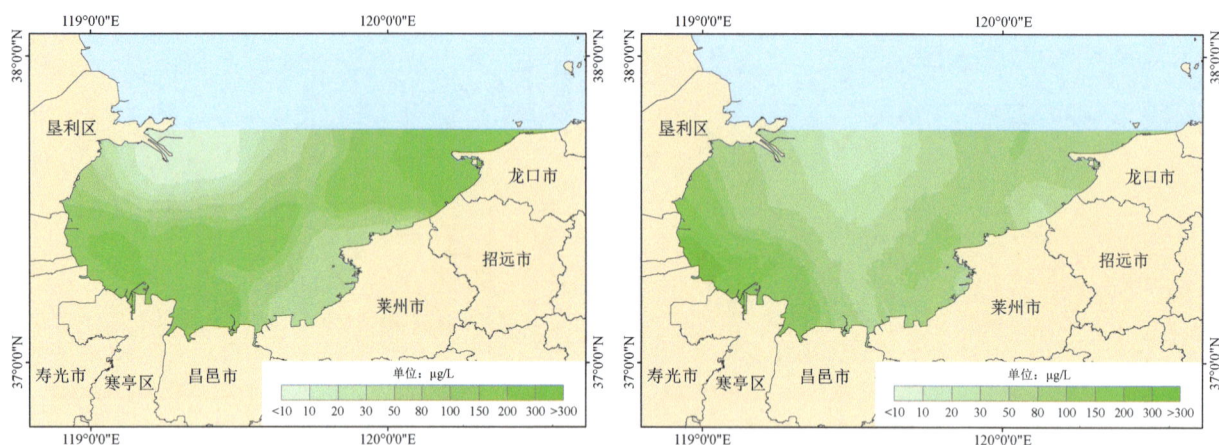

1- 春季

2- 夏季

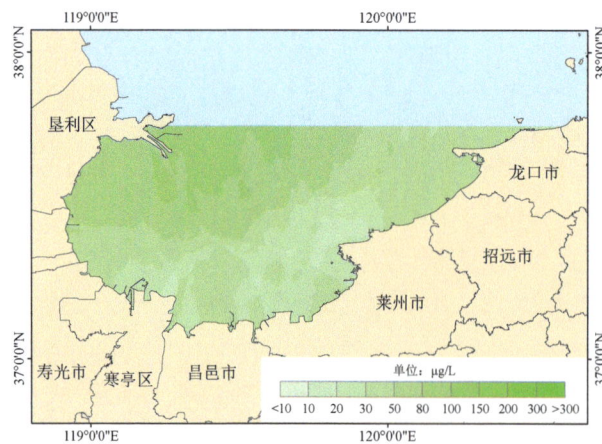

3- 秋季

4

2019 年莱州湾生态环境监测
Eco-environment monitoring in Laizhou Bay in 2019

4.1.6　亚硝酸盐分布图

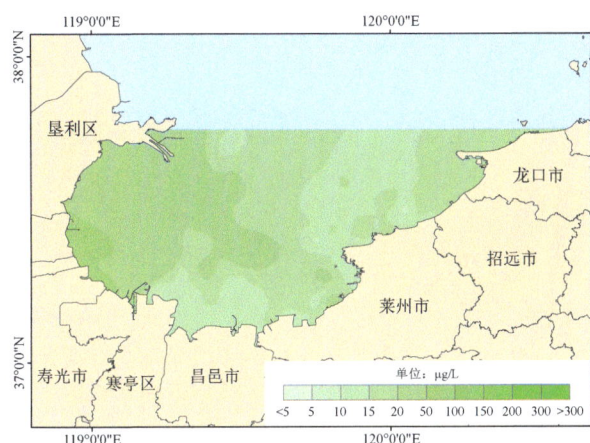

1- 春季

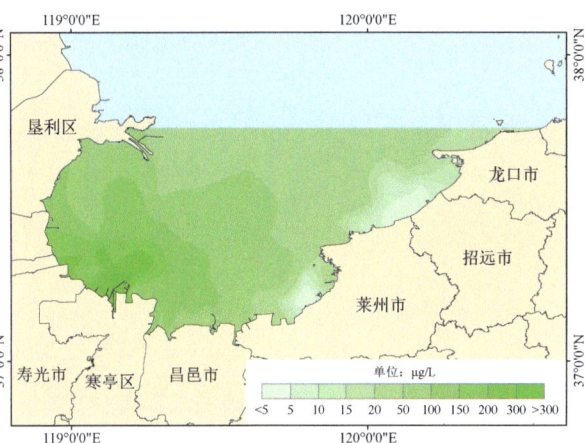

2- 夏季

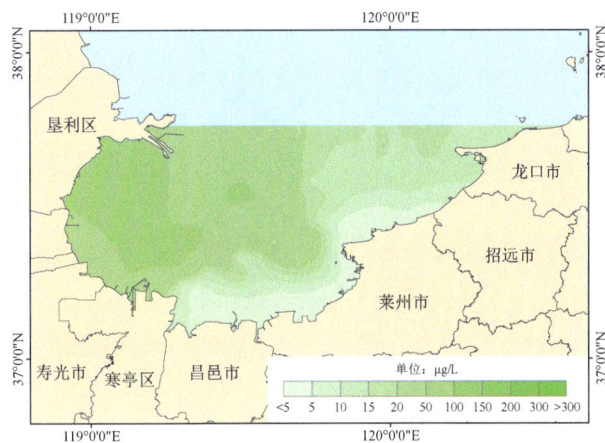

3- 秋季

4

2019 年莱州湾生态环境监测
Eco-environment monitoring in Laizhou Bay in 2019

4.1.7 硝酸盐分布图

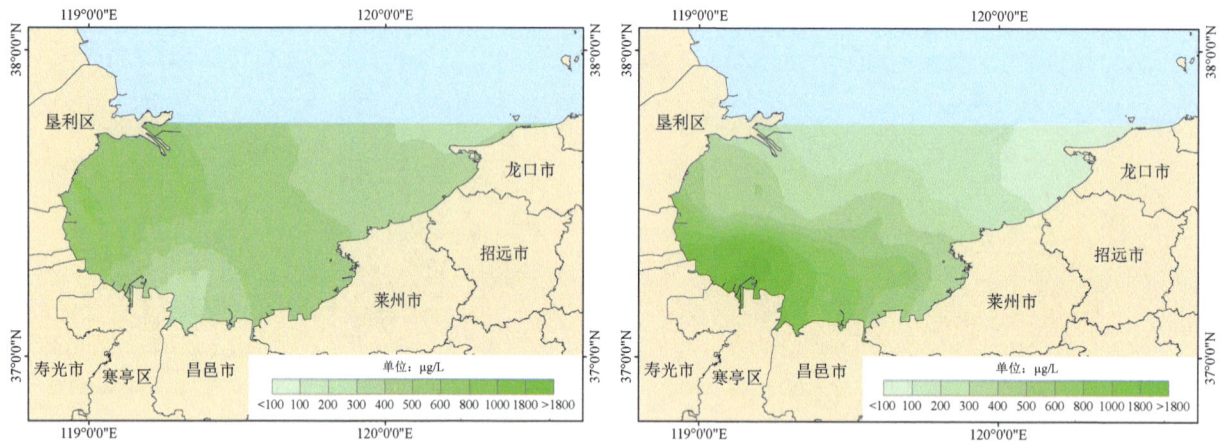

1- 春季

2- 夏季

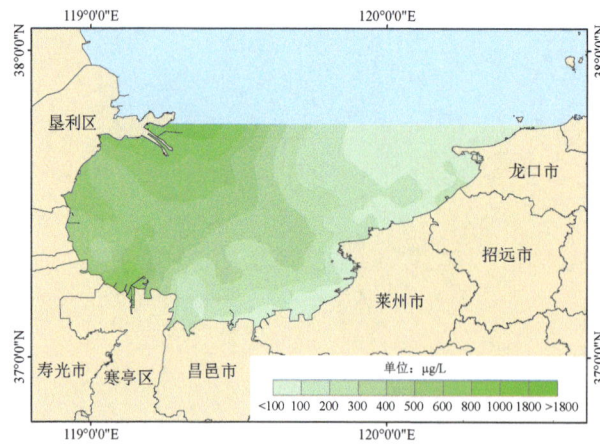

3- 秋季

4

2019 年莱州湾生态环境监测
Eco-environment monitoring in Laizhou Bay in 2019

4.1.8 无机氮分布图

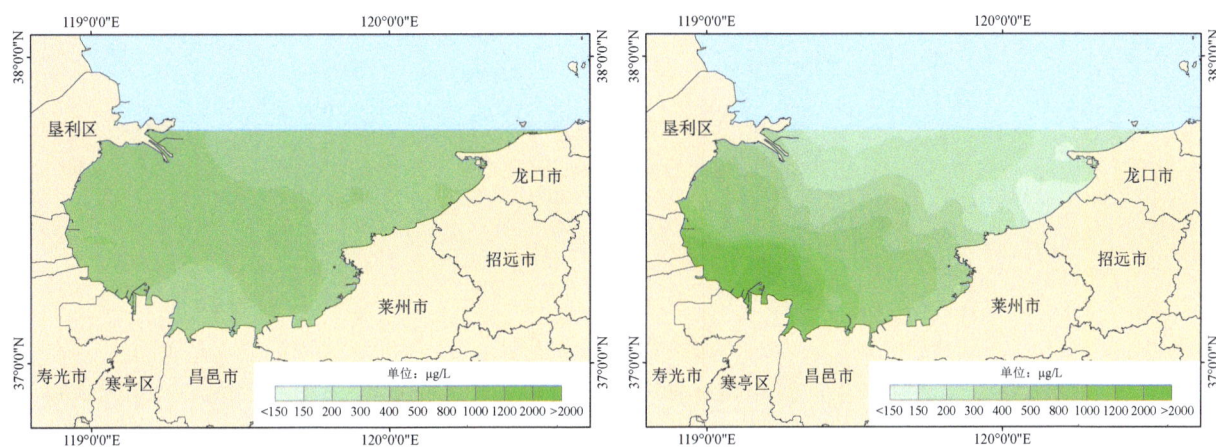

1- 春季

2- 夏季

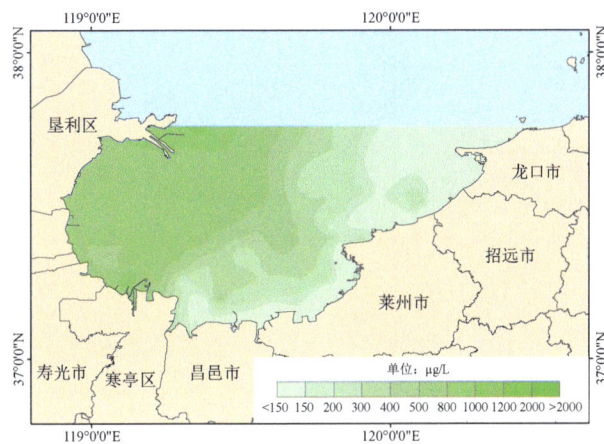

3- 秋季

4

2019 年莱州湾生态环境监测
Eco-environment monitoring in Laizhou Bay in 2019

4.1.9　活性磷酸盐分布图

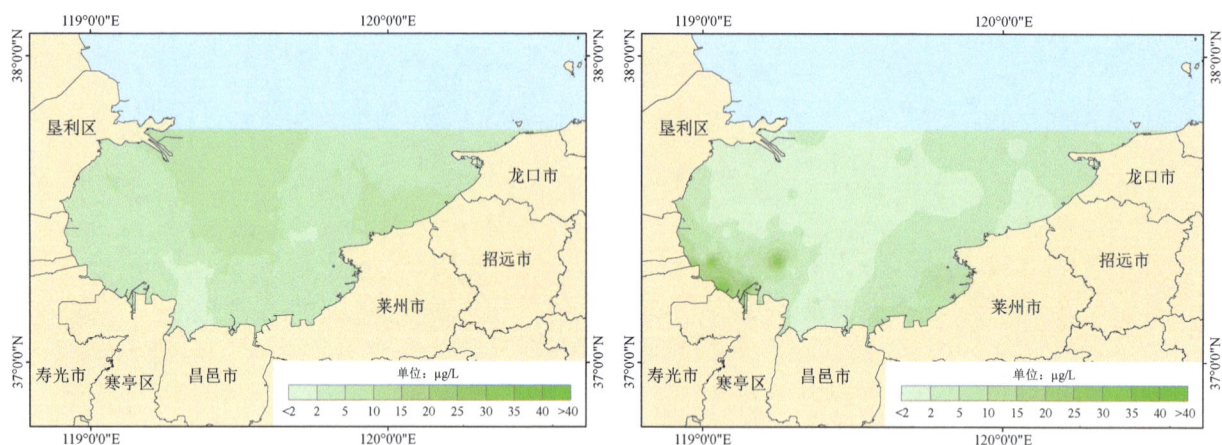

1- 春季

2- 夏季

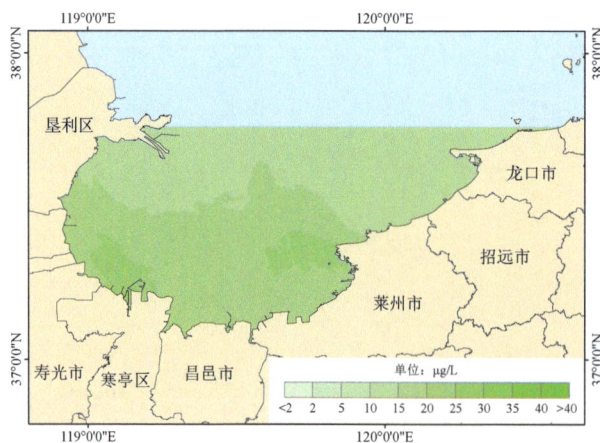

3- 秋季

4

2019 年莱州湾生态环境监测
Eco-environment monitoring in Laizhou Bay in 2019

4.1.10 叶绿素 a 分布图

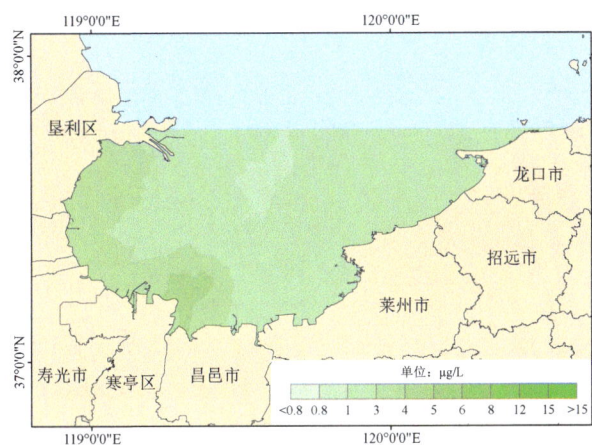

1- 春季

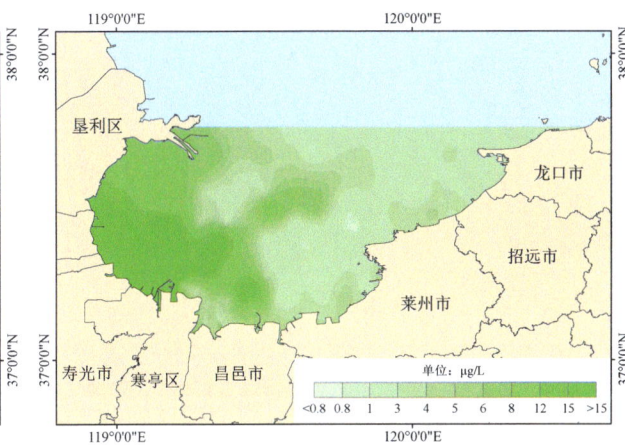

2- 夏季

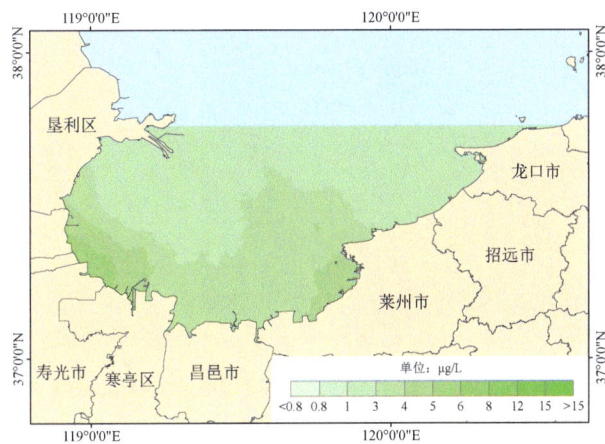

3- 秋季

4

2019 年莱州湾生态环境监测
Eco-environment monitoring in Laizhou Bay in 2019

4.1.11　石油类分布图

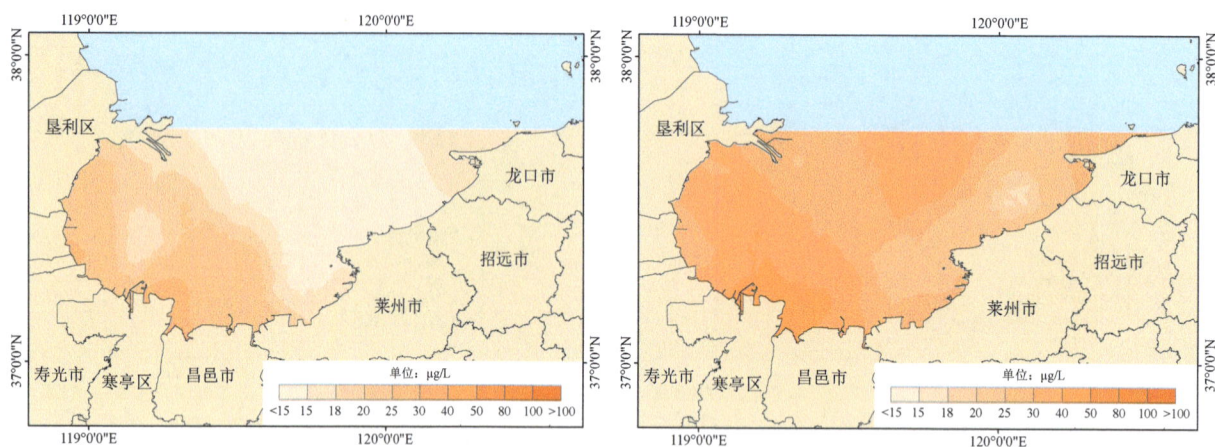

1- 春季　　　　　　　　　　　　　　　　2- 夏季

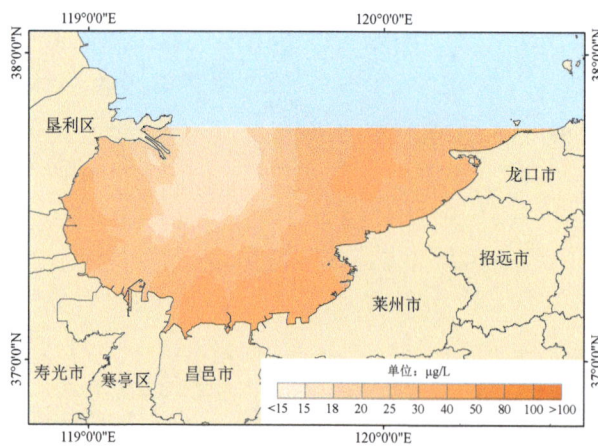

3- 秋季

4

2019 年莱州湾生态环境监测
Eco-environment monitoring in Laizhou Bay in 2019

4.1.12 总氮分布图

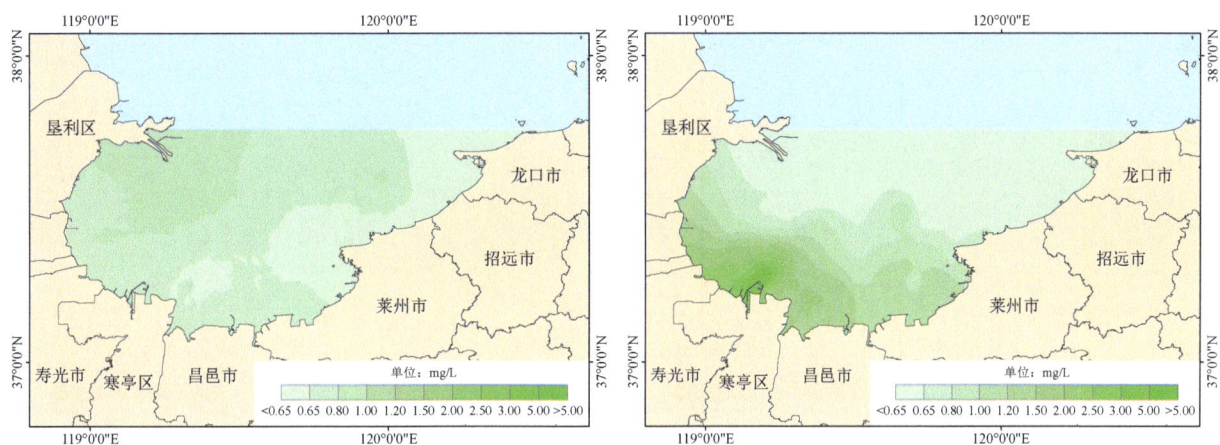

1- 春季   2- 夏季

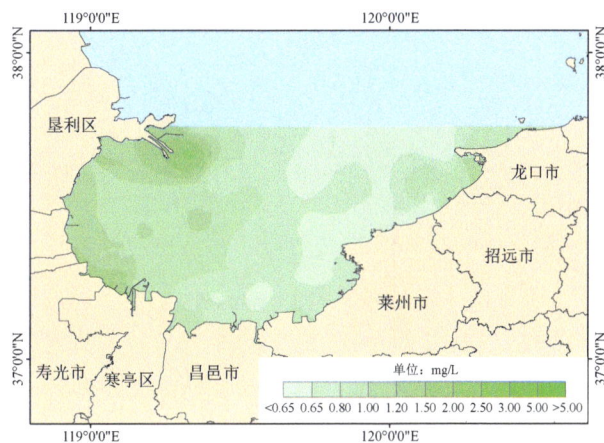

3- 秋季

4

2019 年莱州湾生态环境监测
Eco-environment monitoring in Laizhou Bay in 2019

4.1.13 总磷分布图

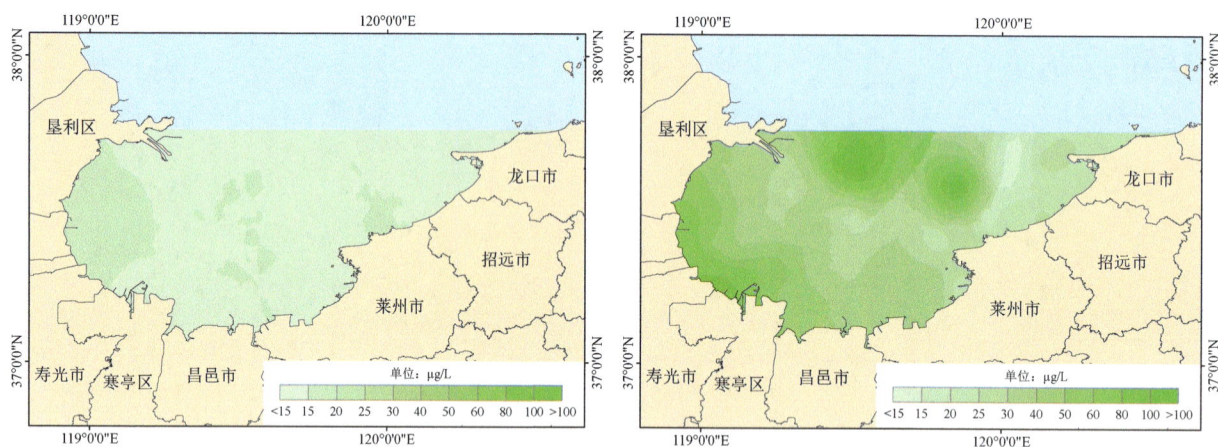

1- 春季

2- 夏季

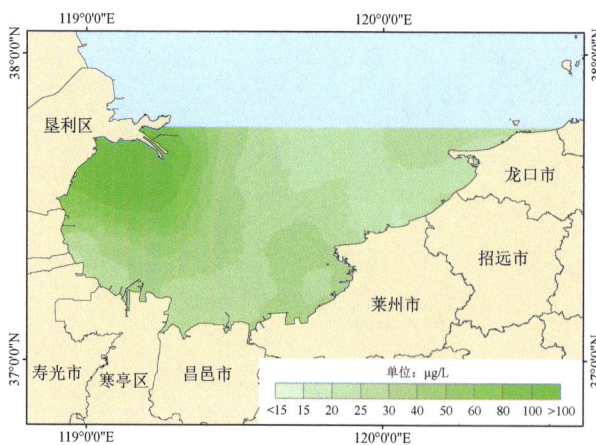

3- 秋季

4

2019 年莱州湾生态环境监测
Eco-environment monitoring in Laizhou Bay in 2019

4.1.14　硅酸盐分布图

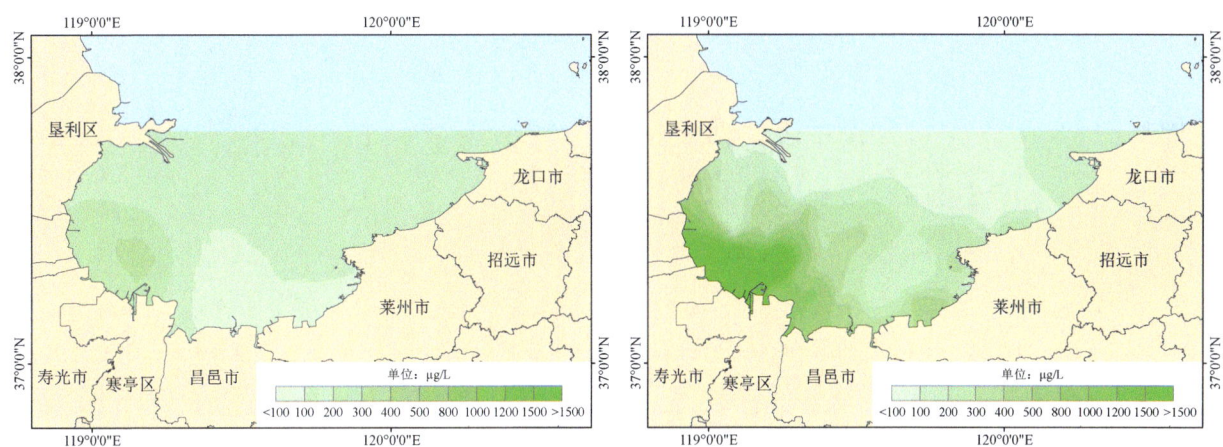

1- 春季

2- 夏季

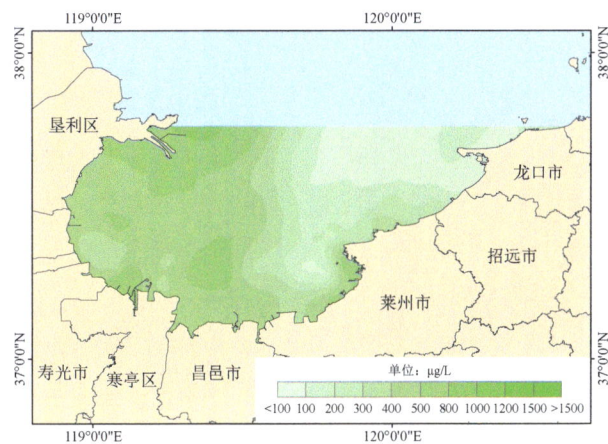

3- 秋季

4

2019 年莱州湾生态环境监测
Eco-environment monitoring in Laizhou Bay in 2019

4.1.15　悬浮物分布图

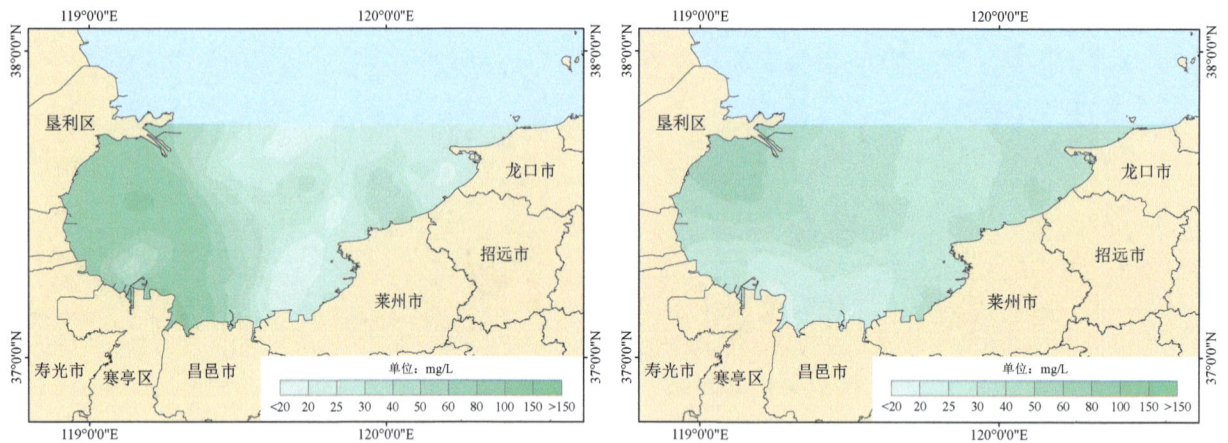

1- 春季

2- 夏季

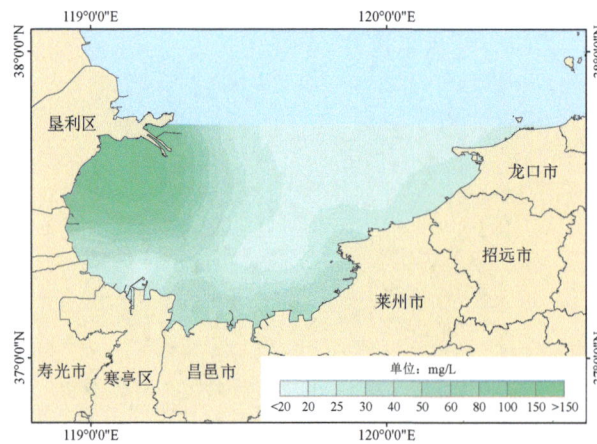

3- 秋季

4

2019 年莱州湾生态环境监测
Eco-environment monitoring in Laizhou Bay in 2019

4.1.16　重金属分布图

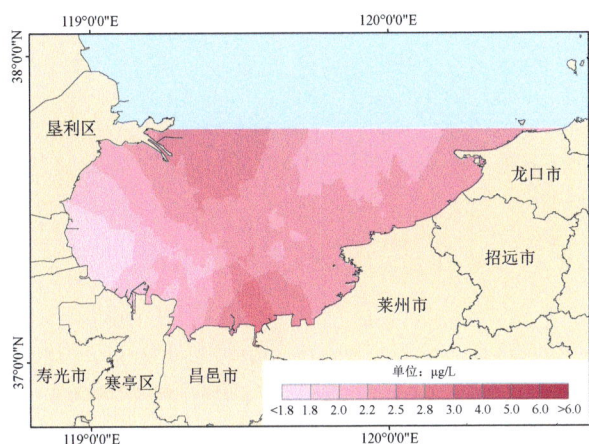

1- 铜（夏季）

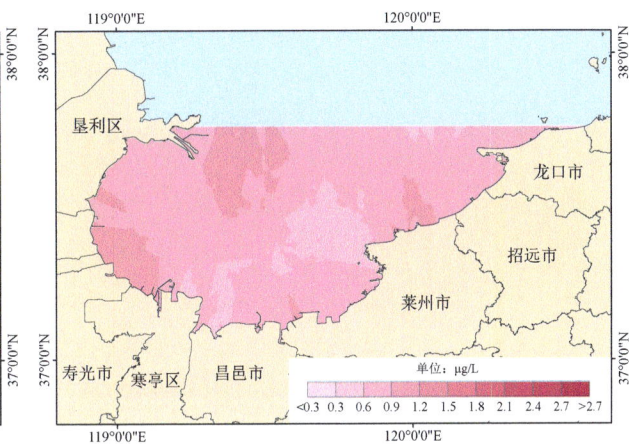

2- 铅（夏季）

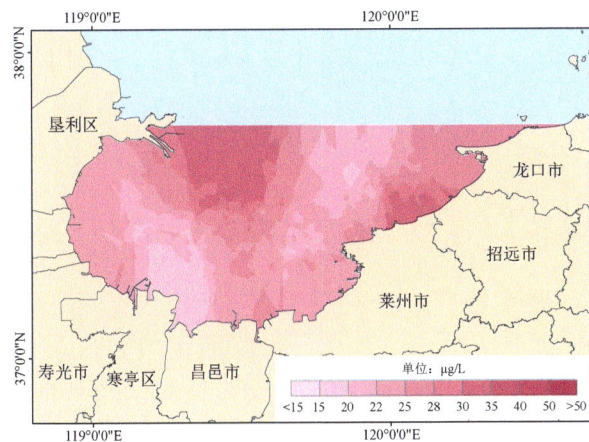

3- 锌（夏季）

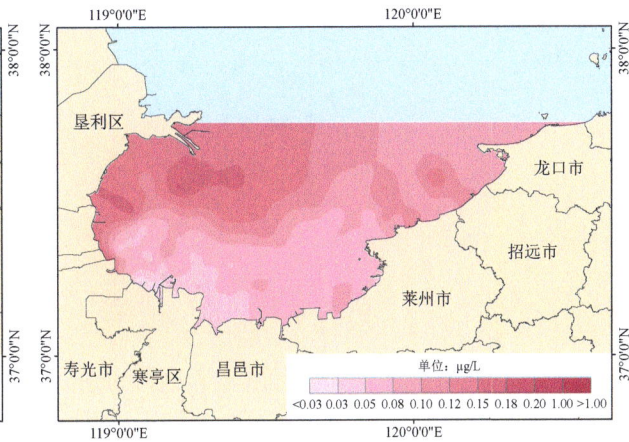

4- 镉（夏季）

4

2019 年莱州湾生态环境监测

Eco-environment monitoring in Laizhou Bay in 2019

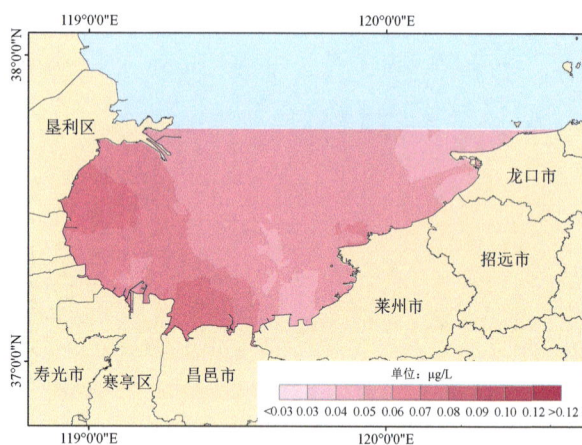

5- 汞（夏季）

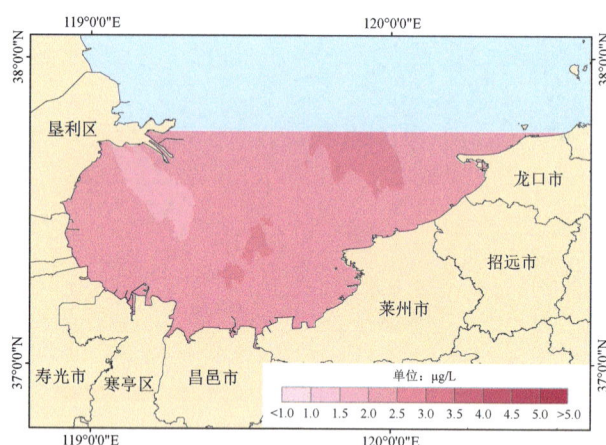

6- 砷（夏季）

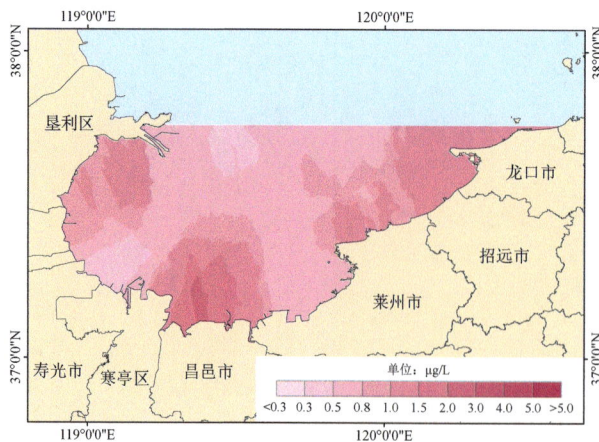

7- 铬（夏季）

4

2019 年莱州湾生态环境监测
Eco-environment monitoring in Laizhou Bay in 2019

4.1.17　氮磷比分布图

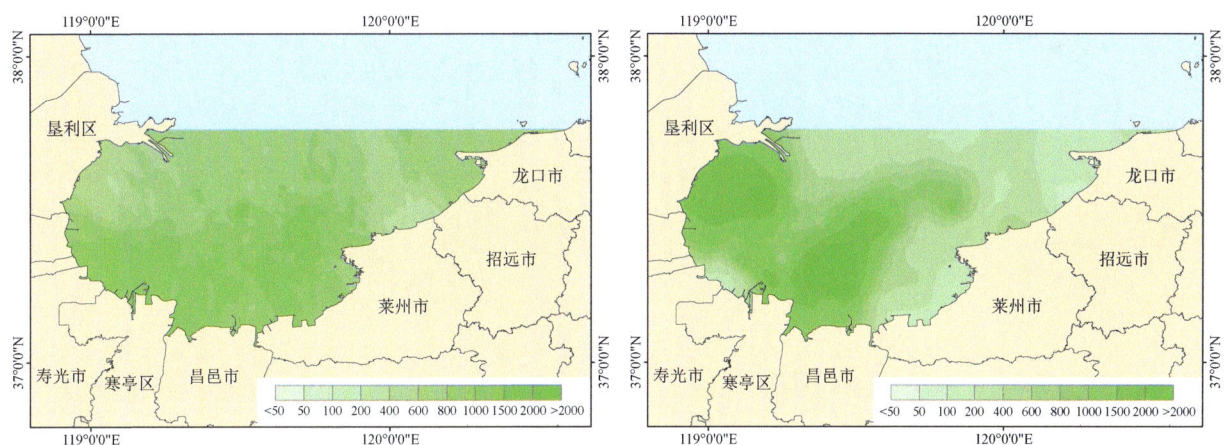

1- 春季　　　　　　　　　　　　　　　　　2- 夏季

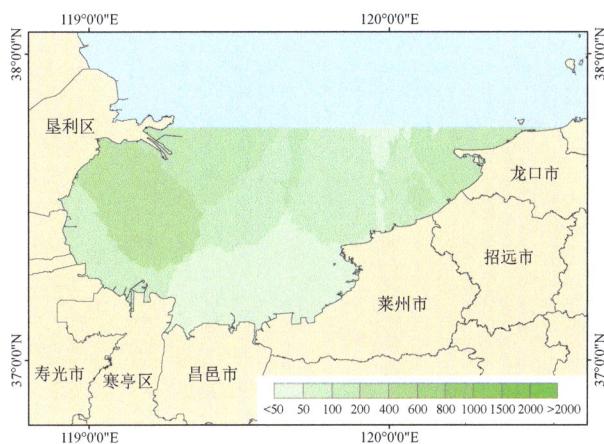

3- 秋季

4

2019 年莱州湾生态环境监测
Eco-environment monitoring in Laizhou Bay in 2019

4.1.18 硅磷比分布图

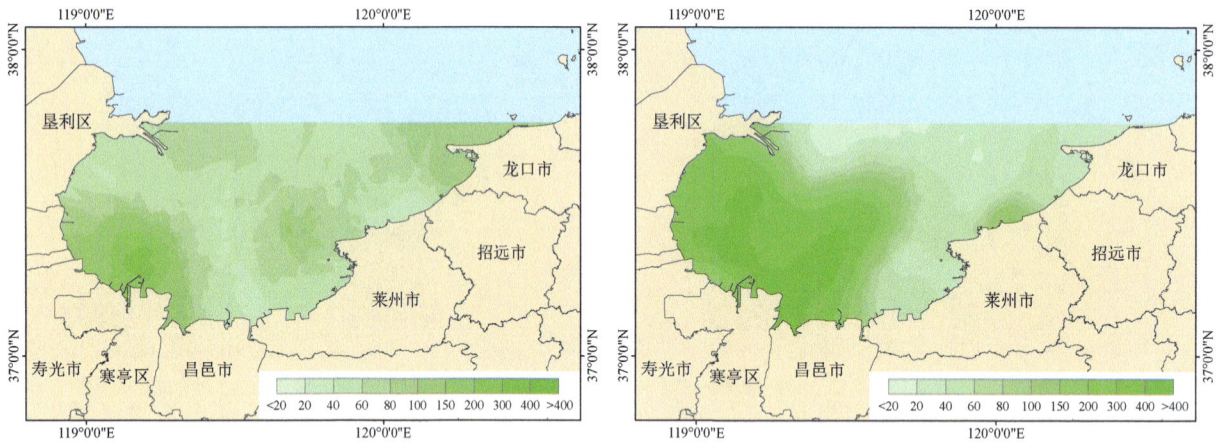

1- 春季

2- 夏季

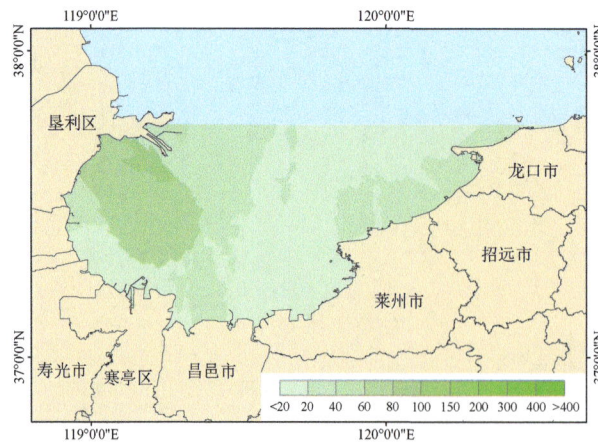

3- 秋季

4

2019 年莱州湾生态环境监测
Eco-environment monitoring in Laizhou Bay in 2019

4.1.19 硅氮比分布图

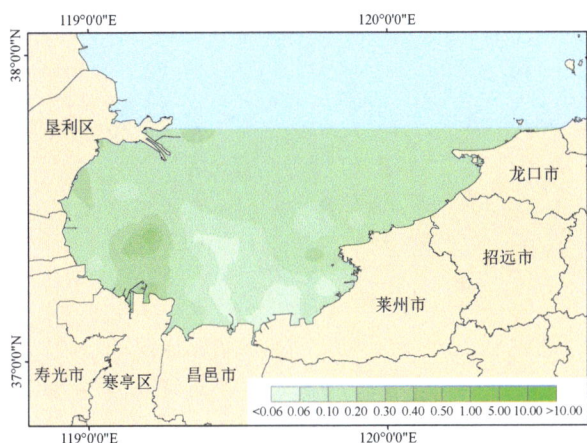

1- 春季

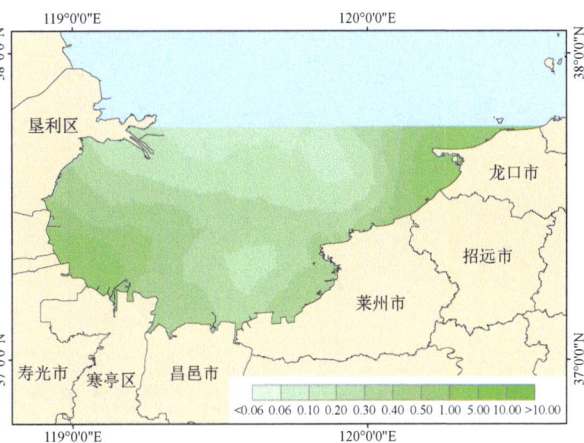

2- 夏季

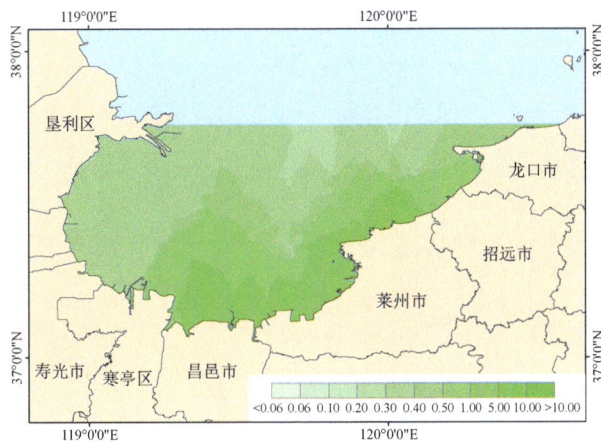

3- 秋季

4

2019 年莱州湾生态环境监测

Eco-environment monitoring in Laizhou Bay in 2019

4.2 沉积环境

4.2.1 重金属分布图

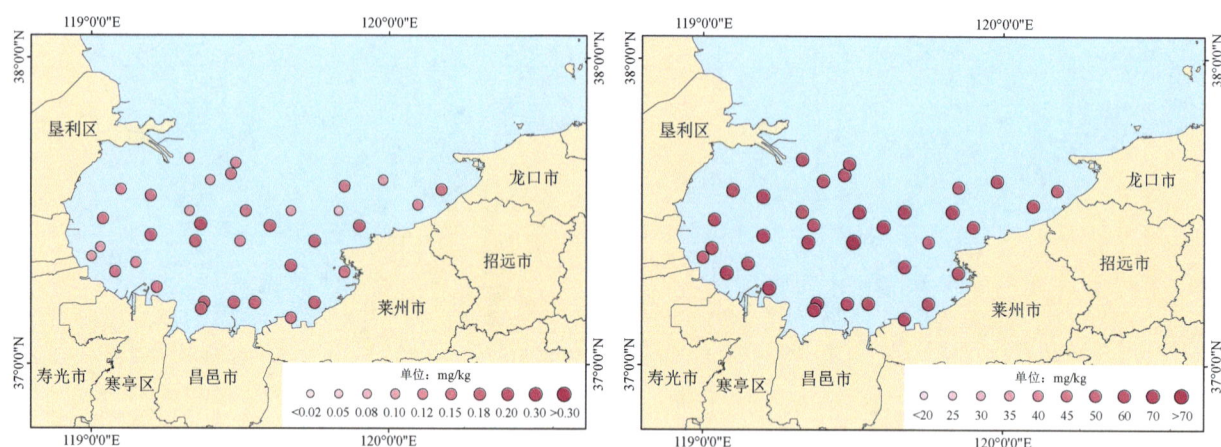

1- 镉（夏季）　　　　　　　　2- 铬（夏季）

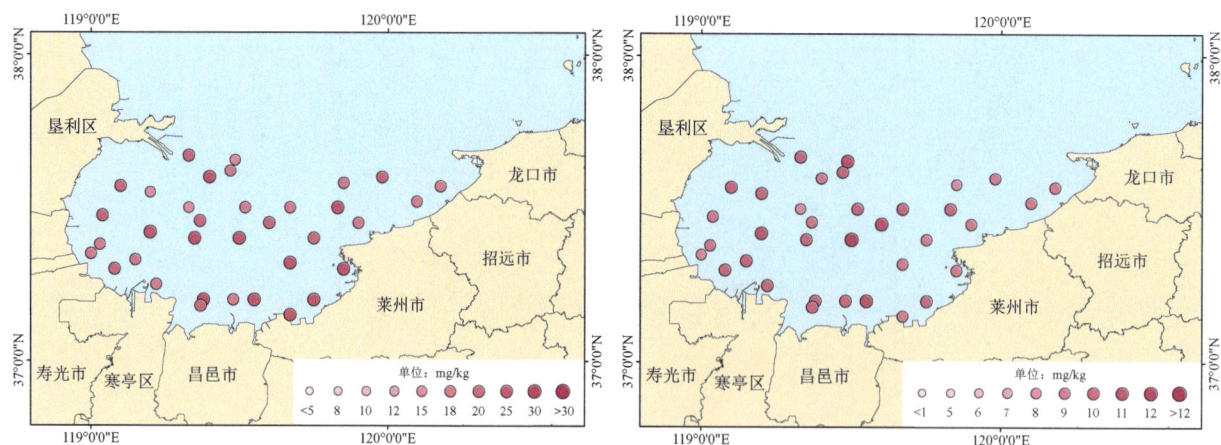

3- 铅（夏季）　　　　　　　　4- 砷（夏季）

4

2019 年莱州湾生态环境监测
Eco-environment monitoring in Laizhou Bay in 2019

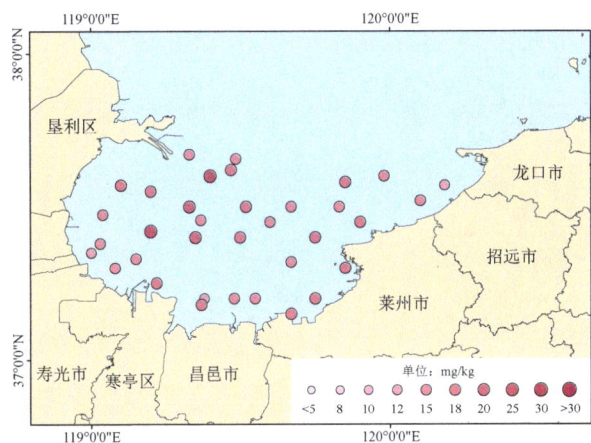

5- 铜（夏季）

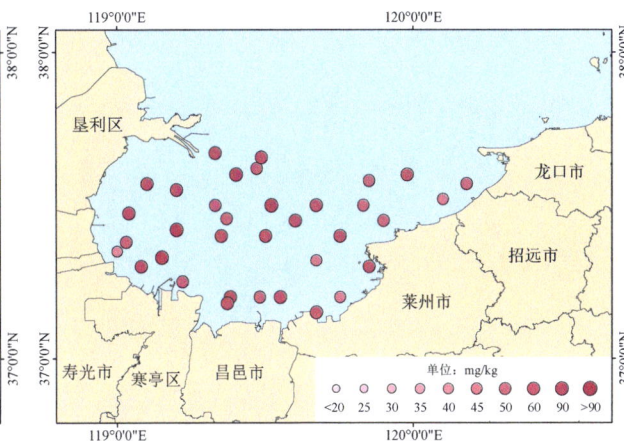

6- 锌（夏季）

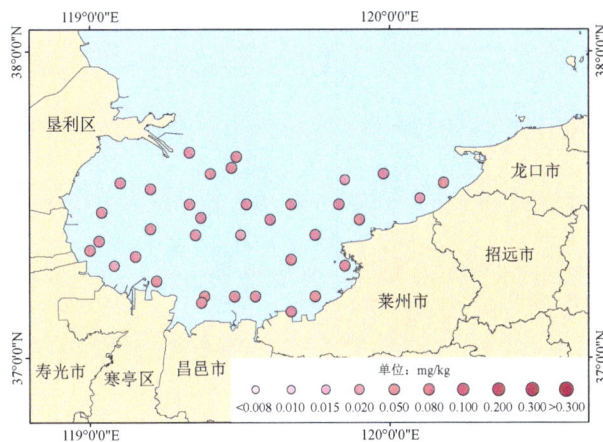

7- 汞（夏季）

4

2019 年莱州湾生态环境监测

Eco-environment monitoring in Laizhou Bay in 2019

4.2.2 硫化物分布图

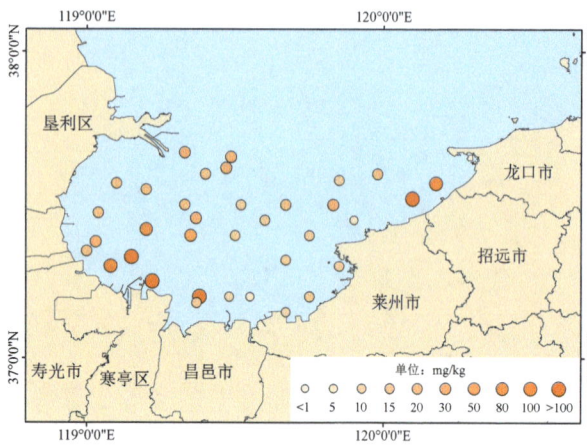

夏季

4.2.3 石油类分布图

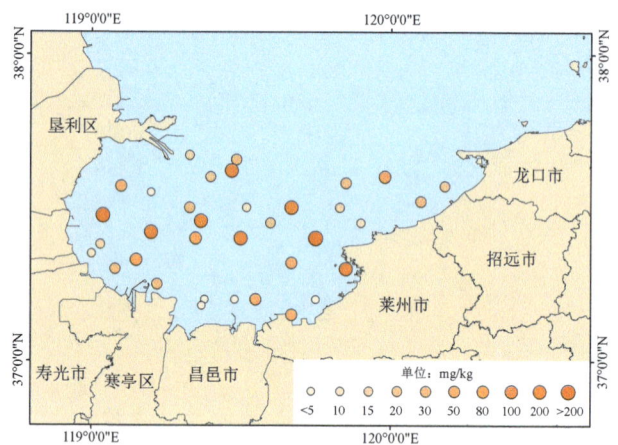

夏季

4.2.4 有机碳分布图

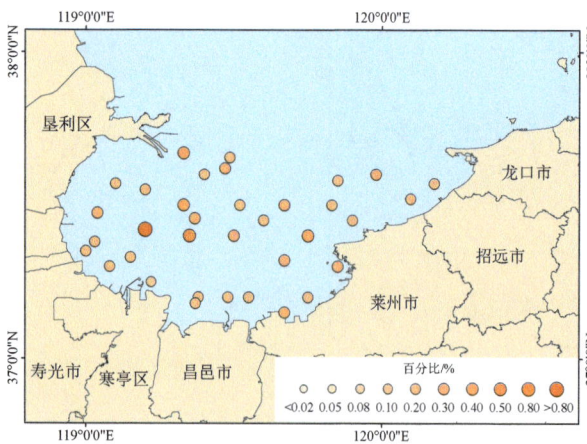

夏季

4

2019 年莱州湾生态环境监测
Eco-environment monitoring in Laizhou Bay in 2019

4.3 生物环境

4.3.1 大型浮游动物分布图

4.3.1.1 种类分布图

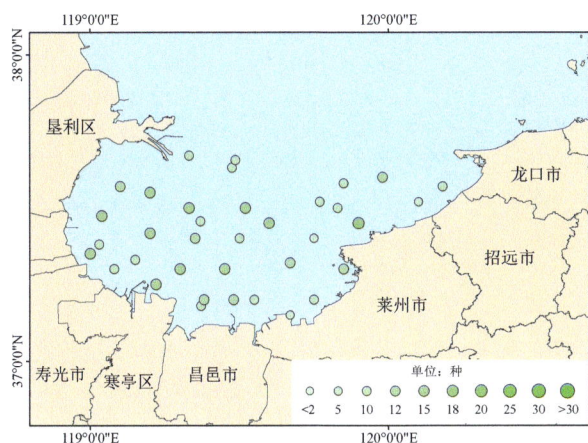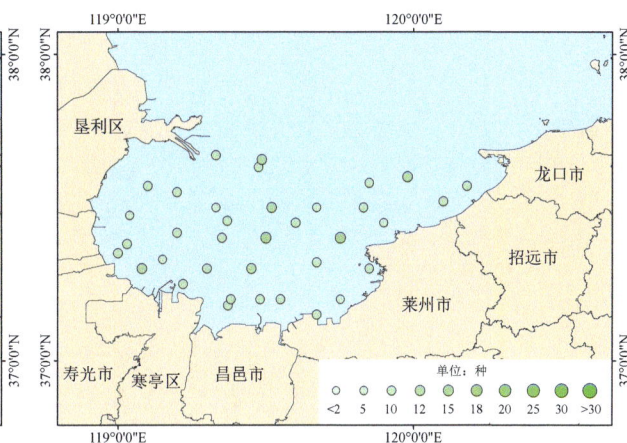

1- 春季

2- 夏季

4.3.1.2 密度分布图

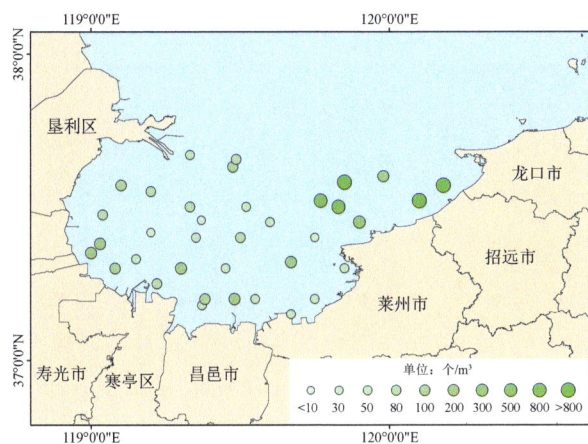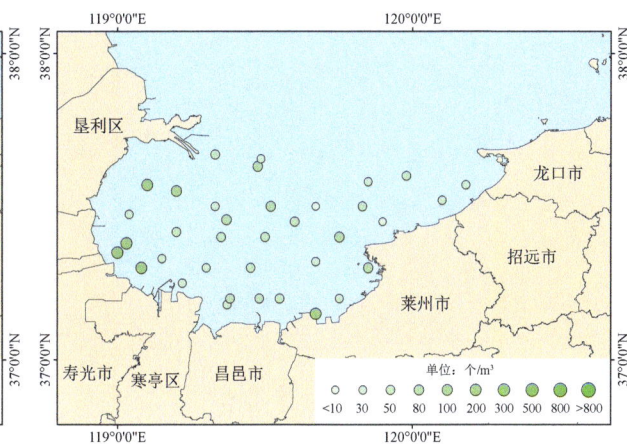

1- 春季

2- 夏季

4

2019 年莱州湾生态环境监测
Eco-environment monitoring in Laizhou Bay in 2019

4.3.1.3 生物量分布图

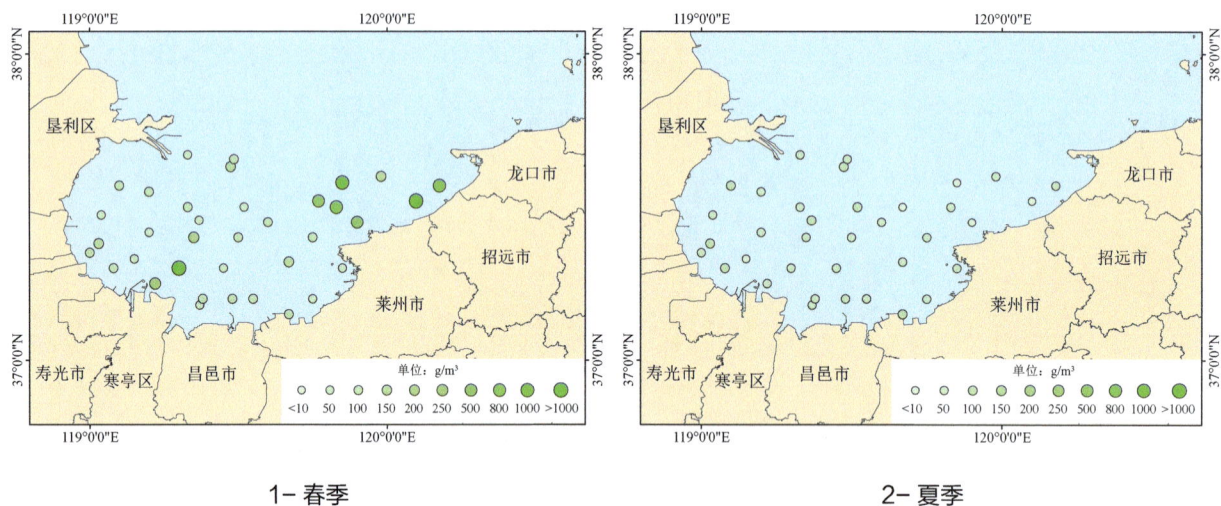

| 1- 春季 | 2- 夏季 |

4.3.1.4 多样性指数分布图

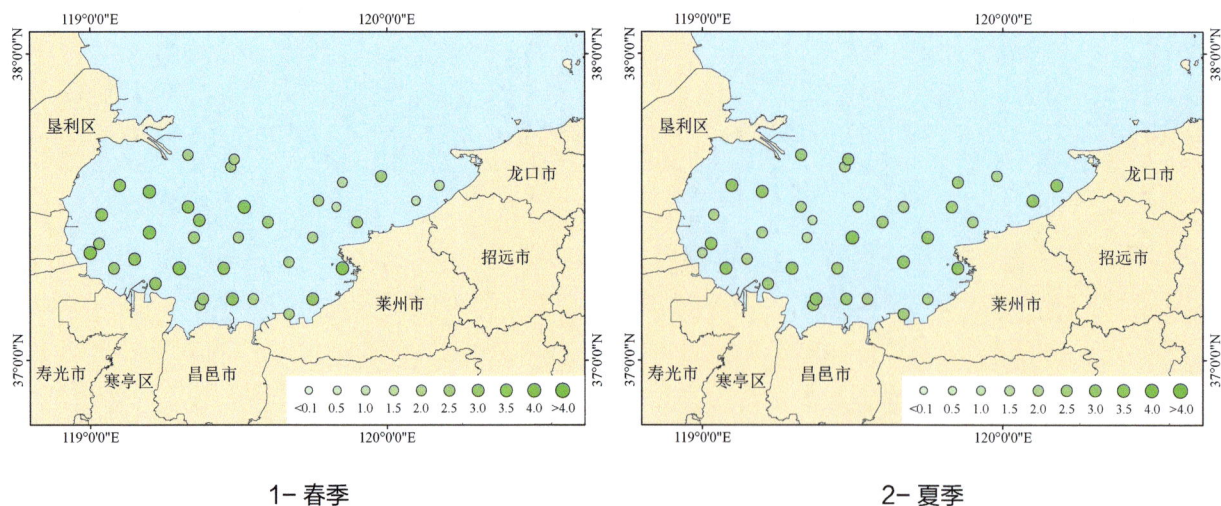

| 1- 春季 | 2- 夏季 |

4

2019 年莱州湾生态环境监测
Eco-environment monitoring in Laizhou Bay in 2019

4.3.1.5 均匀度指数分布图

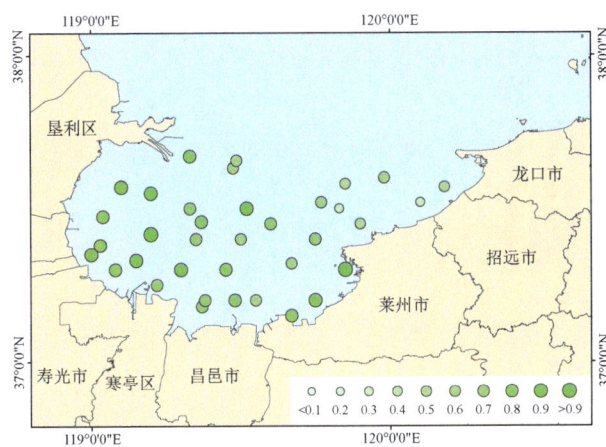

1- 春季

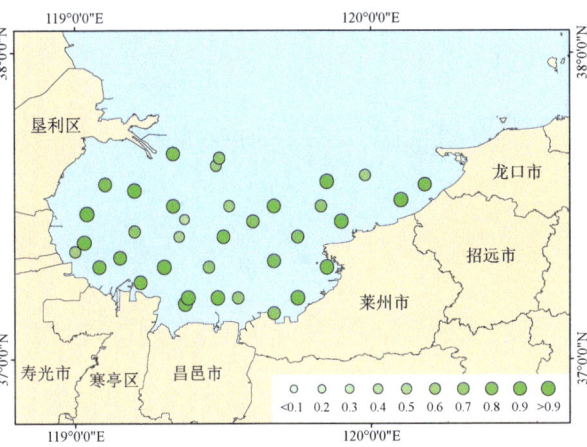

2- 夏季

4.3.1.6 丰富度指数分布图

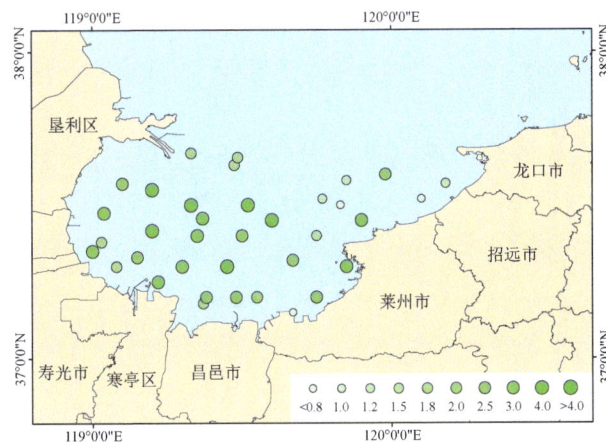

1- 春季

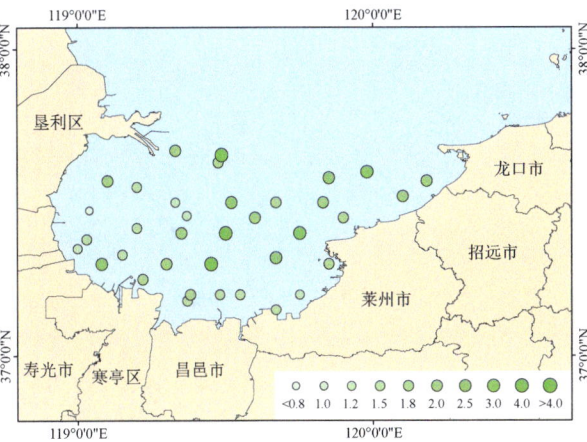

2- 夏季

4

2019 年莱州湾生态环境监测
Eco-environment monitoring in Laizhou Bay in 2019

4.3.2 小型浮游动物分布图

4.3.2.1 种类分布图

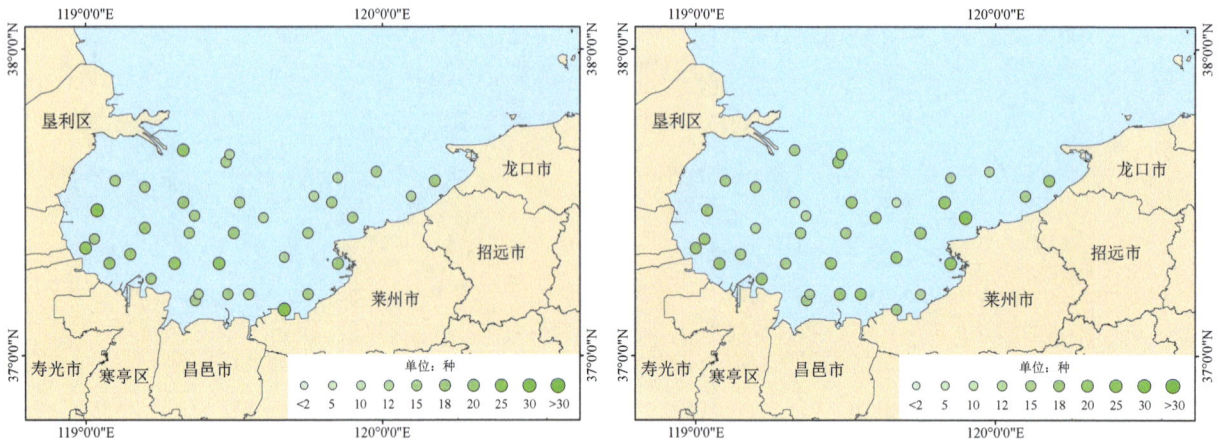

1– 春季

2– 夏季

4.3.2.2 密度分布图

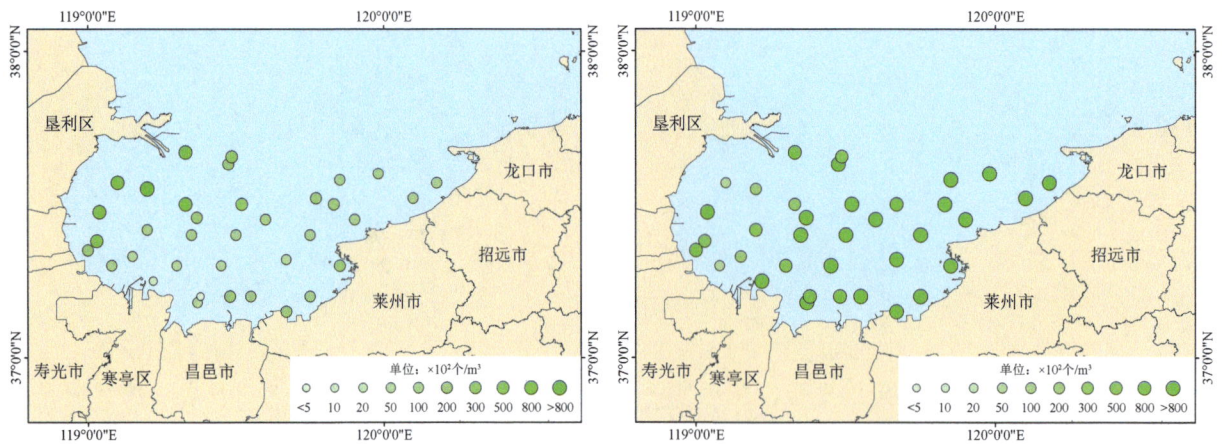

1– 春季

2– 夏季

4

2019 年莱州湾生态环境监测
Eco-environment monitoring in Laizhou Bay in 2019

4.3.2.3 多样性指数分布图

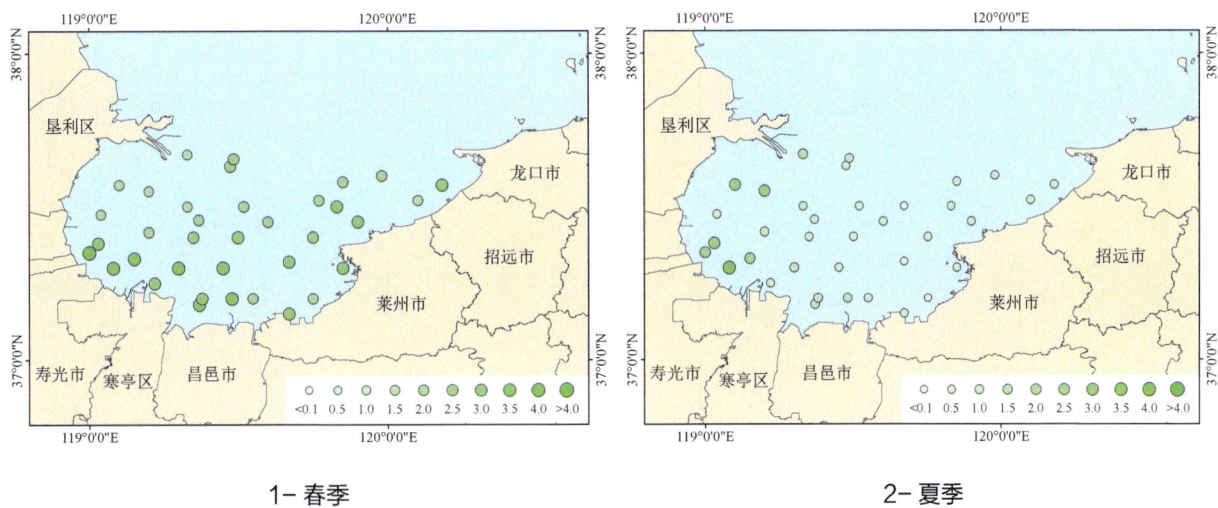

1- 春季

2- 夏季

4.3.2.4 均匀度指数分布图

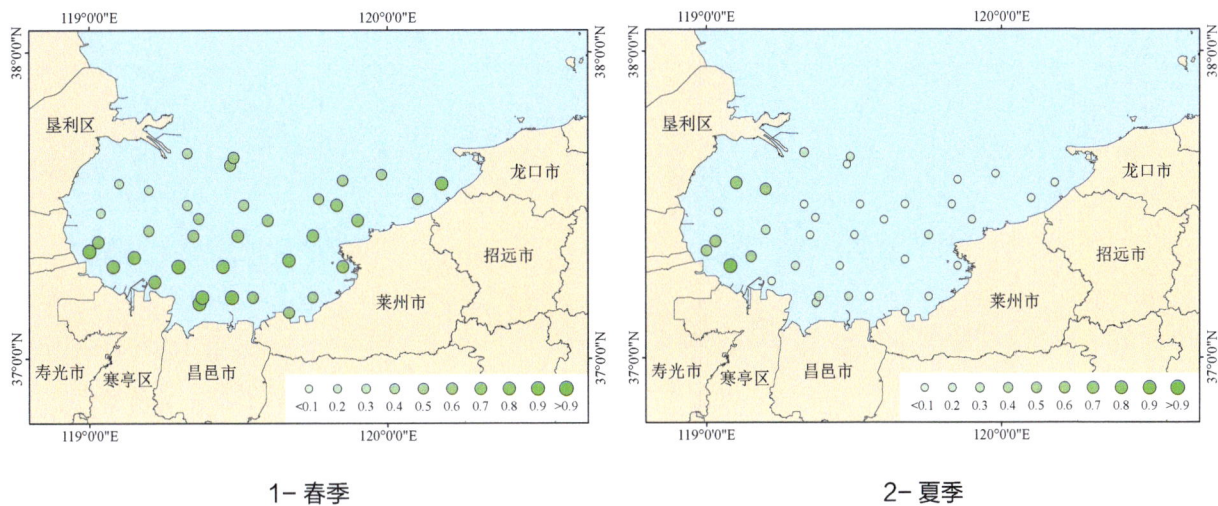

1- 春季

2- 夏季

4

2019 年莱州湾生态环境监测

Eco-environment monitoring in Laizhou Bay in 2019

4.3.2.5　丰富度指数分布图

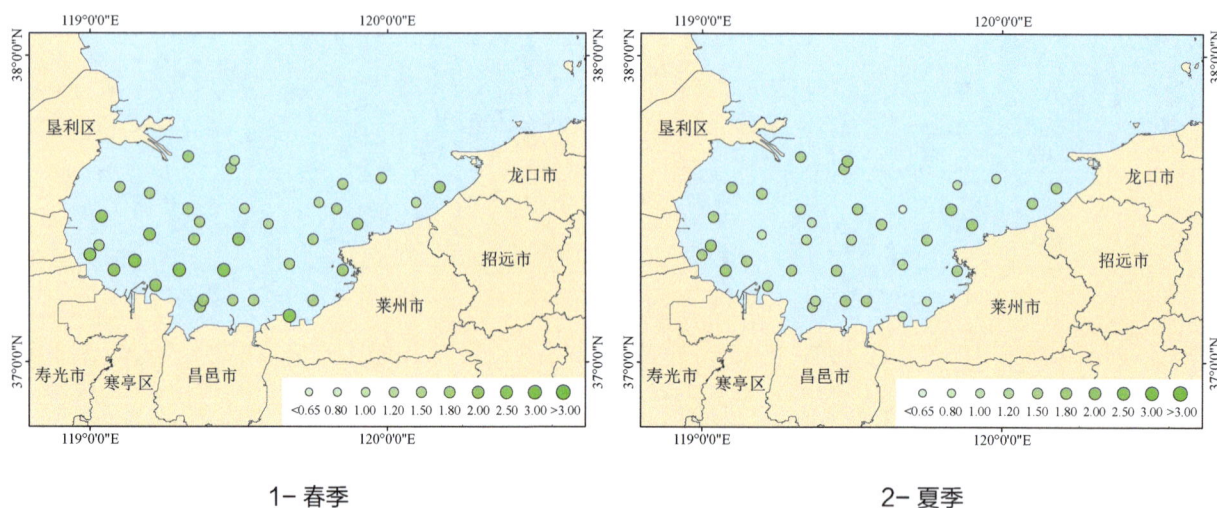

1- 春季

2- 夏季

4.3.3　浮游植物分布图

4.3.3.1　种类分布图

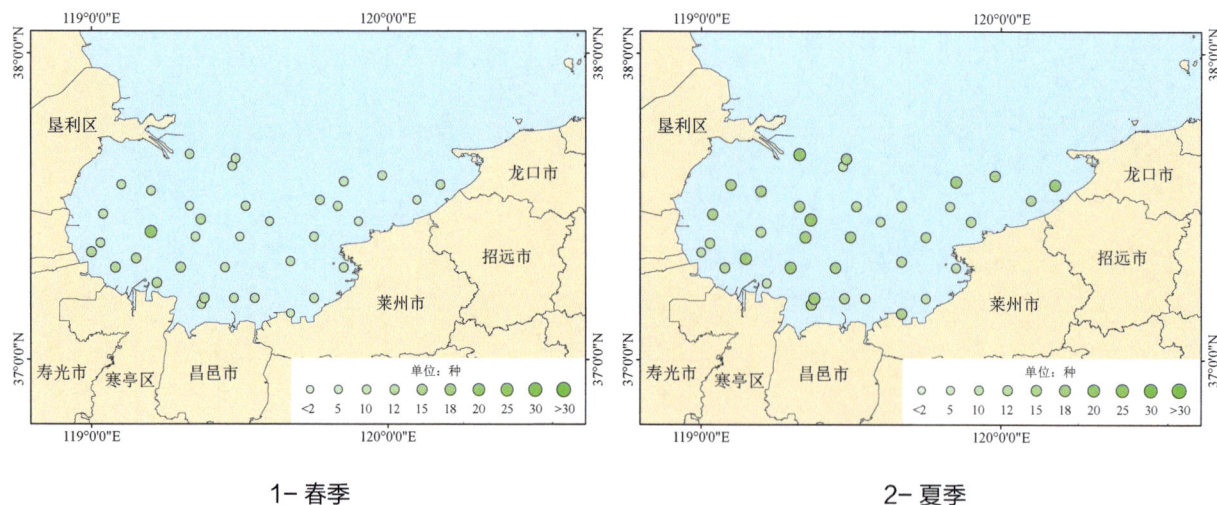

1- 春季

2- 夏季

4

2019 年莱州湾生态环境监测
Eco-environment monitoring in Laizhou Bay in 2019

4.3.3.2 密度分布图

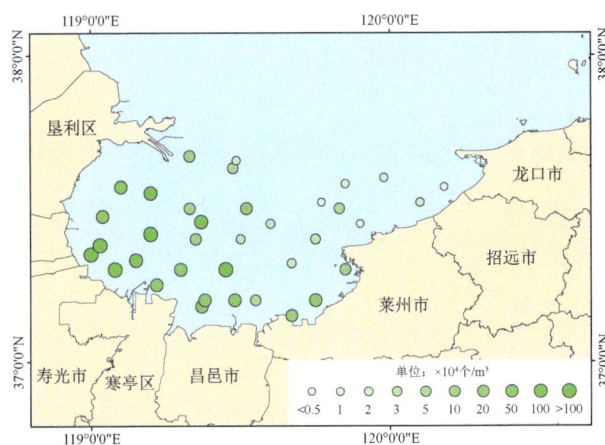

1- 春季

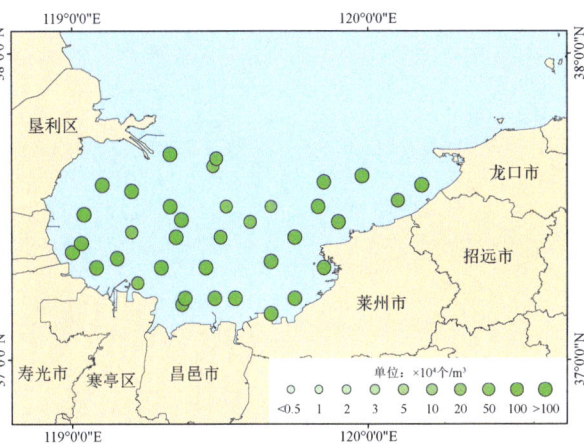

2- 夏季

4.3.3.3 多样性指数分布图

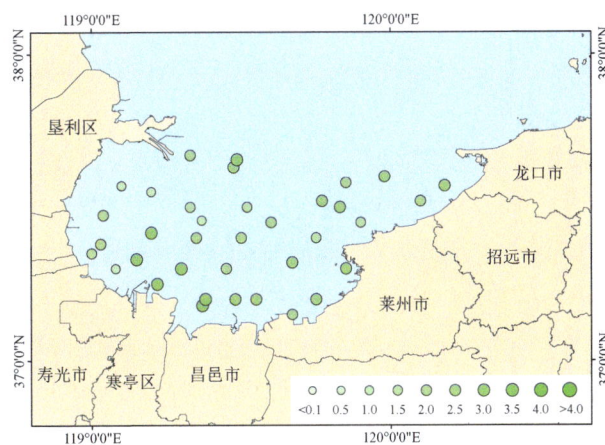

1- 春季

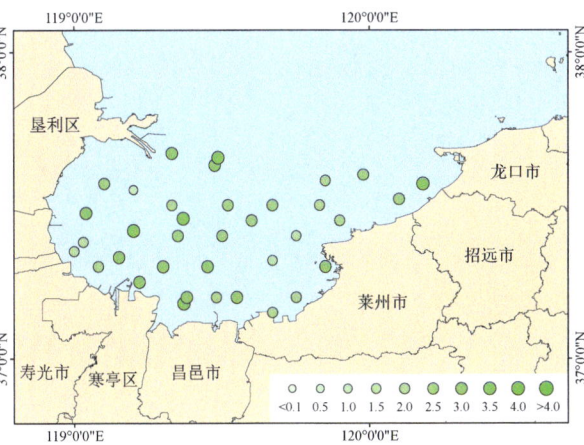

2- 夏季

4

2019 年莱州湾生态环境监测
Eco-environment monitoring in Laizhou Bay in 2019

4.3.3.4 均匀度指数分布图

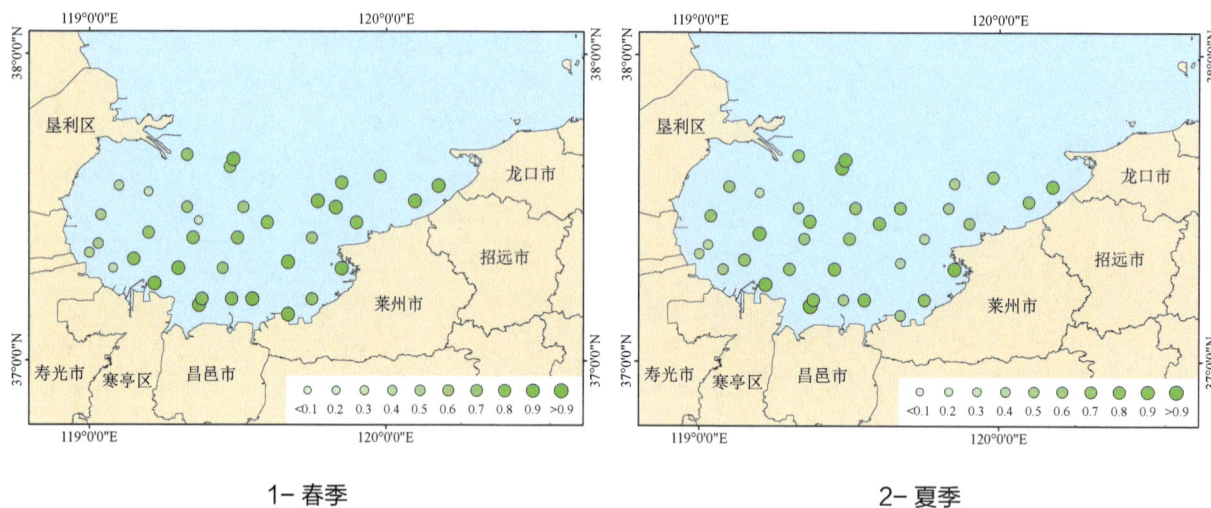

| 1- 春季 | 2- 夏季 |

4.3.3.5 丰富度指数分布图

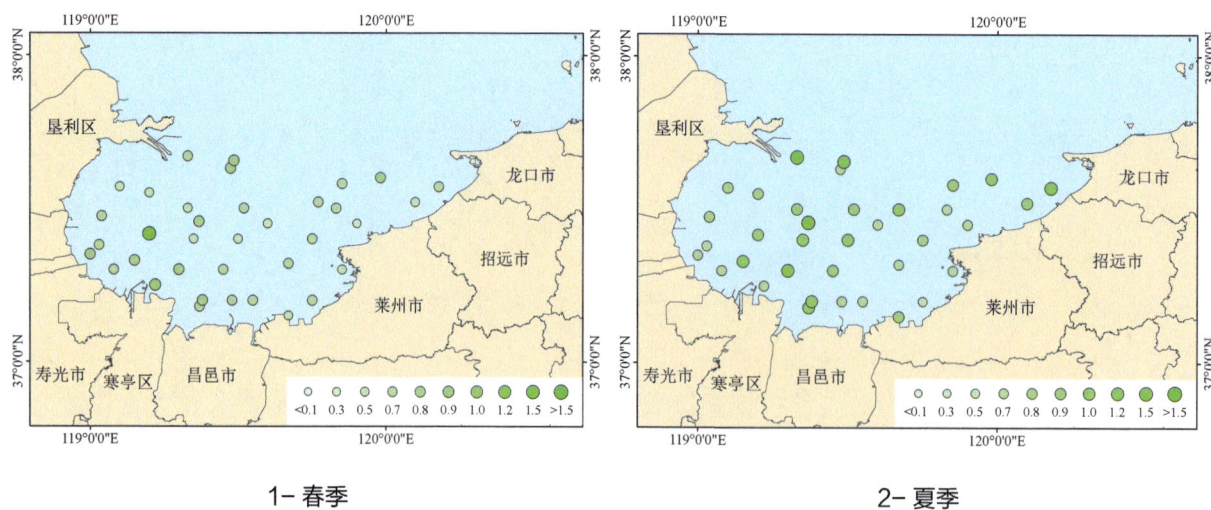

| 1- 春季 | 2- 夏季 |

4

2019 年莱州湾生态环境监测
Eco-environment monitoring in Laizhou Bay in 2019

4.3.4 底栖生物分布图

4.3.4.1 种类分布图

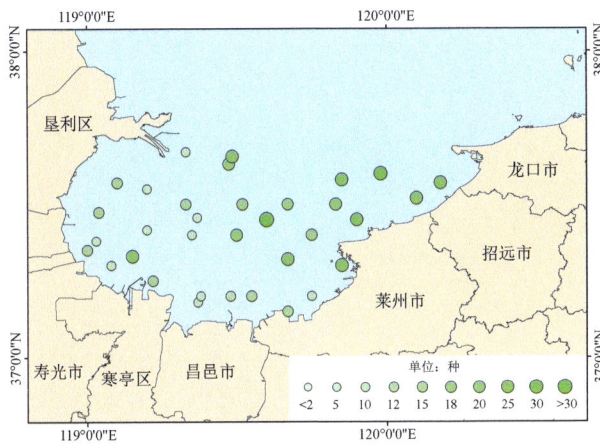

夏季

4.3.4.2 密度分布图

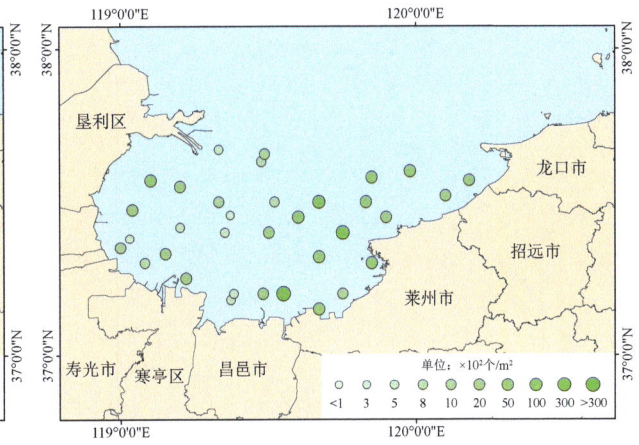

夏季

4.3.4.3 生物量分布图

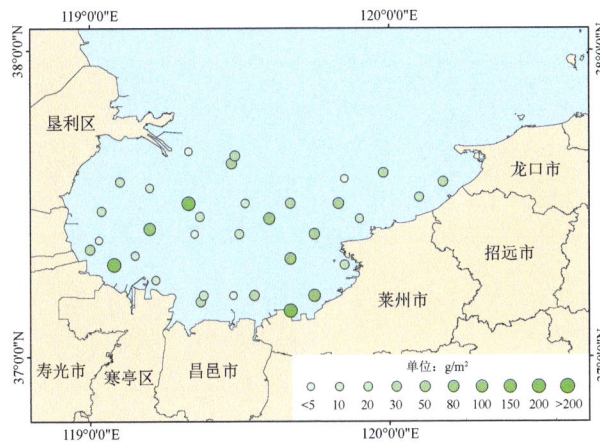

夏季

4.3.4.4 多样性指数分布图

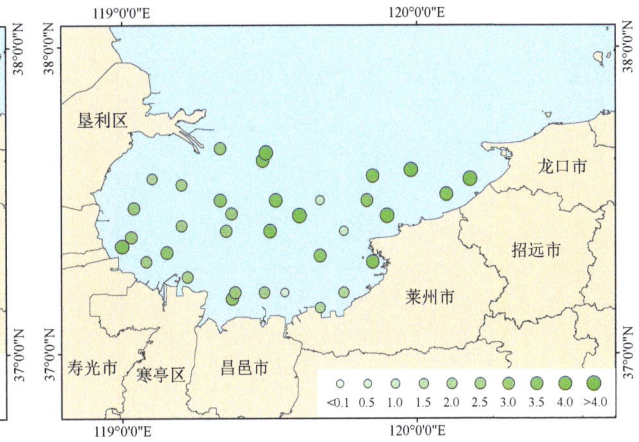

夏季

4

2019 年莱州湾生态环境监测

Eco-environment monitoring in Laizhou Bay in 2019

4.3.4.5 均匀度指数分布图

4.3.4.6 丰富度指数分布图

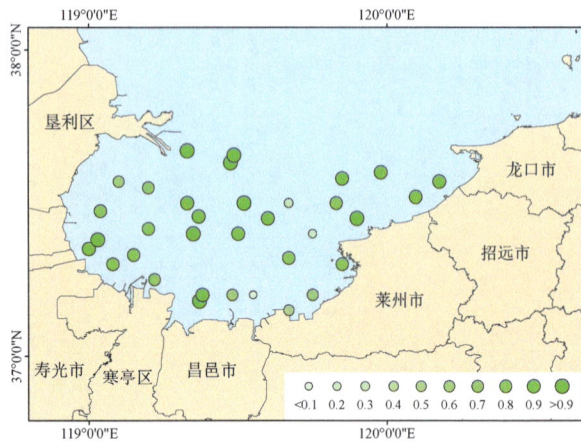

夏季

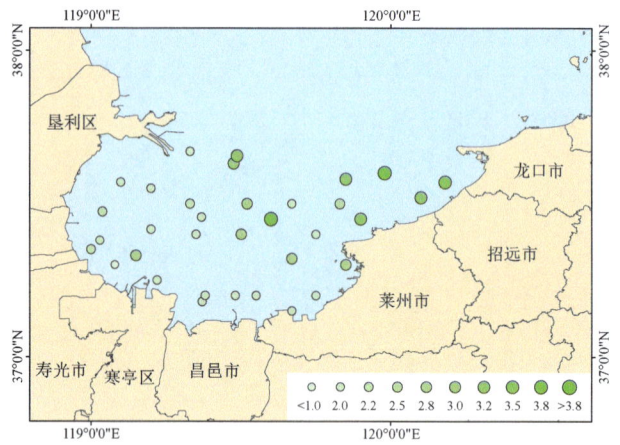

夏季

5

2018 年莱州湾生态环境监测
Eco-environment monitoring in Laizhou Bay in 2018

5.1 海水环境

5.1.1 pH 分布图

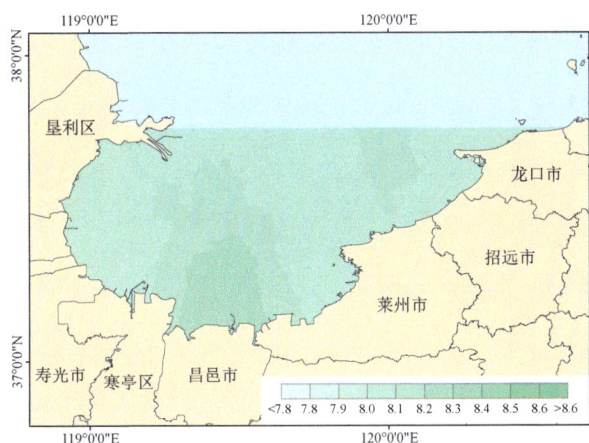

1- 春季

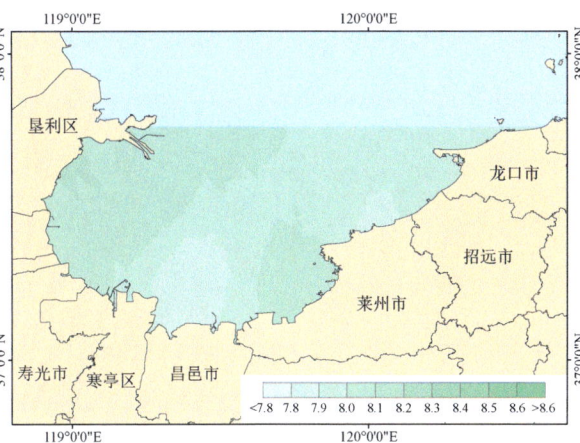

2- 夏季

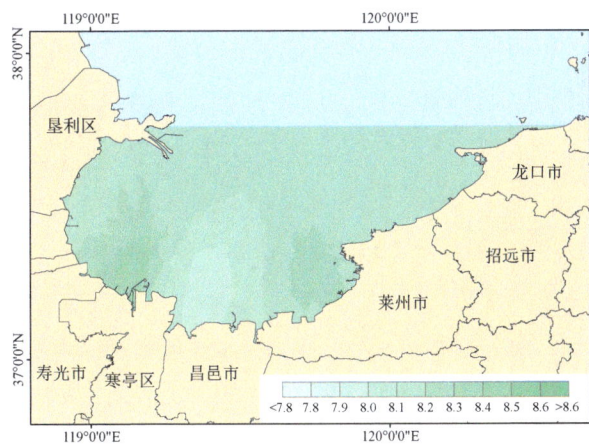

3- 秋季

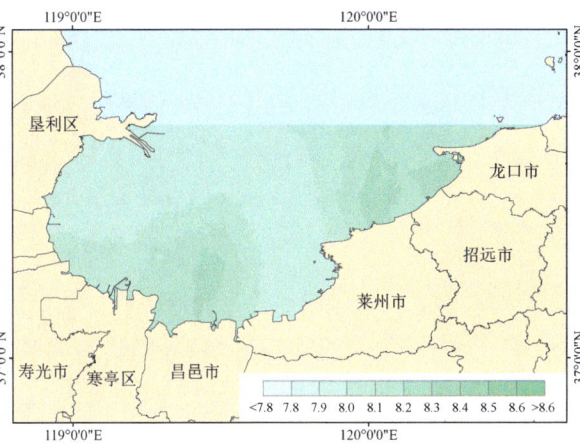

4- 冬季

5

2018 年莱州湾生态环境监测
Eco-environment monitoring in Laizhou Bay in 2018

5.1.2 盐度分布图

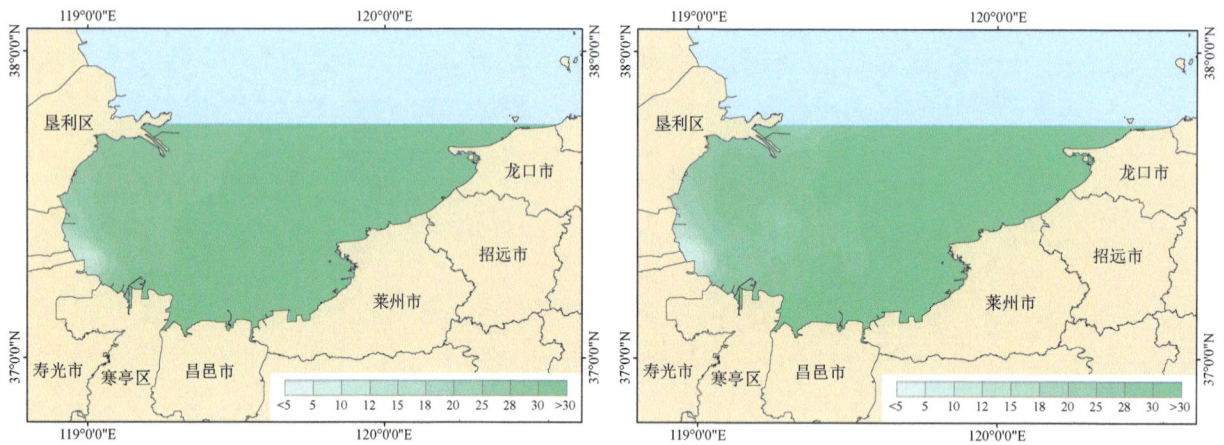

1- 春季　　　　　　　　　　　　　　2- 夏季

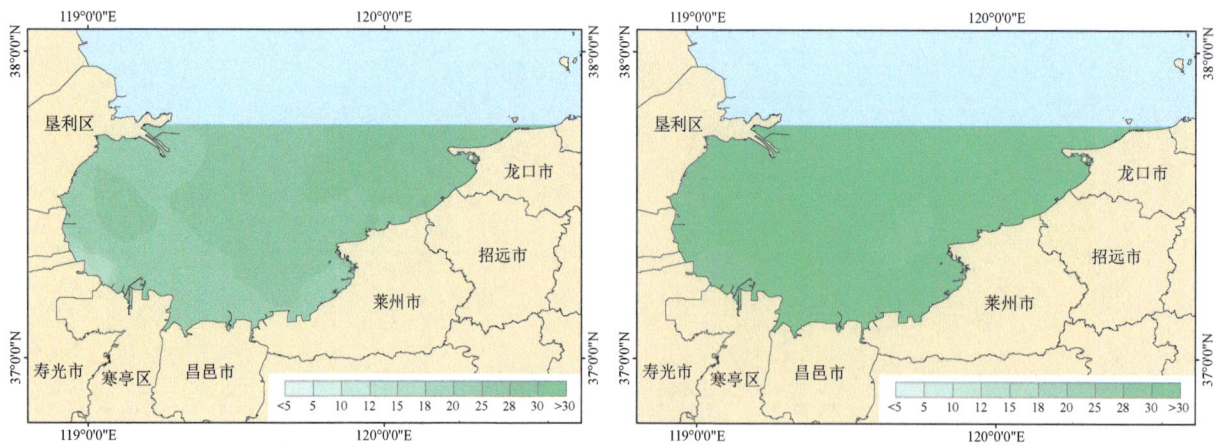

3- 秋季　　　　　　　　　　　　　　4- 冬季

5

2018 年莱州湾生态环境监测
Eco-environment monitoring in Laizhou Bay in 2018

5.1.3 溶解氧分布图

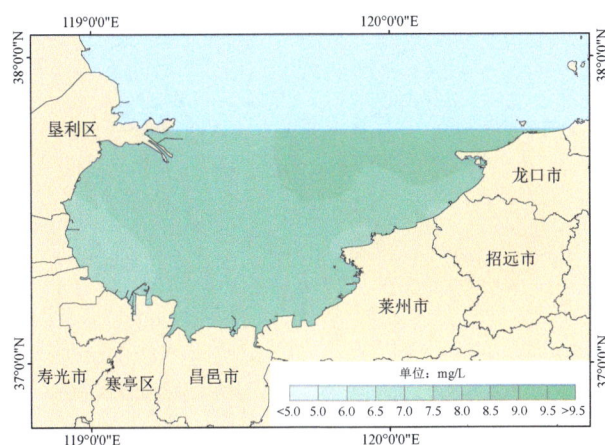

1- 春季

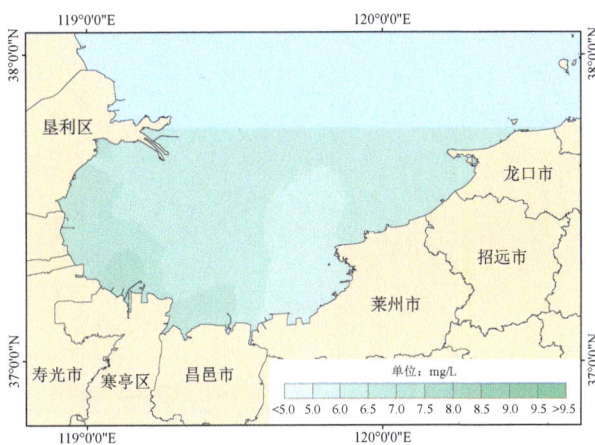

2- 夏季

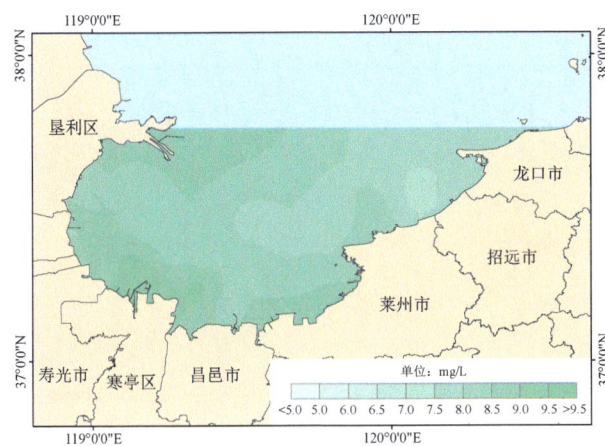

3- 秋季

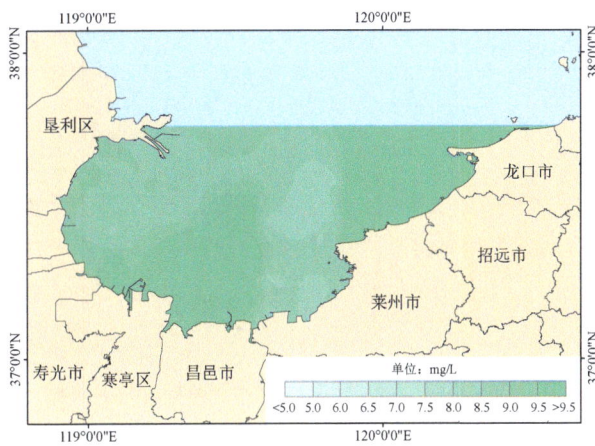

4- 冬季

5

2018 年莱州湾生态环境监测
Eco-environment monitoring in Laizhou Bay in 2018

5.1.4 化学需氧量分布图

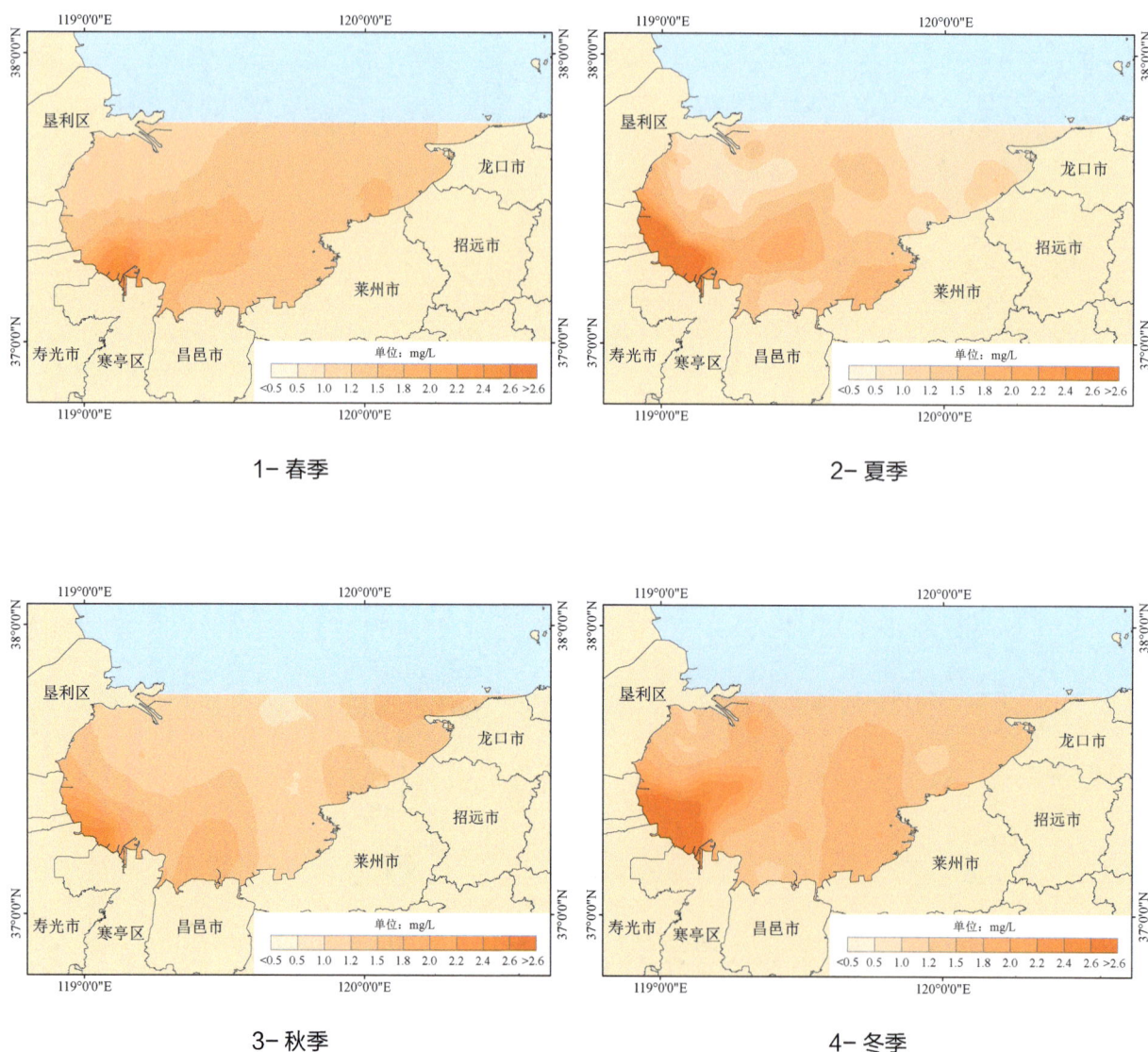

1- 春季

2- 夏季

3- 秋季

4- 冬季

5

2018 年莱州湾生态环境监测
Eco-environment monitoring in Laizhou Bay in 2018

5.1.5 氨氮分布图

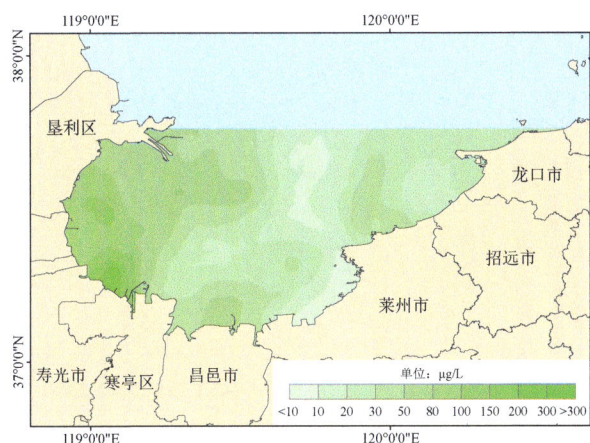

1- 春季

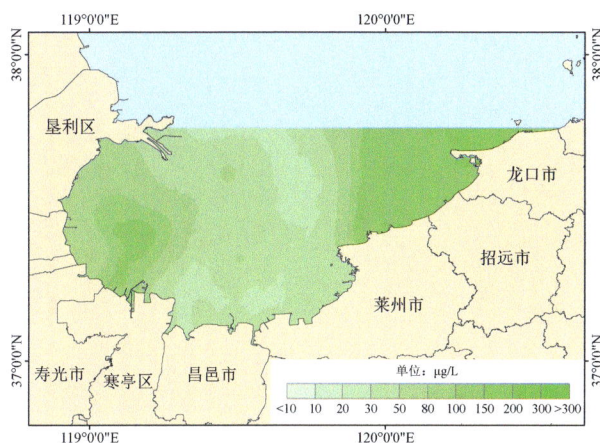

2- 夏季

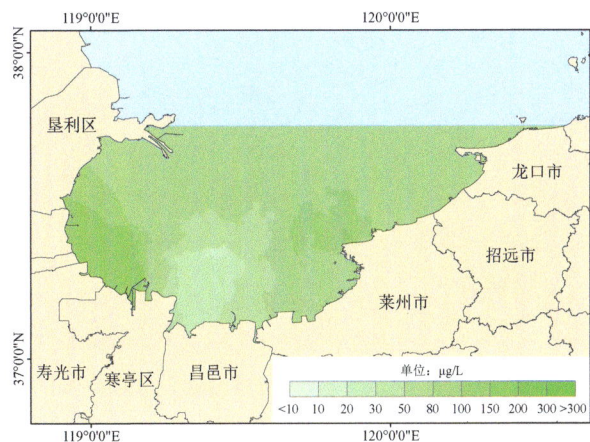

3- 秋季

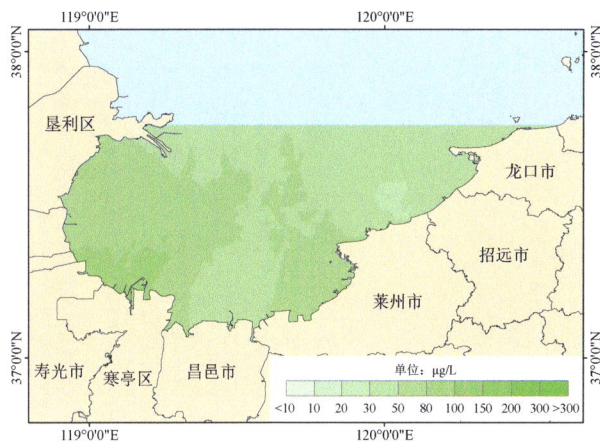

4- 冬季

5

2018 年莱州湾生态环境监测
Eco-environment monitoring in Laizhou Bay in 2018

5.1.6 亚硝酸盐分布图

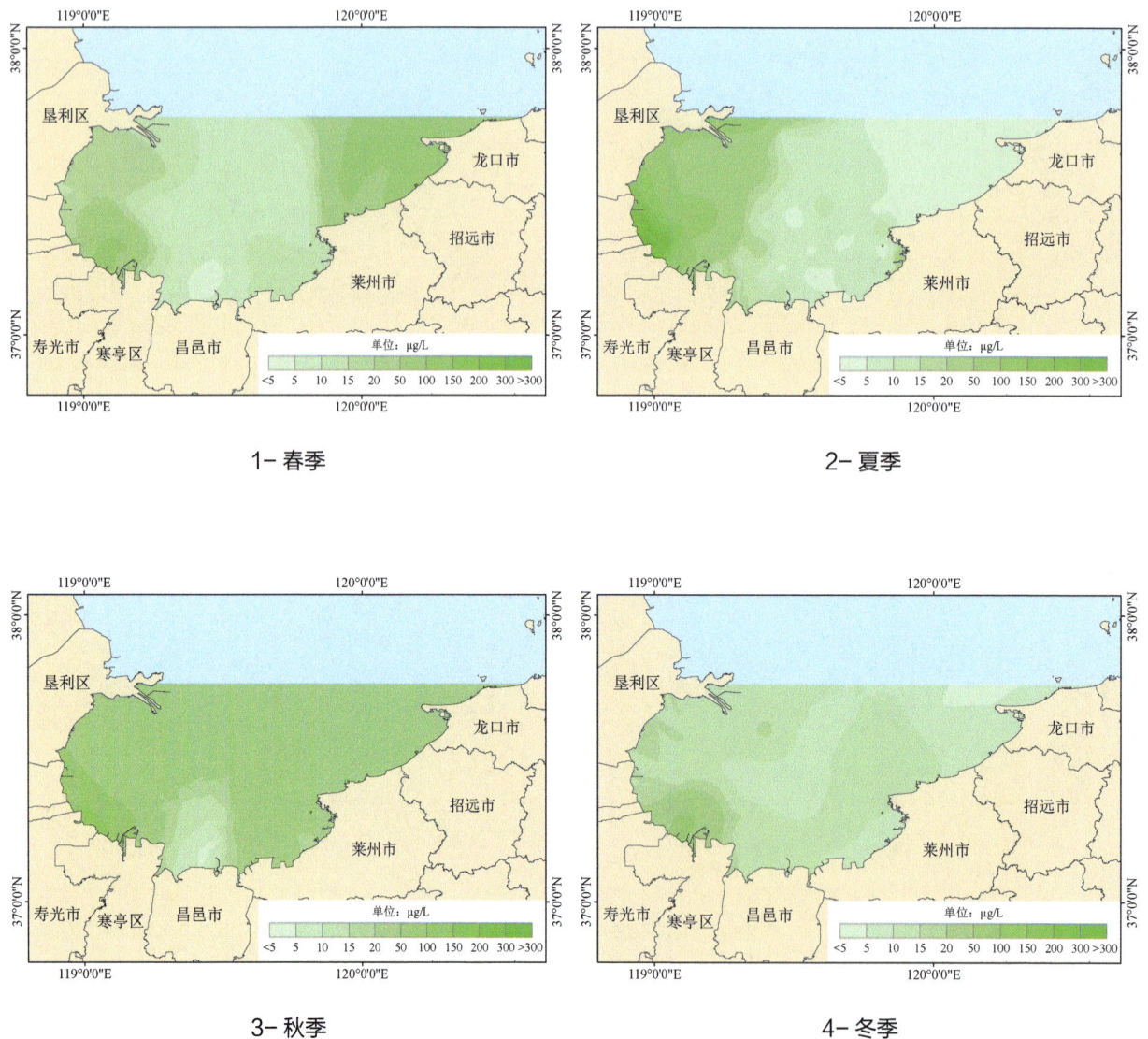

1- 春季

2- 夏季

3- 秋季

4- 冬季

5

2018 年莱州湾生态环境监测
Eco-environment monitoring in Laizhou Bay in 2018

5.1.7 硝酸盐分布图

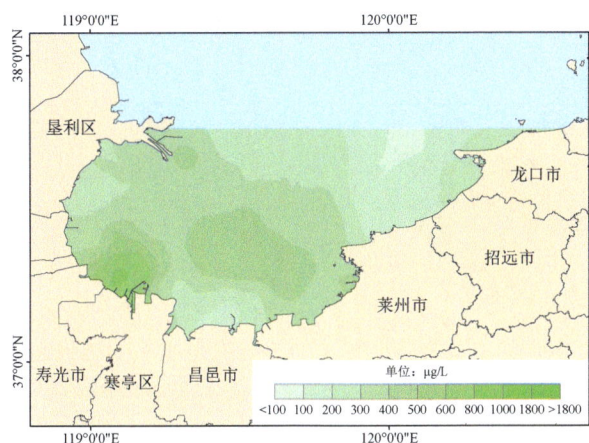

1- 春季

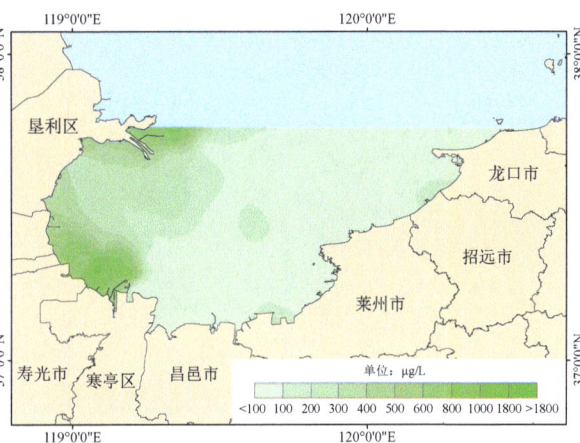

2- 夏季

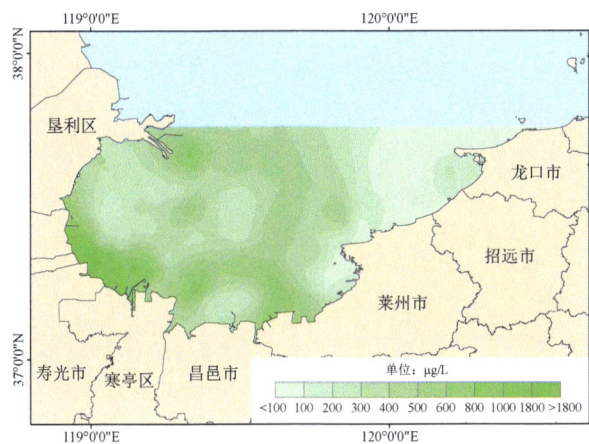

3- 秋季

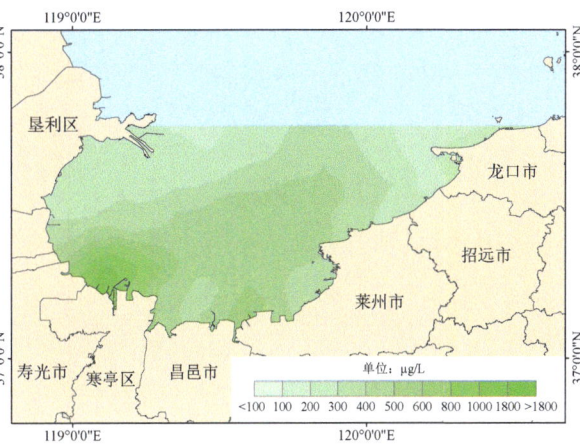

4- 冬季

5

2018 年莱州湾生态环境监测
Eco-environment monitoring in Laizhou Bay in 2018

5.1.8　无机氮分布图

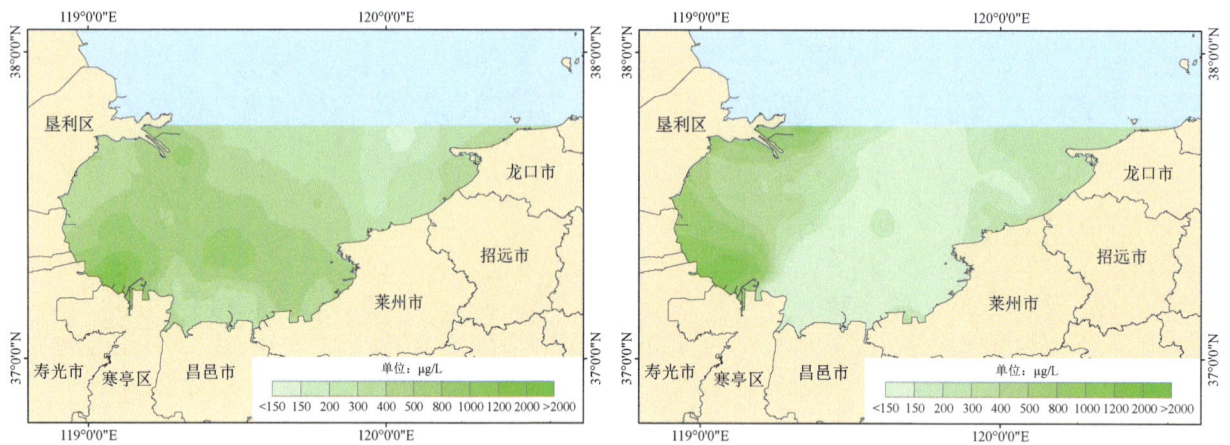

1- 春季　　　　　　　　　　　　　　2- 夏季

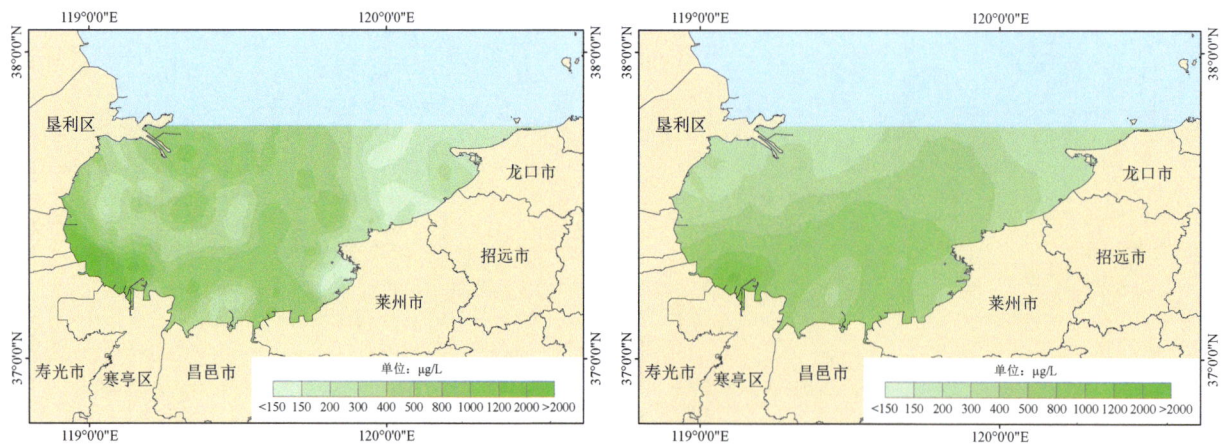

3- 秋季　　　　　　　　　　　　　　4- 冬季

5

2018 年莱州湾生态环境监测
Eco-environment monitoring in Laizhou Bay in 2018

5.1.9 活性磷酸盐分布图

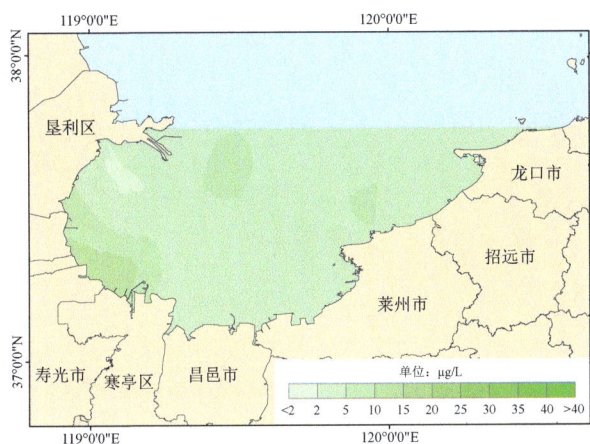

1- 春季

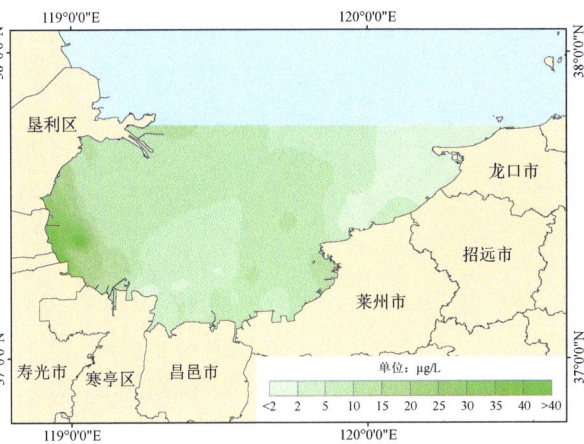

2- 夏季

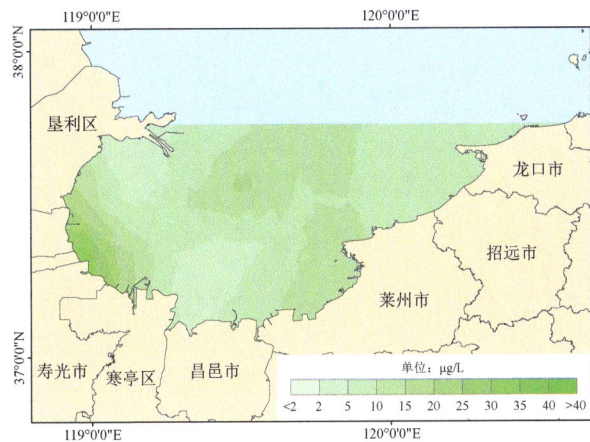

3- 秋季

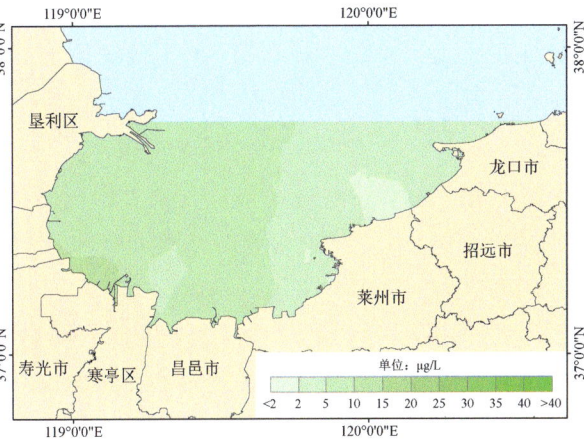

4- 冬季

5

2018 年莱州湾生态环境监测
Eco-environment monitoring in Laizhou Bay in 2018

5.1.10 叶绿素 a 分布图

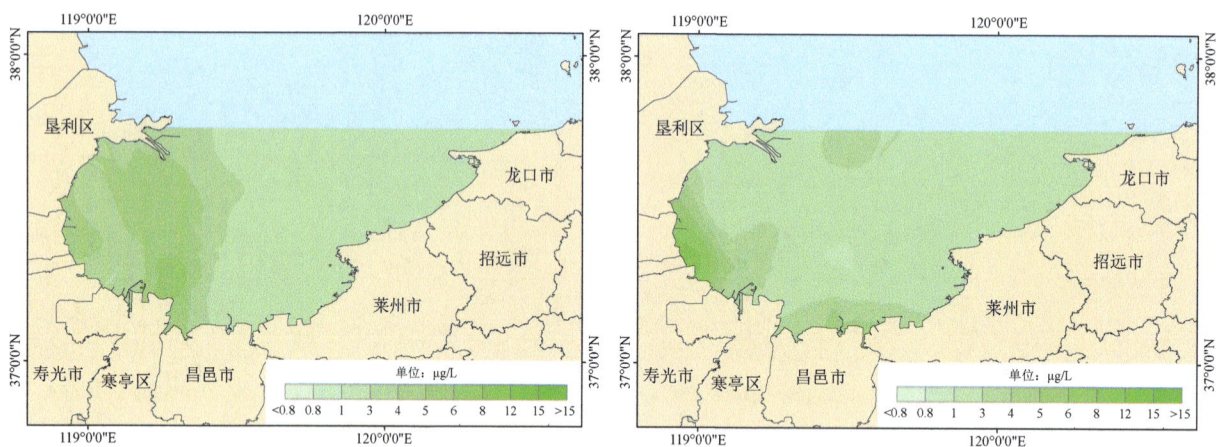

1- 春季

2- 夏季

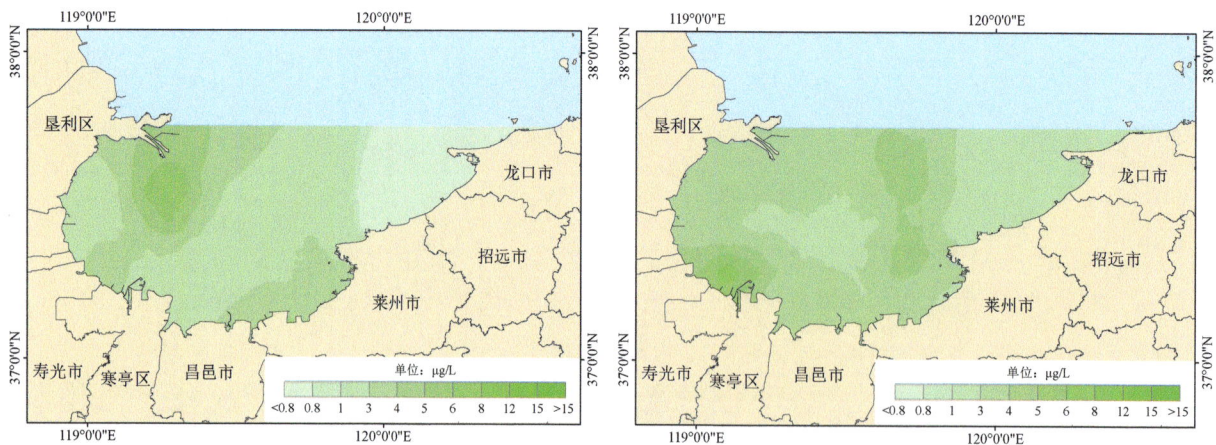

3- 秋季

4- 冬季

5

2018 年莱州湾生态环境监测
Eco-environment monitoring in Laizhou Bay in 2018

5.1.11　石油类分布图

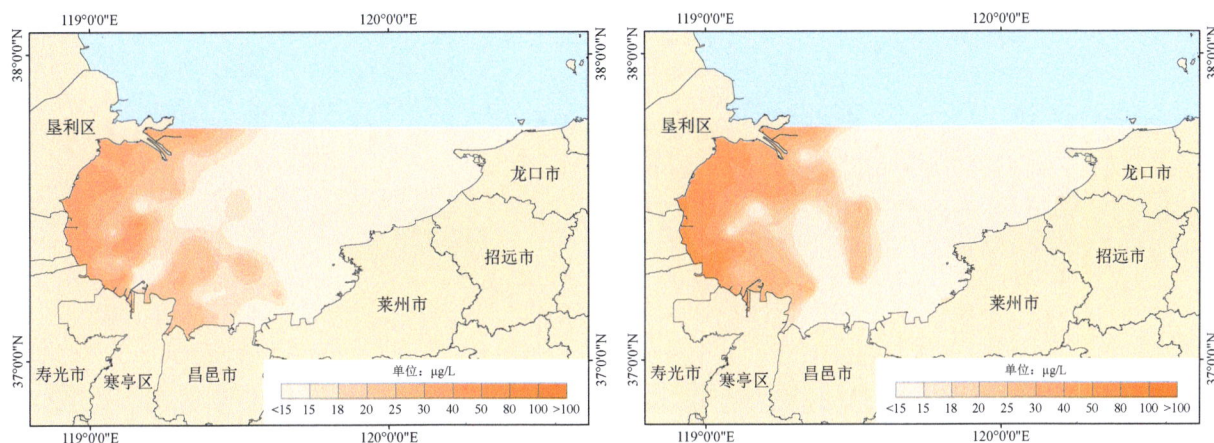

1- 春季　　　　　　　　　　2- 夏季

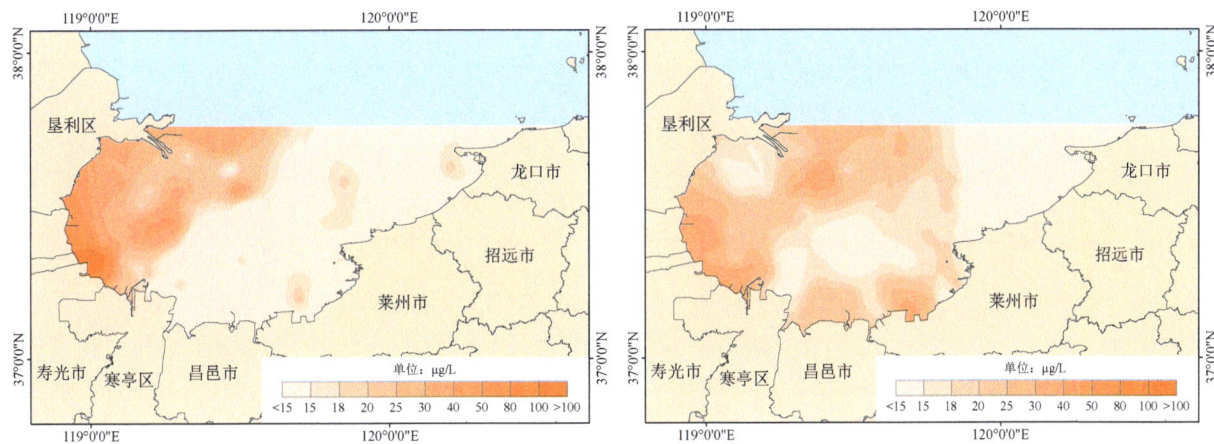

3- 秋季　　　　　　　　　　4- 冬季

5

2018 年莱州湾生态环境监测
Eco-environment monitoring in Laizhou Bay in 2018

5.1.12 总氮分布图

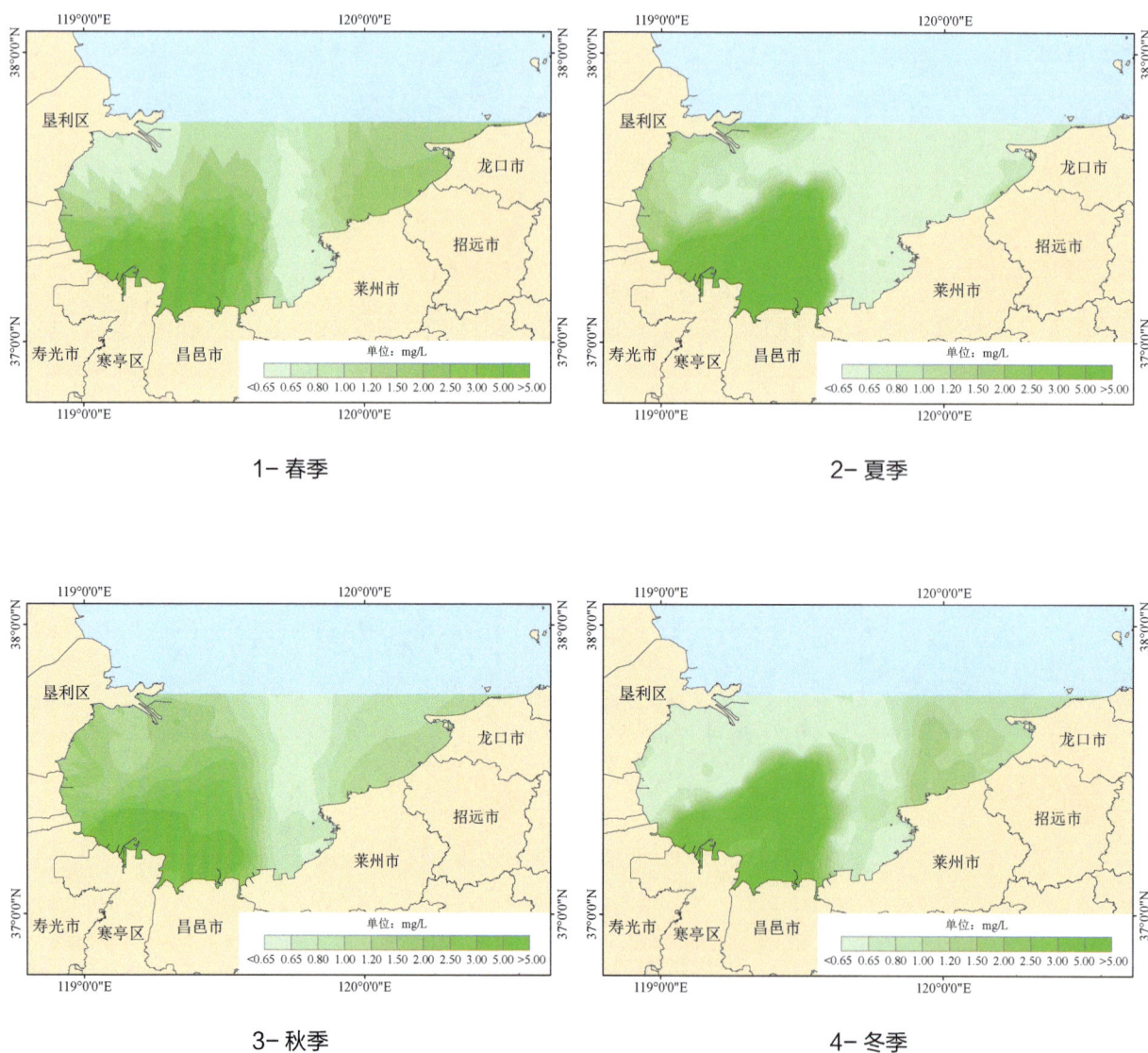

1- 春季

2- 夏季

3- 秋季

4- 冬季

5

2018 年莱州湾生态环境监测

Eco-environment monitoring in Laizhou Bay in 2018

5.1.13 总磷分布图

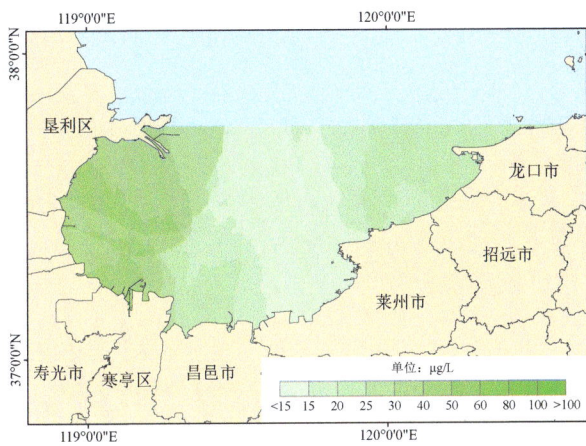

1- 春季

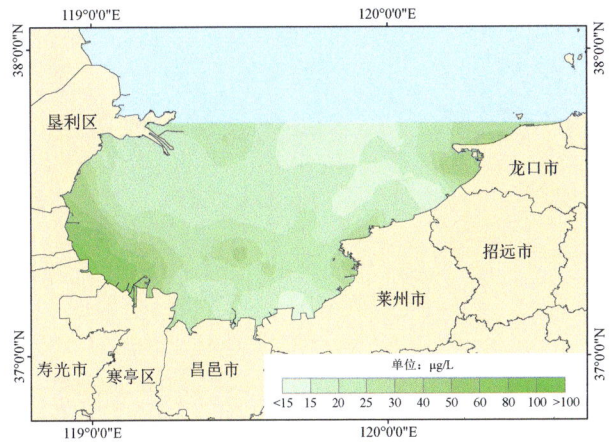

2- 夏季

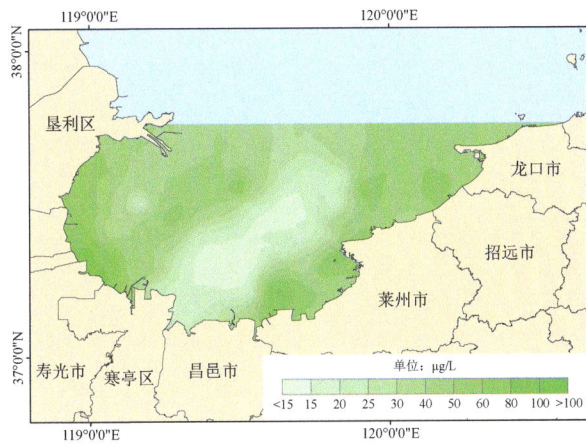

3- 秋季

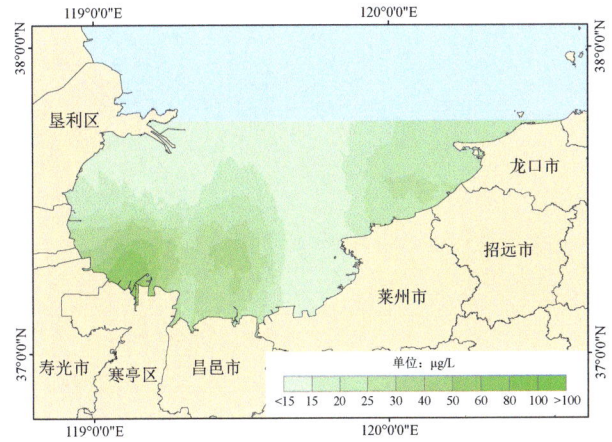

4- 冬季

5

2018 年莱州湾生态环境监测
Eco-environment monitoring in Laizhou Bay in 2018

5.1.14 硅酸盐分布图

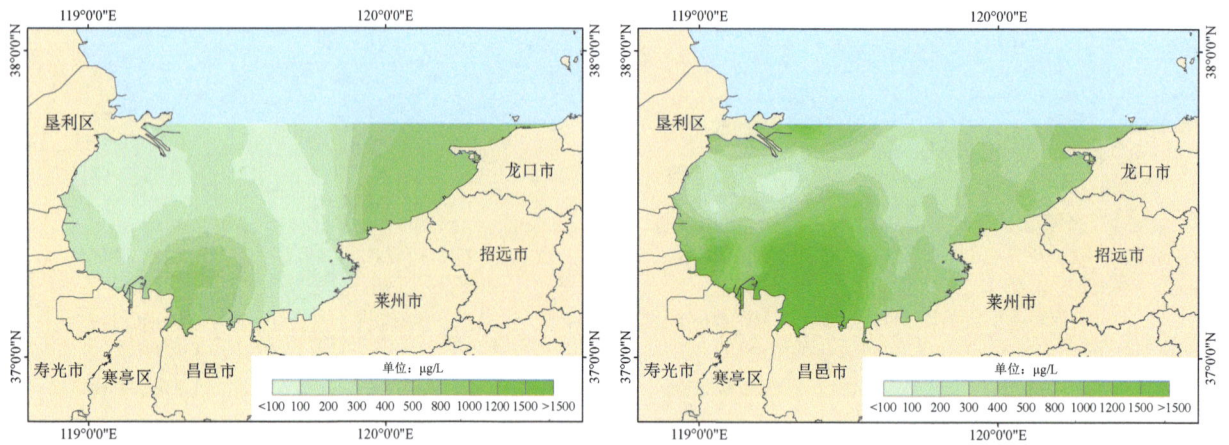

1- 春季

2- 夏季

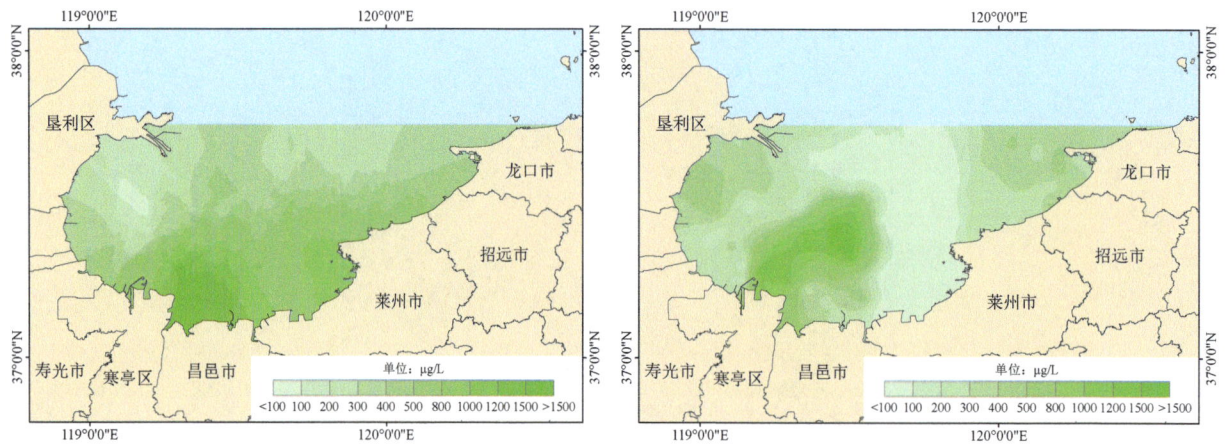

3- 秋季

4- 冬季

5

2018 年莱州湾生态环境监测
Eco-environment monitoring in Laizhou Bay in 2018

5.1.15 悬浮物分布图

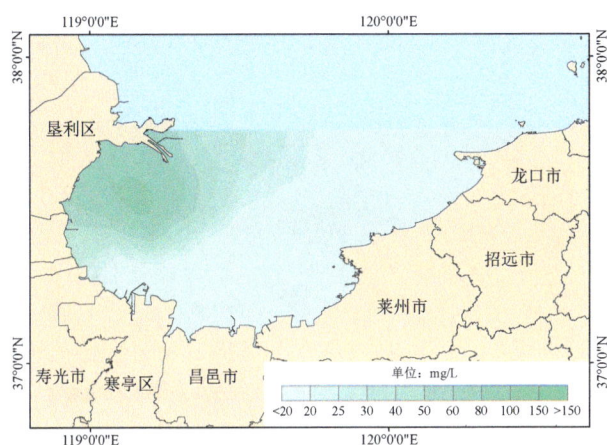

1- 春季

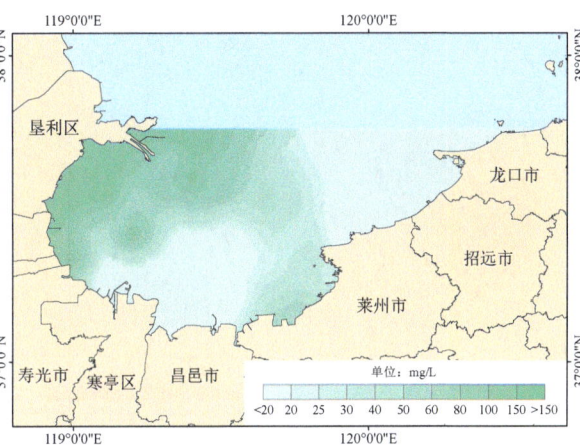

2- 夏季

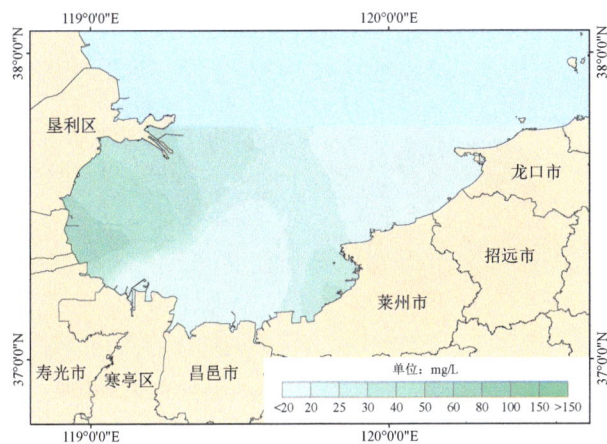

3- 秋季

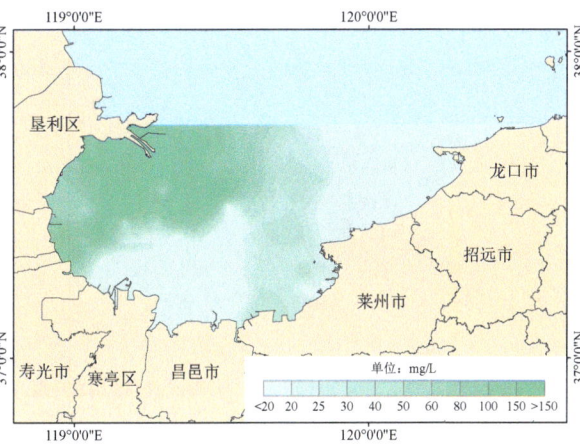

4- 冬季

5

2018 年莱州湾生态环境监测
Eco-environment monitoring in Laizhou Bay in 2018

5.1.16 重金属分布图

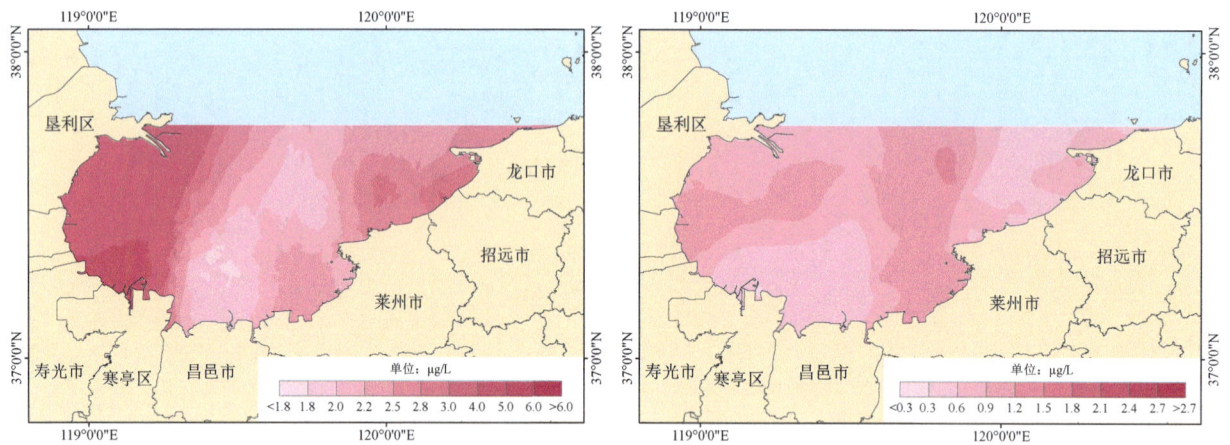

1- 铜（夏季）

2- 铅（夏季）

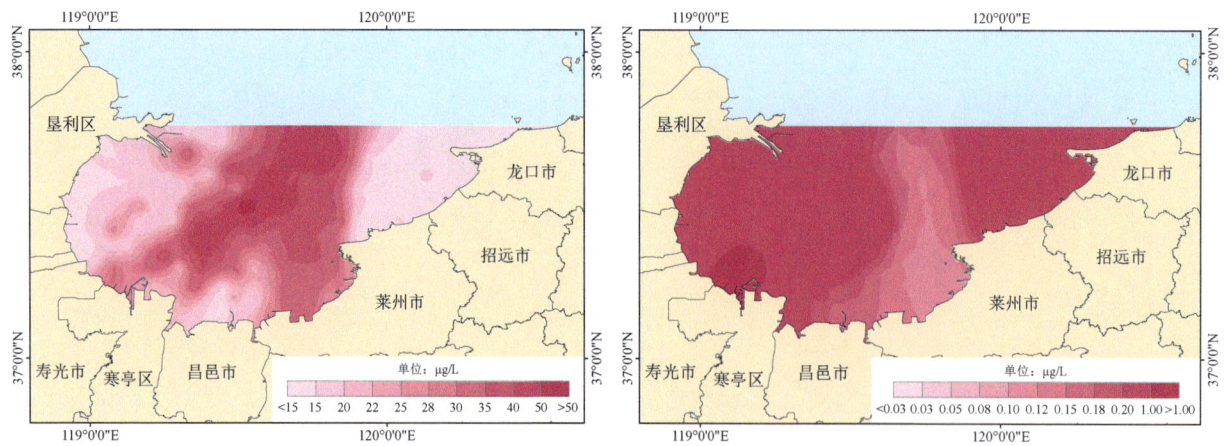

3- 锌（夏季）

4- 镉（夏季）

5

2018 年莱州湾生态环境监测
Eco-environment monitoring in Laizhou Bay in 2018

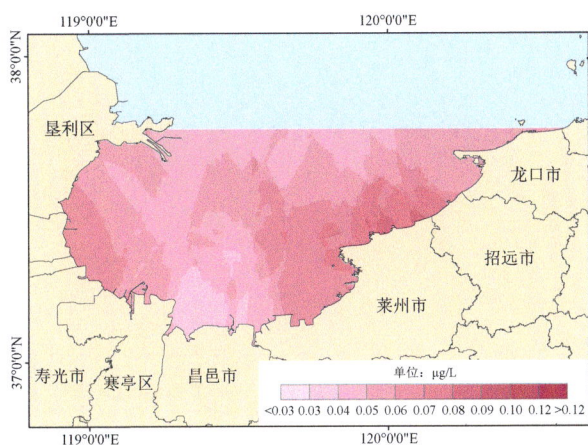

5- 汞（夏季）

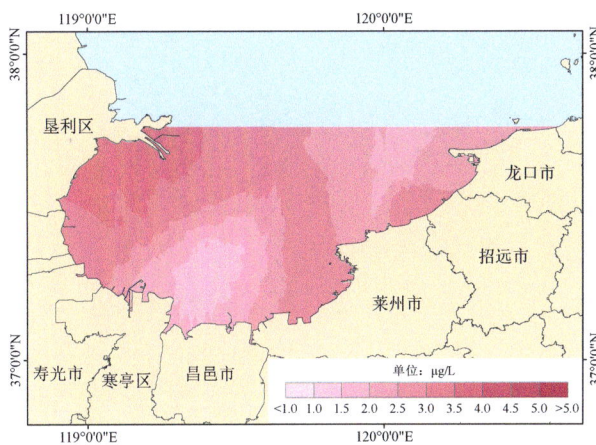

6- 砷（夏季）

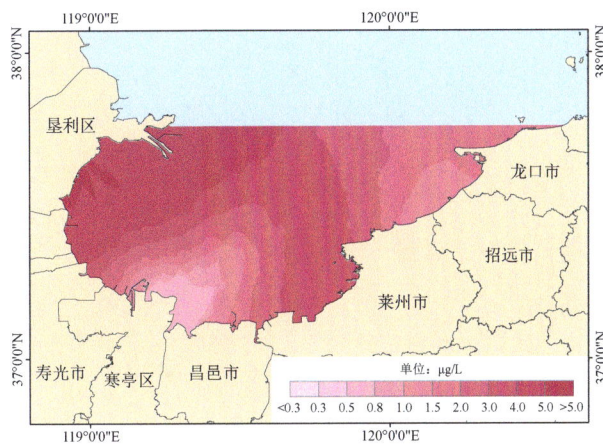

7- 铬（夏季）

5

2018 年莱州湾生态环境监测
Eco-environment monitoring in Laizhou Bay in 2018

5.1.17　氮磷比分布图

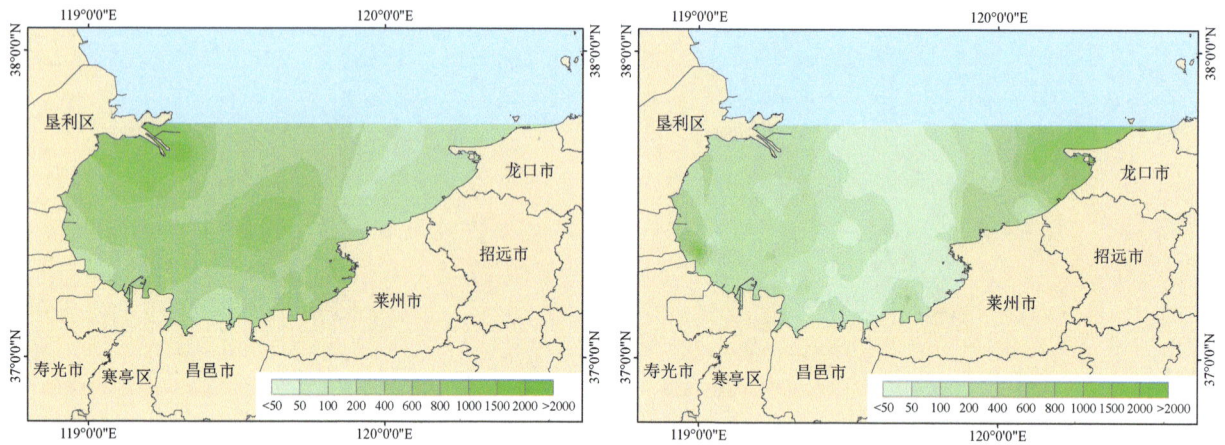

1- 春季　　　　　　　　　　　　　　　2- 夏季

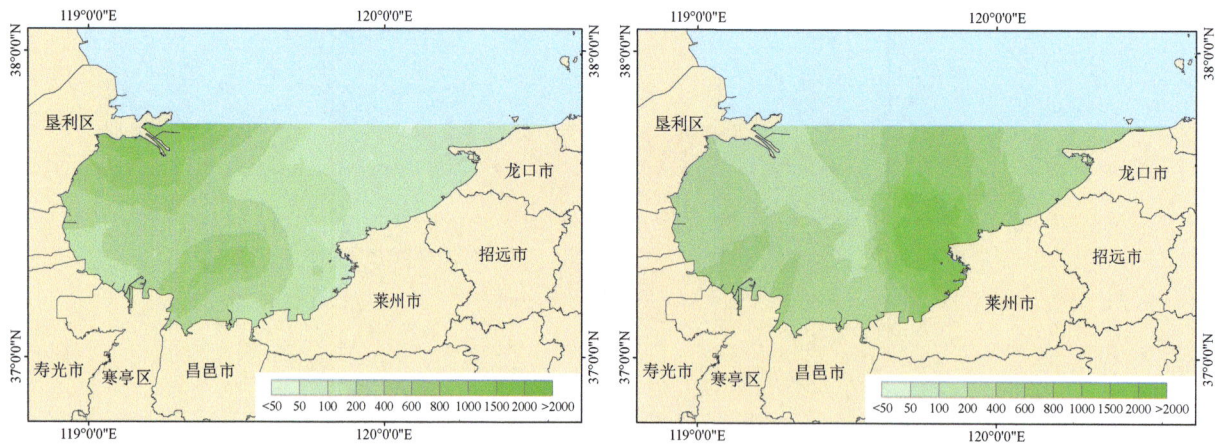

3- 秋季　　　　　　　　　　　　　　　4- 冬季

5

2018 年莱州湾生态环境监测
Eco-environment monitoring in Laizhou Bay in 2018

5.1.18 硅磷比分布图

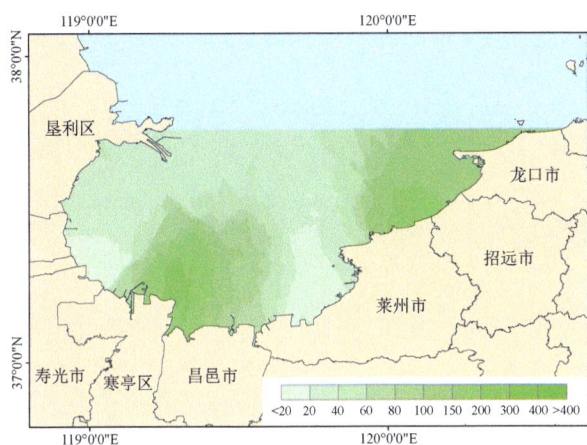

1- 春季

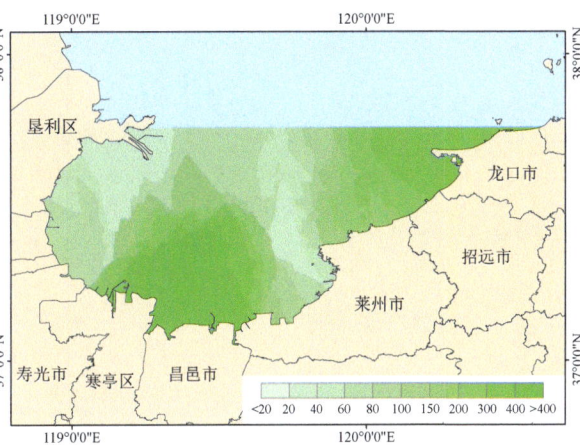

2- 夏季

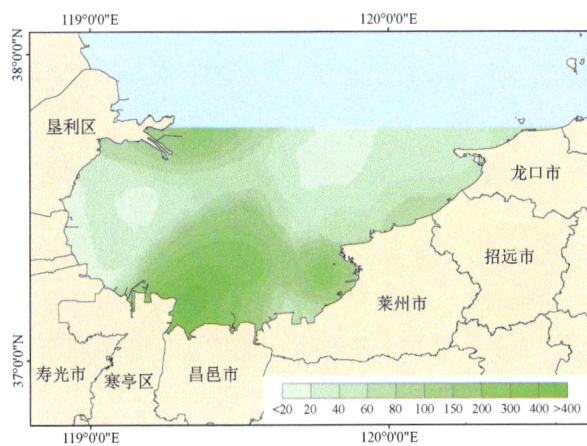

3- 秋季

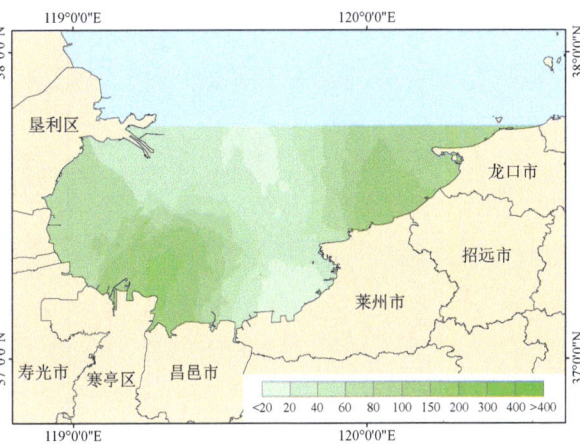

4- 冬季

5

2018 年莱州湾生态环境监测
Eco-environment monitoring in Laizhou Bay in 2018

5.1.19　硅氮比分布图

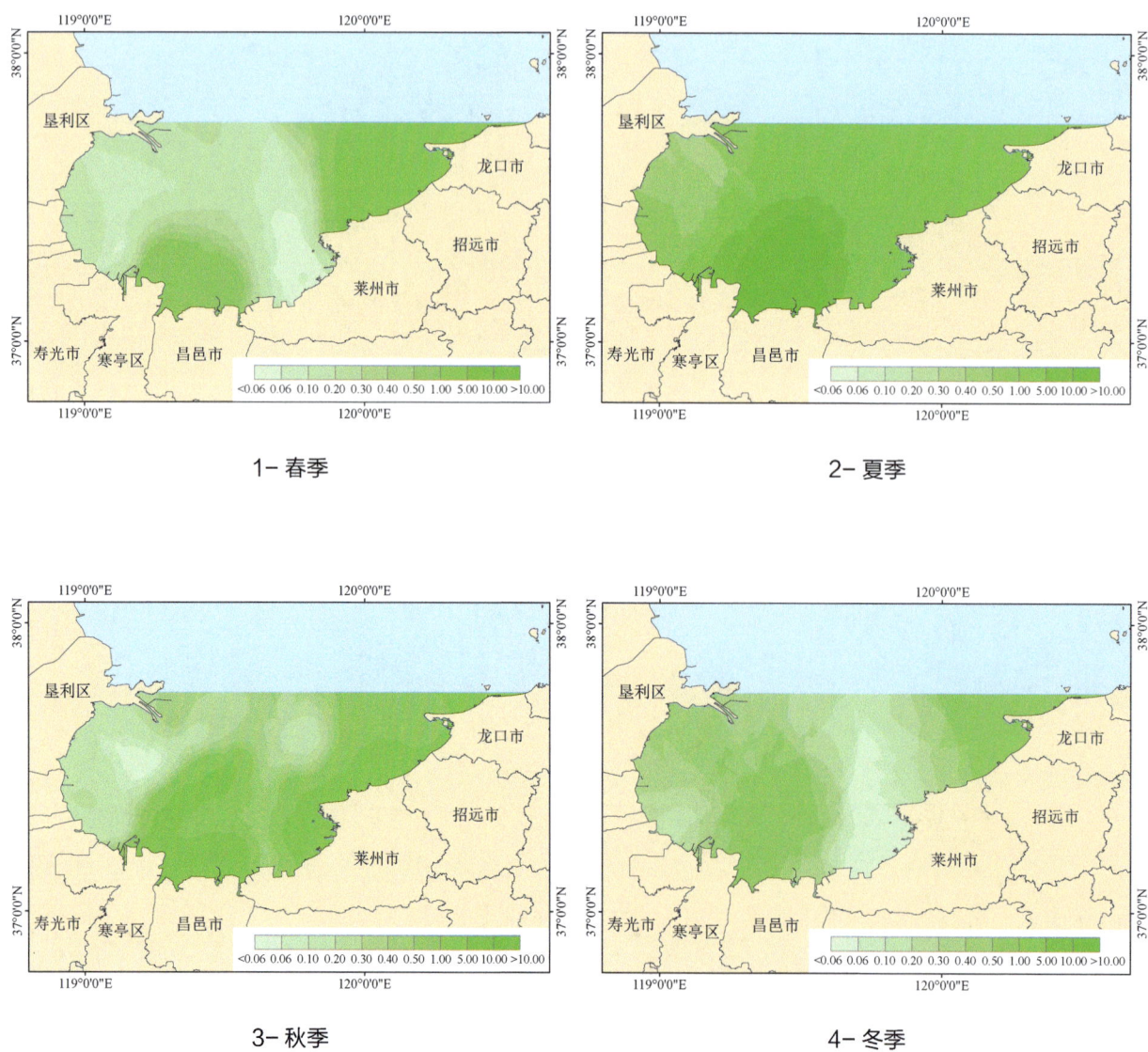

1- 春季

2- 夏季

3- 秋季

4- 冬季

5

2018 年莱州湾生态环境监测
Eco-environment monitoring in Laizhou Bay in 2018

5.2 沉积环境

5.2.1 重金属分布图

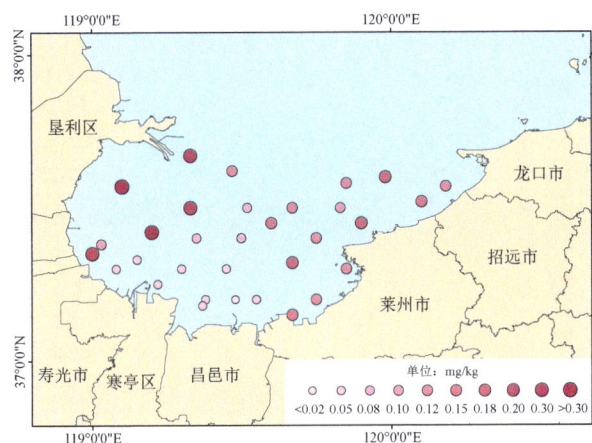

1- 镉（夏季）

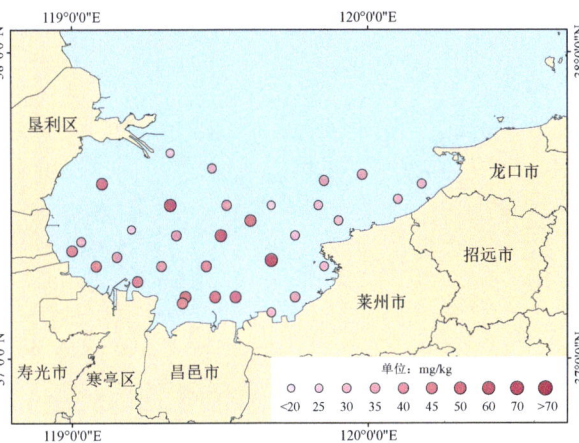

2- 铬（夏季）

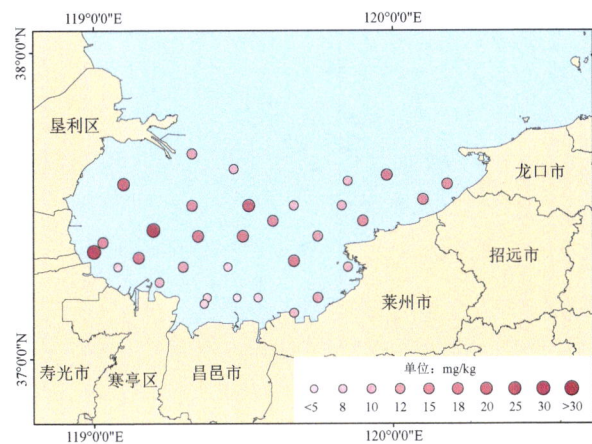

3- 铅（夏季）

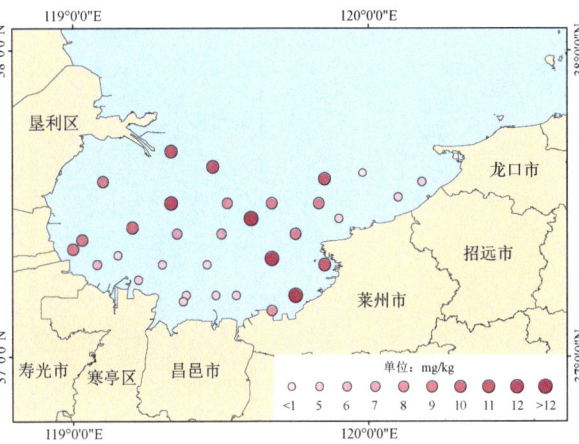

4- 砷（夏季）

5

2018 年莱州湾生态环境监测
Eco-environment monitoring in Laizhou Bay in 2018

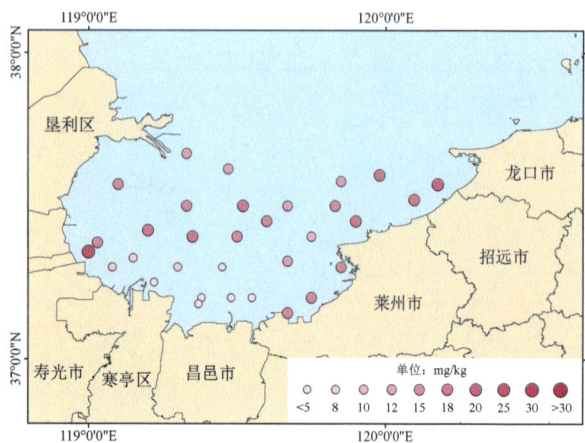

5- 铜（夏季）

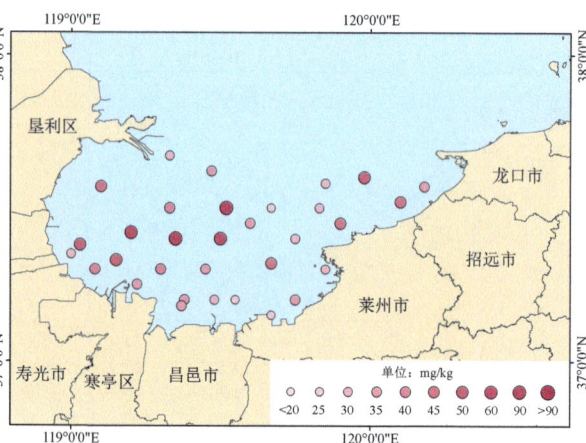

6- 锌（夏季）

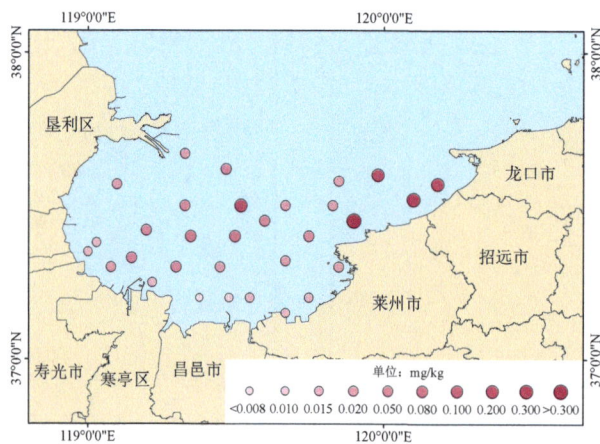

7- 汞（夏季）

5

2018 年莱州湾生态环境监测
Eco-environment monitoring in Laizhou Bay in 2018

5.2.2 硫化物分布图

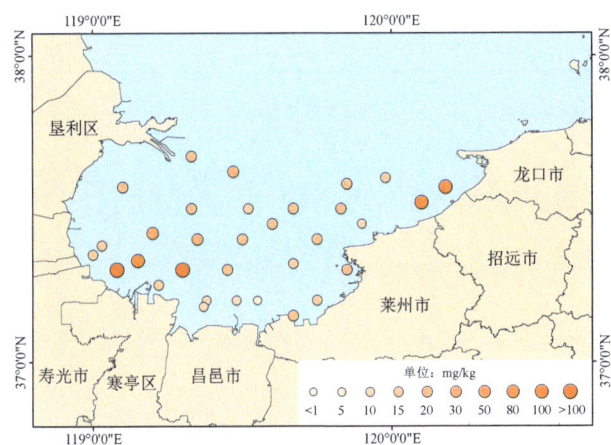

夏季

5.2.3 石油类分布图

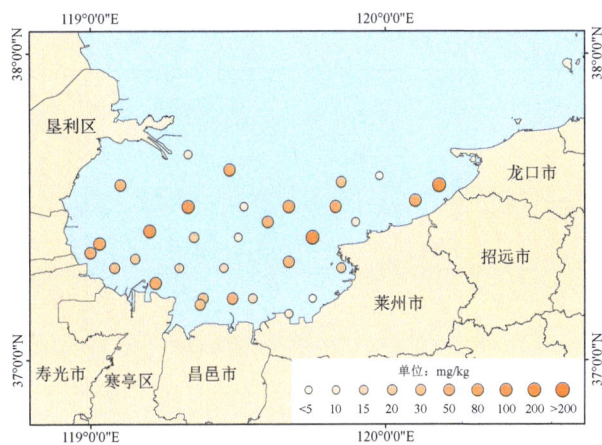

夏季

5.2.4 有机碳分布图

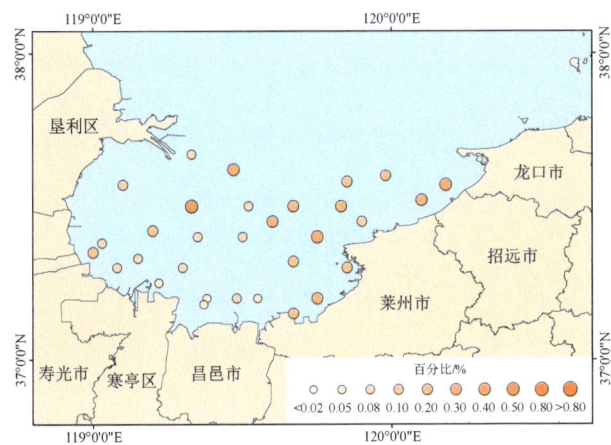

夏季

5

2018 年莱州湾生态环境监测
Eco-environment monitoring in Laizhou Bay in 2018

5.3 生物环境

5.3.1 大型浮游动物分布图

5.3.1.1 种类分布图

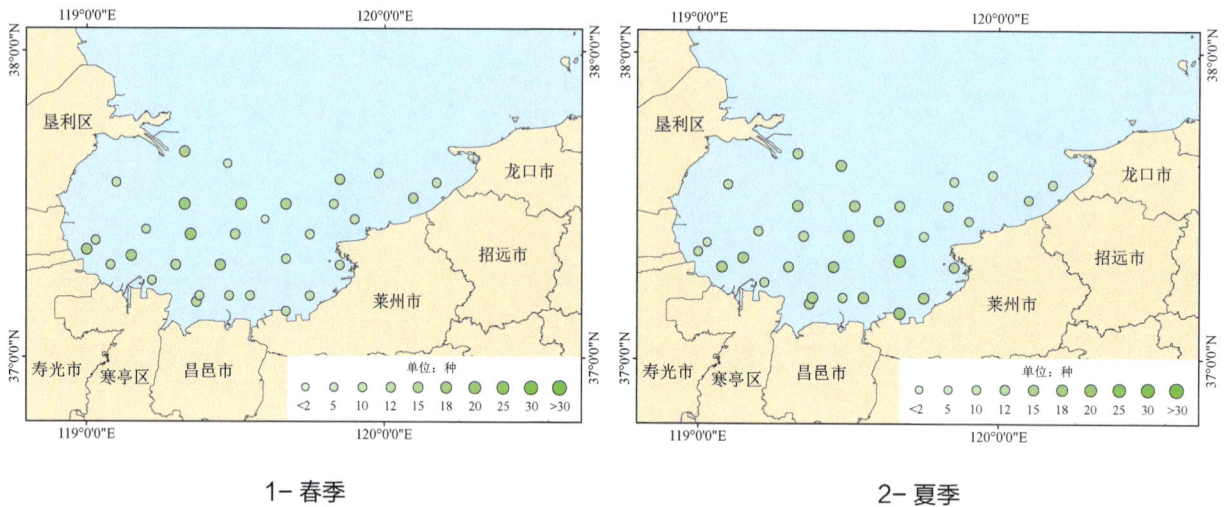

1- 春季	2- 夏季

5.3.1.2 密度分布图

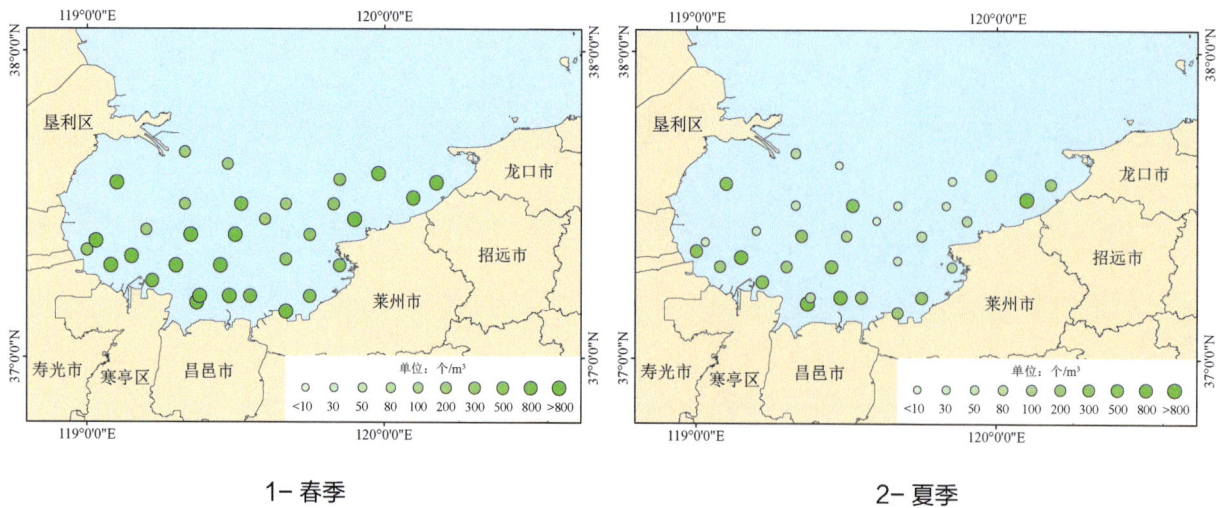

1- 春季	2- 夏季

5

2018 年莱州湾生态环境监测

Eco-environment monitoring in Laizhou Bay in 2018

5.3.1.3 生物量分布图

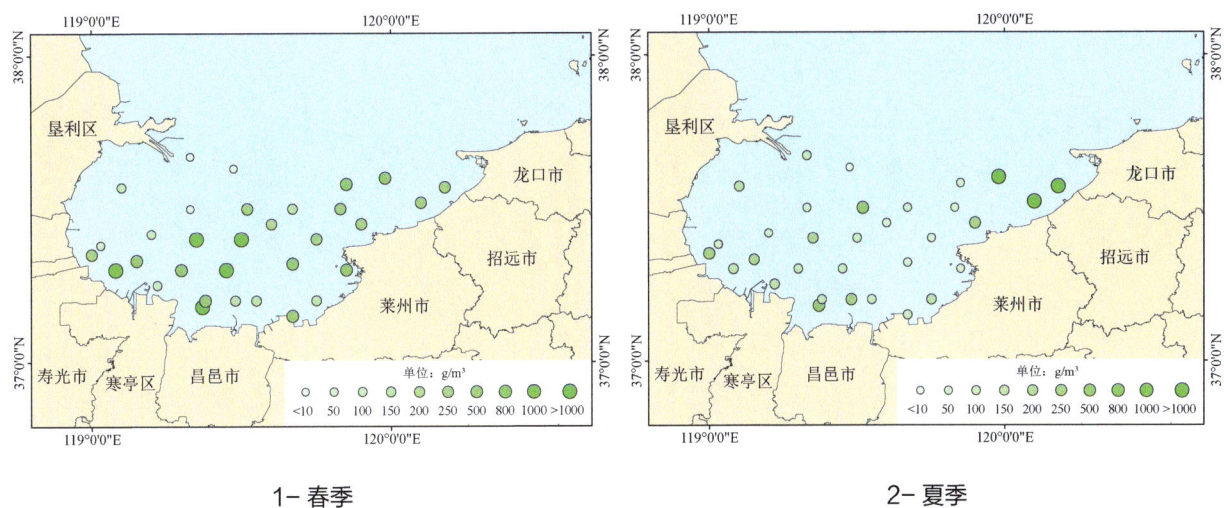

1- 春季

2- 夏季

5.3.1.4 多样性指数分布图

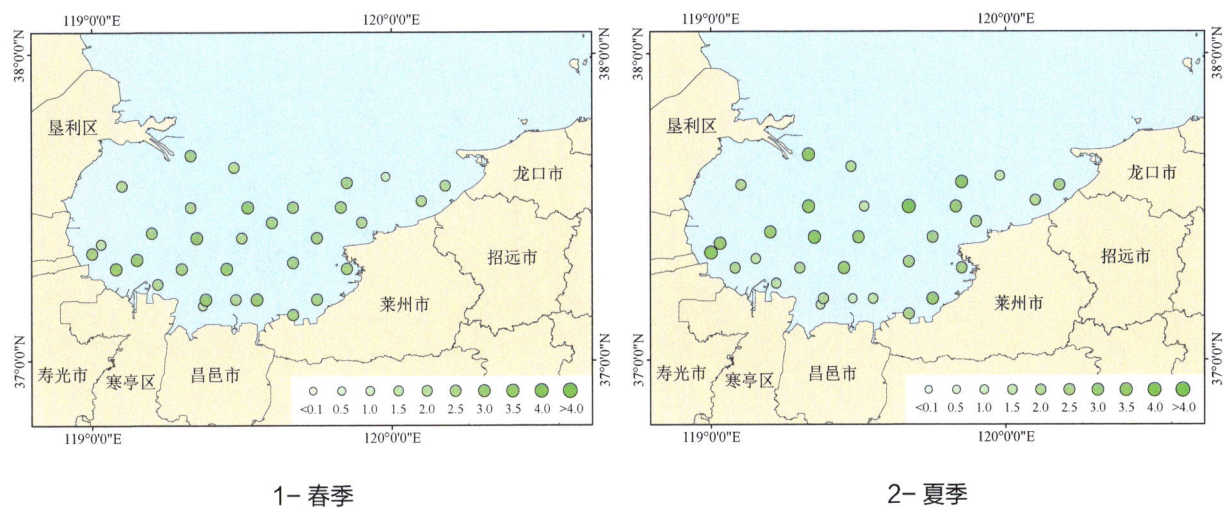

1- 春季

2- 夏季

5

2018 年莱州湾生态环境监测
Eco-environment monitoring in Laizhou Bay in 2018

5.3.1.5　均匀度指数分布图

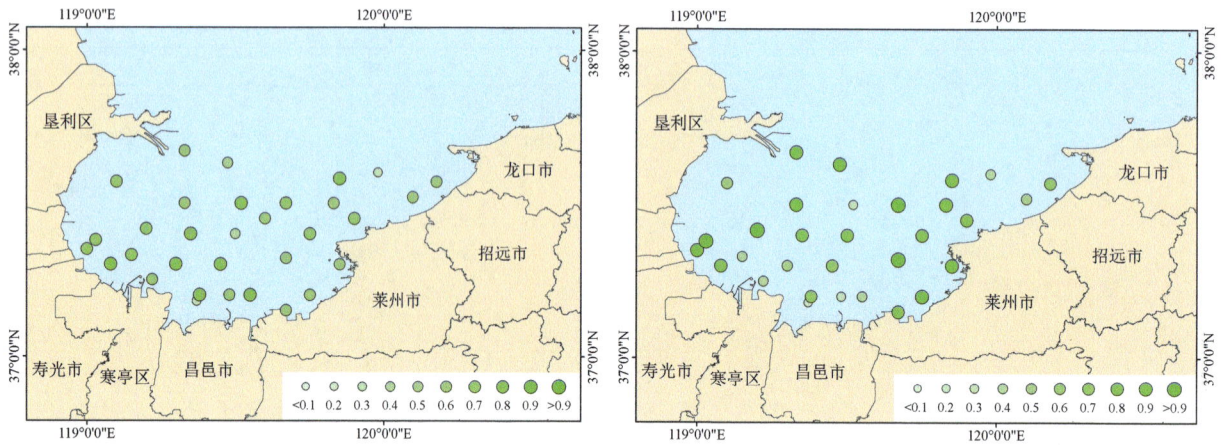

1- 春季

2- 夏季

5.3.1.6　丰富度指数分布图

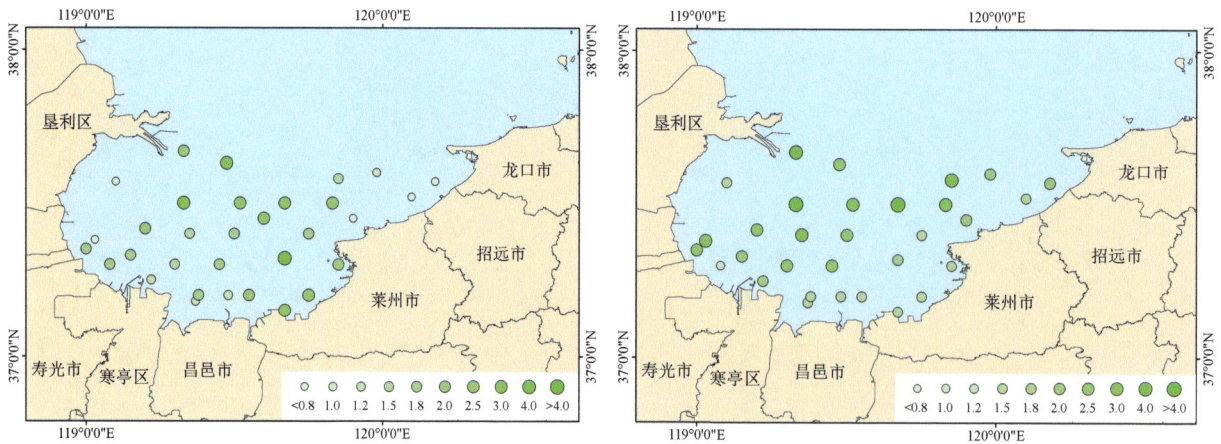

1- 春季

2- 夏季

5

2018 年莱州湾生态环境监测
Eco-environment monitoring in Laizhou Bay in 2018

5.3.2　小型浮游动物分布图

5.3.2.1　种类分布图

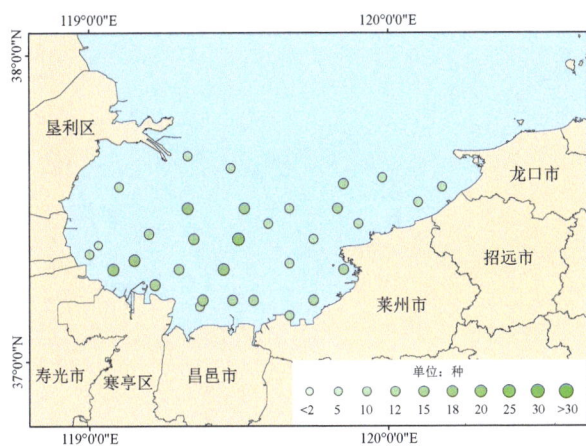

1- 春季

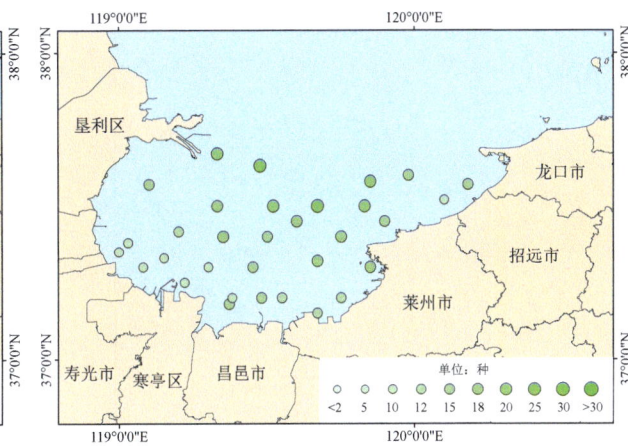

2- 夏季

5.3.2.2　密度分布图

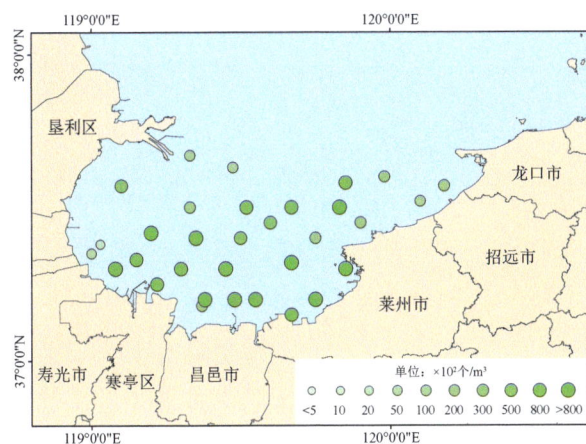

1- 春季

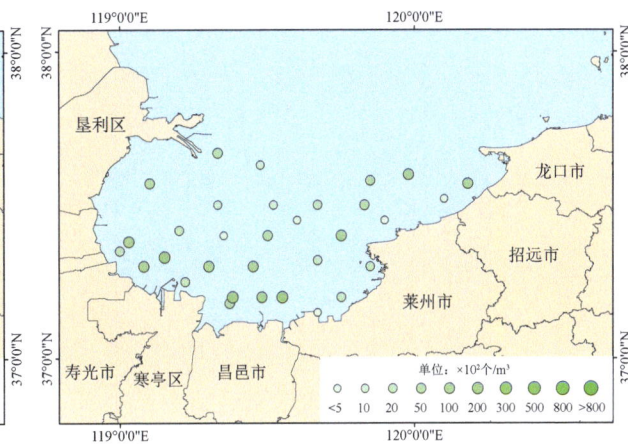

2- 夏季

5

2018 年莱州湾生态环境监测
Eco-environment monitoring in Laizhou Bay in 2018

5.3.2.3 多样性指数分布图

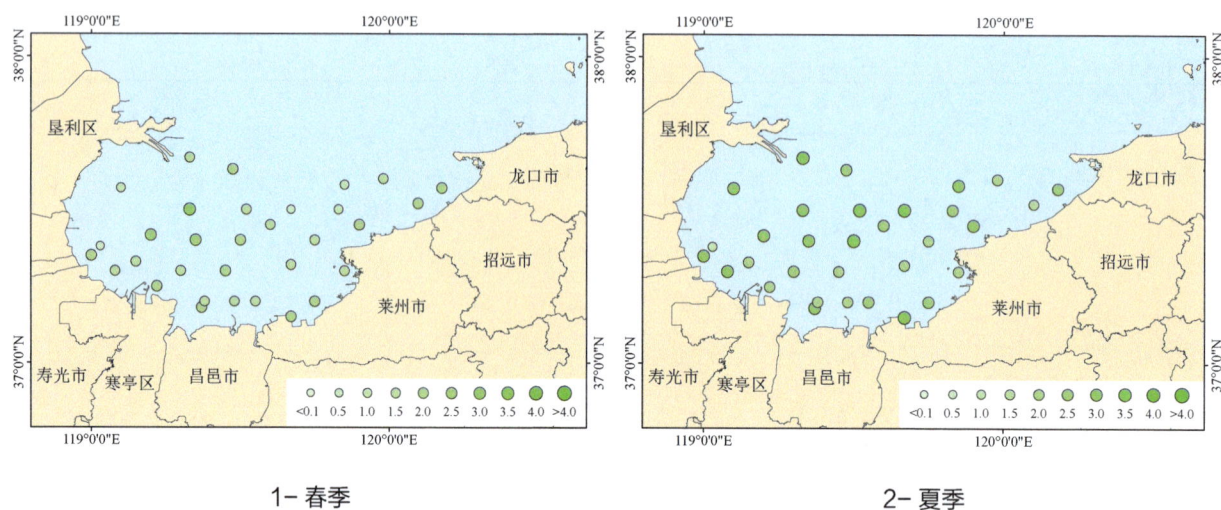

1- 春季

2- 夏季

5.3.2.4 均匀度指数分布图

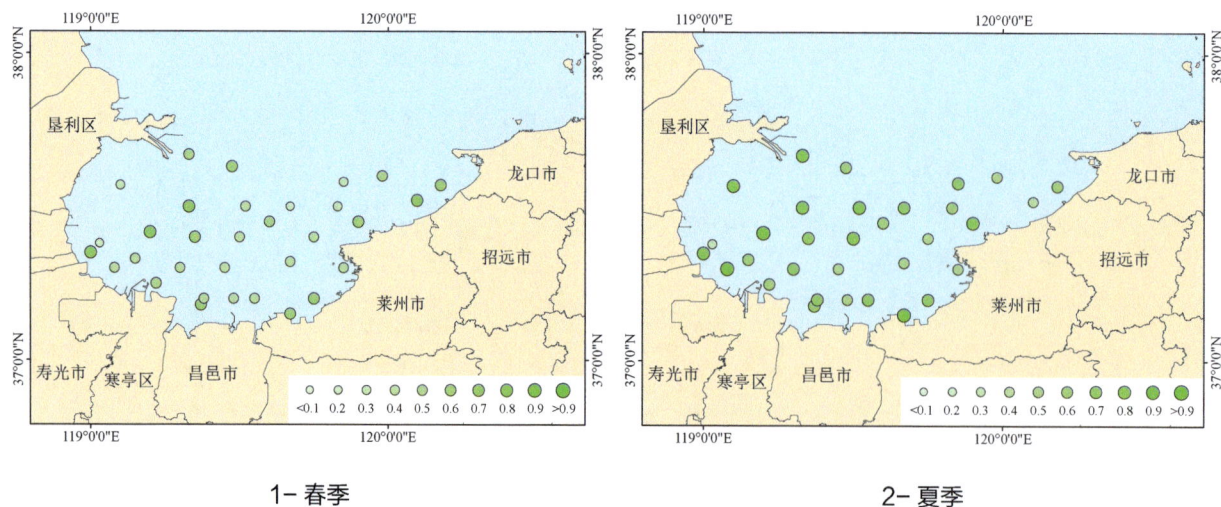

1- 春季

2- 夏季

5

2018 年莱州湾生态环境监测
Eco-environment monitoring in Laizhou Bay in 2018

5.3.2.5 丰富度指数分布图

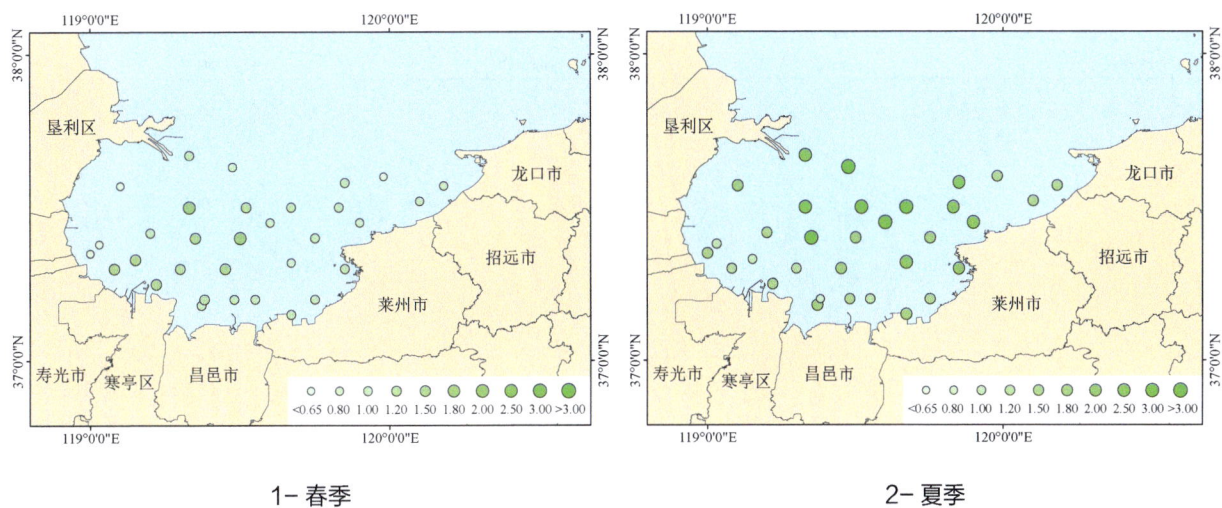

1- 春季

2- 夏季

5.3.3 浮游植物分布图

5.3.3.1 种类分布图

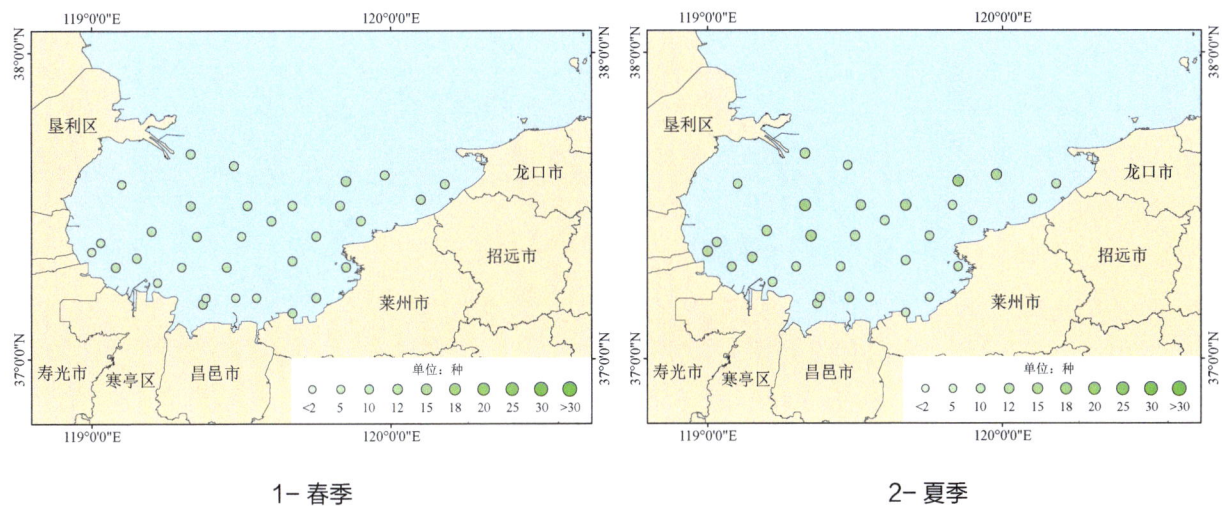

1- 春季

2- 夏季

5

2018 年莱州湾生态环境监测
Eco-environment monitoring in Laizhou Bay in 2018

5.3.3.2 密度分布图

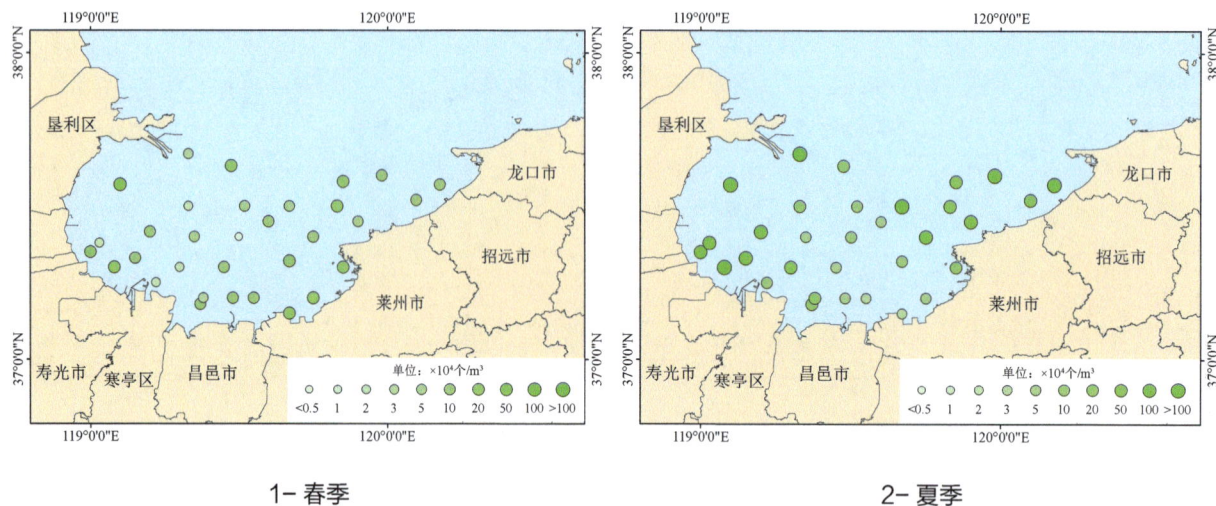

1- 春季

2- 夏季

5.3.3.3 多样性指数分布图

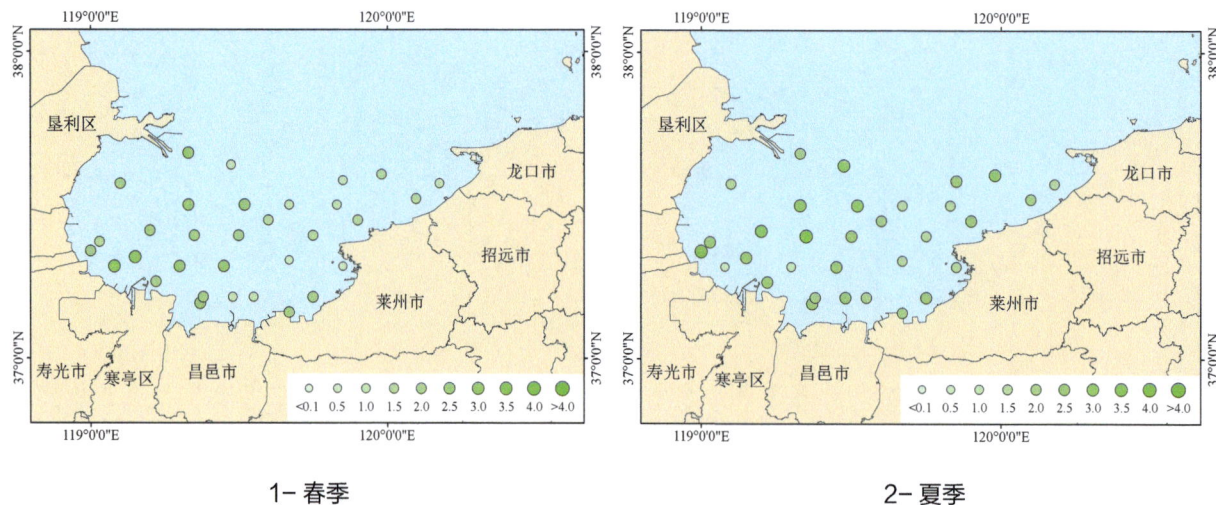

1- 春季

2- 夏季

5

2018 年莱州湾生态环境监测
Eco-environment monitoring in Laizhou Bay in 2018

5.3.3.4 均匀度指数分布图

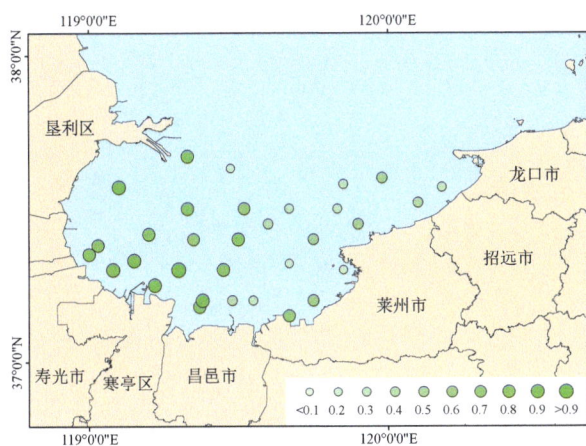

1- 春季

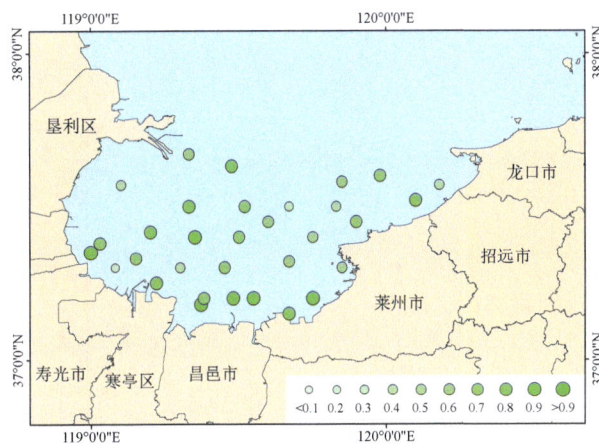

2- 夏季

5.3.3.5 丰富度指数分布图

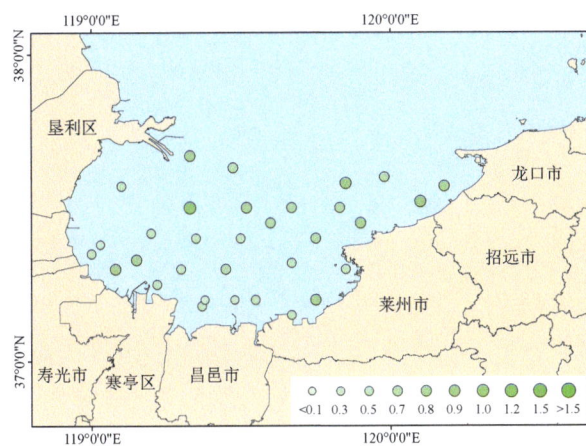

1- 春季

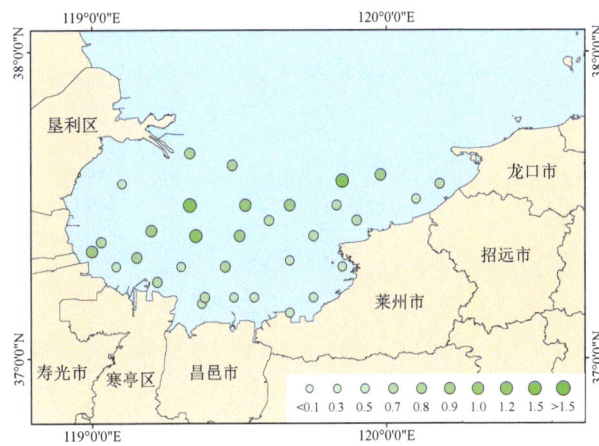

2- 夏季

5

2018 年莱州湾生态环境监测
Eco-environment monitoring in Laizhou Bay in 2018

5.3.4 底栖生物分布图

5.3.4.1 种类分布图

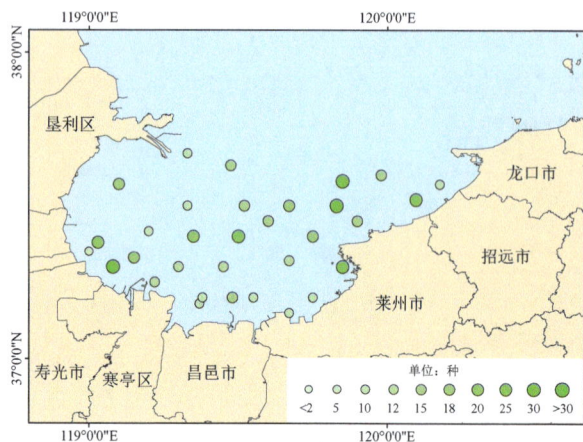

夏季

5.3.4.2 密度分布图

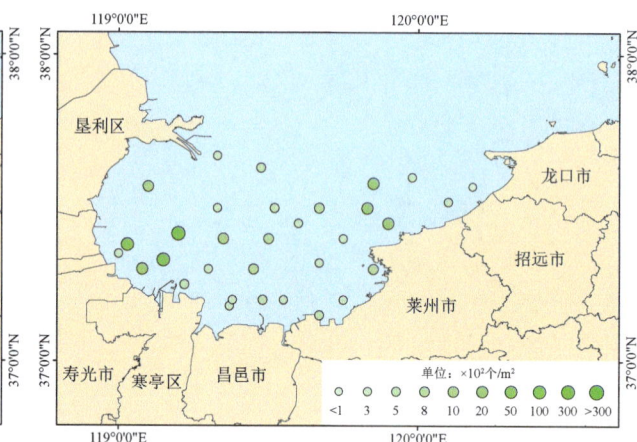

夏季

5.3.4.3 生物量分布图

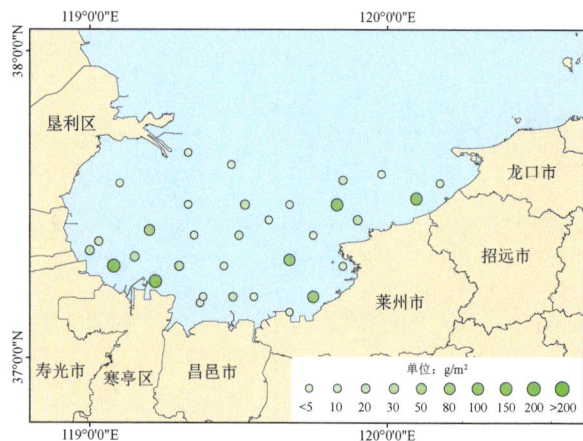

夏季

5.3.4.4 多样性指数分布图

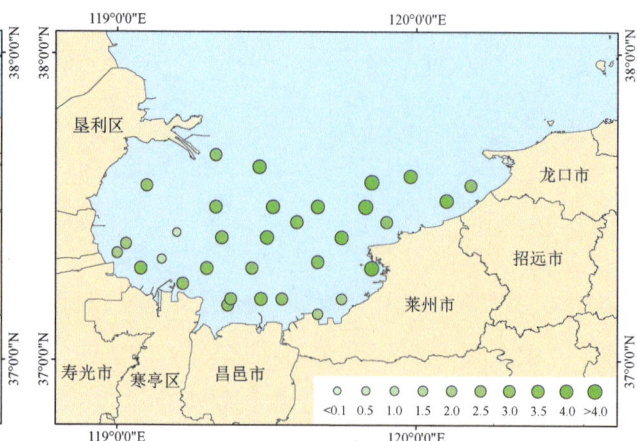

夏季

5

2018 年莱州湾生态环境监测
Eco-environment monitoring in Laizhou Bay in 2018

5.3.4.5 均匀度指数分布图

5.3.4.6 丰富度指数分布图

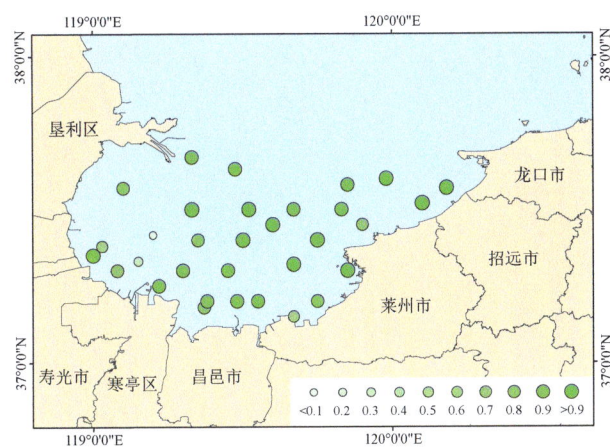

夏季

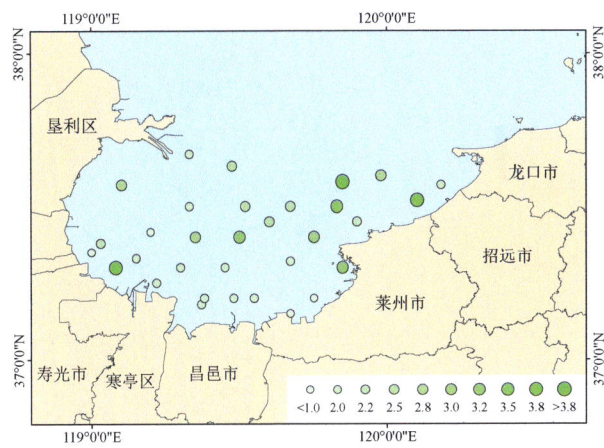

夏季